Physik

Lehrbuch für die Klasse 6
Sachsen-Anhalt

Herausgeber
Prof. Dr. habil. Lothar Meyer
Dr. Gerd-Dietrich Schmidt

DUDEN PAETEC Schulbuchverlag

Berlin · Frankfurt a. M.

Herausgeber
Prof. Dr. habil. Lothar Meyer
Dr. Gerd-Dietrich Schmidt

Autoren
PD Dr. habil. Barbara Gau
Prof. Dr. habil. Lothar Meyer
Dr. Gerd-Dietrich Schmidt

Redaktion Prof. Dr. habil. Lothar Meyer
Gestaltungskonzept und Umschlag Britta Scharffenberg
Layout Claudia Kilian, DZA Satz und Bild GmbH Altenburg
Grafiken Heribert Braun, Claudia Kilian, Christiane Mitzkus, Jens Prockat, Sybille Storch

Internet www.duden-schulbuch.de

Dieses Buch enthält Vorschläge und Anleitungen für Untersuchungen und Experimente.
Vor jedem Experiment sind mögliche Gefahrenquellen zu besprechen. Die Gefahrenquellen sind in den experimentellen Aufgaben mit **„Vorsicht"** gekennzeichnet.
Experimente werden nur auf Anweisung des Lehrers durchgeführt. Solche mit Gefahrenquellen dürfen nur unter Aufsicht des Lehrers oder der Eltern durchgeführt werden. Beim Experimentieren sind die Richtlinien zur Sicherheit im naturwissenschaftlichen Unterricht einzuhalten.

1. Auflage, 7. Druck 2015

Alle Drucke dieser Auflage sind inhaltlich unverändert
und können im Unterricht nebeneinander verwendet werden.

Druck und Bindung Mohn Media Mohndruck, Gütersloh

ISBN 978-3-89818-347-5

PEFC
PEFC/04-31-1033

PEFC zertifiziert
Dieses Produkt stammt aus nachhaltig bewirtschafteten Wäldern und kontrollierten Quellen.
www.pefc.de

Inhaltsverzeichnis

Physik – was ist das? 5

1.1 Gegenstand und Teilgebiete der Physik 6
Die Naturwissenschaft Physik 8
Die Physik und die anderen Naturwissenschaften 10
Physik, Technik und Alltag 11
Die Teilgebiete der Physik 12
Das Experiment – eine Frage an die Natur . . 14
Eine tanzende Magnetnadel 15
Ein zuckersüßes Experiment 15
Messen bedeutet Vergleichen 16
Gewusst? Gekonnt? 18
schuelerlexikon.de: Einheiten physikalischer Größen 17

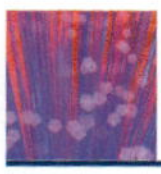

Sehen und gesehen werden – welche Wege geht das Licht? 19

2.1 Licht – woher es kommt und wie es sich ausbreitet. 20
Licht informiert. 21
Körperfarben 23
Wo Licht ist, ist auch Schatten 24
Reflexion und Reflexionsgesetz. 25
Bilder an Spiegeln. 25
Die Brechung von Licht 27
Strahlengang durch Linsen 29
Bilder durch Sammellinsen. 30
Physik in Natur und Technik 33
Wir zeichnen Porträts 33, Sonnen- und Mondfinsternisse – beeindruckende Naturerscheinungen 33, Schattenstab und Sonnenuhr 35, Ein Zaubertrick mit brennender Kerze 36, Der Sonnenofen 36, Eine Landschaft im Spiegel 37, Verbogene Trinkhalme – eine optische Täuschung 38
Gewusst? Gekonnt? 40
Das Wichtigste im Überblick 45
Mosaik: Lichtquellen in Natur und Technik 22, Überall Hohlspiegel 27, Brechung an planparallelen Platten und Prismen 28, Gefährliche Wassertropfen 38
Projekt: Bau eines Periskops 39

2.2 Wie wir sehen – das Auge und die Verwendung von Sehhilfen 46
Gegenstände und Bilder. 47
Bilder auf der Netzhaut des Auges 50
Lupe und Mikroskop als Sehhilfen. 52
Physik in Natur und Technik. 55
Halbe Linsen – ganze Bilder 55, Brillen für scharfe Bilder 55, Augenuntersuchungen beim Optiker oder Augenarzt 56
Gewusst? Gekonnt? 59
Das Wichtigste im Überblick 62
Mosaik: Das Sehen – ein komplizierter Vorgang 51, Zur Geschichte von Mikroskop und Fernrohr 54, Carl Zeiß – ein Name mit Tradition 57
Methoden: Erklären physikalischer Erscheinungen 49, Regeln für die Handhabung eines Mikroskops 53
Projekt: Untersuchungen mit einer Lochkamera 48
schuelerlexikon.de: Fotoapparate 58

Körper – woraus sie bestehen und wie sie sich bewegen 63

3.1 Wir ermitteln das Volumen, die Masse und die Dichte von Körpern. 64
Aufbau der Körper aus Stoffen 65
Das Volumen von Körpern 68
Die Masse von Körpern. 69
Zusammenhang zwischen Masse und Volumen – die Dichte von Stoffen. 71
Aufbau der Stoffe aus Teilchen 73
Das Teilchenmodell 74
Physik in Natur und Technik. 75
Es ist nicht alles Gold, was glänzt 75, Aus dem Alltag eines Bauleiters 75, Auch Flüssigkeiten mit gleichem Volumen sind unterschiedlich schwer 76
Gewusst? Gekonnt? 77
Das Wichtigste im Überblick 80
Methoden: Messfehler vermeiden 69, Lösen von Aufgaben durch inhaltlich-logisches Schließen 76

Mosaik: Eigenschaften von Stoffen 66, Das Aräometer – ein Dichtemesser 72, Die brownsche Bewegung 74

3.2 Wie schnell sind Tiere, Menschen, Autos und Raketen? 81
Bewegung und Ruhe 82
Bahnformen und Bewegungsarten 83
Gleichförmige Bewegungen 84
Messen und Berechnen der Geschwindigkeit von Körpern 85
Weg-Zeit-Diagramme 85
Physik in Natur und Technik 87
Eine interessante Wanderung 87, Bei hohen Geschwindigkeiten schweben 87, Eine bewegte Verkehrssituation 88, Wie genau ist der Tachometer 89, Ein etwas anderer Fahrplan 90
Gewusst? Gekonnt? 91
Das Wichtigste im Überblick 94
Methoden: Lösen physikalisch-mathematischer Aufgaben 88
Mosaik: Jede Bewegung ist relativ 82, Wie schnell sind Tiere, Menschen, Autos und Raketen 86

Schall – wie er entsteht und wie er sich ausbreitet 95

4.1 Entstehung und Ausbreitung von Schall . . . 96
Schallquellen 97
Ausbreitung von Schall 98
Reflexion von Schall 99
Ton, Klang, Geräusch und Knall 100
Schall und Lärm 103
Physik in Natur und Technik 104
Die menschliche Stimme – eine Schallquelle 104, Potz Blitz und Donner 104, Das Echo und seine Anwendung 105
Gewusst? Gekonnt? 108
Das Wichtigste im Überblick 112
Mosaik: Wie erzeugen Tiere Schall? 97, Beugung von Schall 99, Hörbereich und Stimmumfang 101, Schallaufzeichnung und Schallwiedergabe früher und heute 106
Projekt: Einfache Musikinstrumente – selbst gebaut 107
schuelerlexikon.de: Ultraschall und Infraschall 102

Warum wir frieren oder schwitzen – wir erforschen die Wärme 113

5.1 Es ist kalt, es ist heiß – die Temperatur sagt mehr 114
Die Temperatur 115
Volumenänderung von Flüssigkeiten und Gasen 119
Volumen- und Längenänderung von festen Körpern 122
Physik in Natur und Technik 123
Ein selbst gebautes Thermometer 123, Vorsicht beim Tanken im Sommer 123, Feuermelder in Aktion 124
Gewusst? Gekonnt? 126
Mosaik: Verschiedene Thermometer für unterschiedliche Anwendungen 117, Verschiedene Temperaturskalen 119, Die Anomalie des Wassers 121
Physik-Klick: Suche von Informationen im Internet 125
schuelerlexikon.de: Körpertemperaturen 118

5.2 Wärme – woher sie kommt und wer sie braucht 129
Wärmequellen 130
Wärmeübertragung und Wärmedämmung . 131
Wärmeleitung 131
Wärmeströmung 132
Wärmestrahlung 133
Physik in Natur und Technik 135
Eine Thermoskanne hält heiß oder kalt 135, Warme Luft steigt nach oben 135, Eine Warmwasserheizung für das ganze Haus 136
Gewusst? Gekonnt? 139
Das Wichtigste im Überblick 141
Mosaik: Reflexion und Absorption von Wärmestrahlung 133, Lebewesen geben Körperwärme ab 134, Die Thermografie – ein Hilfsmittel in Medizin und Technik 138
Projekt: Wärmeübertragung bei Häusern 137

Register 142

1

Physik – was ist das?

1.1 Gegenstand und Teilgebiete der Physik

Feuer und Flamme

Das Feuer hat Menschen schon immer in seinen Bann gezogen und tut es auch noch heute. Ein Lagerfeuer verbreitet eine angenehme und beruhigende Stimmung. Das Feuer spendet uns aber vor allem Licht und Wärme.

Woher kommen Licht und Wärme des Feuers? Warum geben unterschiedliche Brennstoffe unterschiedlich viel Licht und Wärme ab?

Blitz und Donner

Ein Gewitter ist eine beeindruckende Naturerscheinung. Viele Menschen fürchten sich davor.

Wie kommt es aber zu einem Blitz? Und wie gefährlich ist ein Blitz? Kann man sich vor einem Blitzschlag schützen? Warum hört man manchmal den Donner viel später, als man den Blitz sieht?

Die Spitze des Eisbergs

Häufig wird davon gesprochen, dass man nur die Spitze des Eisbergs sieht, und meint das in einem übertragenen Sinn. In der Natur entspricht es aber auch den Tatsachen. Etwa 90 % eines Eisbergs befinden sich unter Wasser.

Wie ist das zu erklären?

Warum gehen diese riesigen Eisberge eigentlich nicht unter?

Woraus besteht unsere Welt?

Alle Stoffe bestehen aus Atomen und Molekülen. Diese sind aus noch kleineren Teilchen zusammengesetzt. In der modernen physikalischen Forschung nutzt man riesige Beschleuniger, um die Struktur und die Eigenschaften der kleinsten Teilchen zu erforschen.
Wie sind Atome bzw. Moleküle aufgebaut? Welches sind die kleinsten Teilchen, die den Physikern heute bekannt sind? Wie kann man sie nachweisen?

Überall Halbleiter

Ohne Elektronik funktioniert heute weder ein Auto noch ein CD-Player, weder ein PC noch ein Handy. Sie alle besitzen komplexe elektronische Bauelemente, die Chips.
Was ist ein Chip? Welche Vorgänge gehen im Inneren eines solchen Halbleiterbauelements vor sich? Was sind überhaupt Halbleiter? Welche besonderen Eigenschaften haben sie?

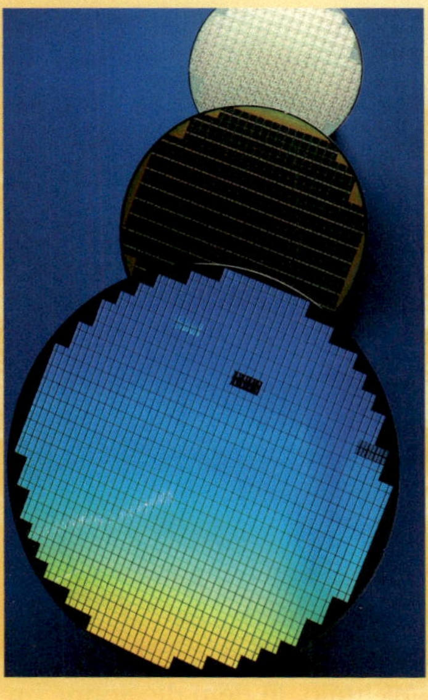

Energie aus der Steckdose

Elektrische Energie und auch Wärme werden meist von großen Kraftwerken zur Verfügung gestellt. Bei der Bereitstellung, der Übertragung und der Nutzung von Elektroenergie erfolgen zahlreiche Energieumwandlungen.
Was ist Energie? Welche Energieumwandlungen erfolgen in einem Kraftwerk? Wie funktionieren die Transformatoren in einem Umspannwerk? Geht uns irgendwann die Energie aus?

Die Naturwissenschaft Physik

Wenn wir unsere Umwelt aufmerksam betrachten, können wir viele interessante Erscheinungen beobachten. Viele Naturerscheinungen, die wir heute bestaunen (s. S. 6 und 10), sind den Menschen seit langem bekannt. Diese Erscheinungen gehören zur Natur, auch ohne den Menschen mit seinen Wissenschaften und der Technik. Schon vor Jahrtausenden haben Menschen diese Erscheinungen beobachtet, sie bestaunt, sich vor ihnen gefürchtet und sie sich auch zunutze gemacht. Mithilfe des Feuers, das die Menschen z. T. von Blitzeinschlägen hatten, konnten sie Fleisch braten, Ton brennen oder später Eisen herstellen.

Durch Beobachtungen haben die Menschen Regelmäßigkeiten in der Natur entdeckt, z. B. den Wechsel von Tages- und Jahreszeiten, die Veränderung der Gestalt des Mondes sowie das Auftreten von Sonnen- und Mondfinsternissen. Mithilfe dieser Regelmäßigkeiten und der ermittelten Daten konnten die Menschen die Termine für Aussaat und Ernte besser bestimmen.

Sie suchten aber auch nach **Zusammenhängen** zwischen den Erscheinungen, um **Erklärungen** zu finden und ihre **Voraussagen** sicherer zu machen. Und sie fanden Zusammenhänge und Erklärungen, auch wenn sich diese später häufig als nicht richtig erwiesen.

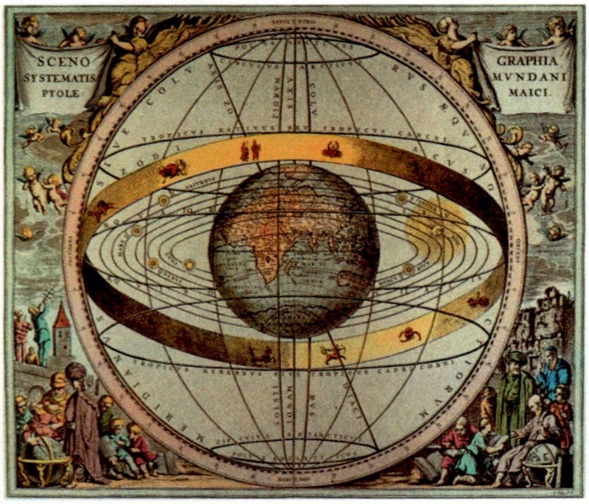

1 Das Weltbild des PTOLEMÄUS in einer historischen Darstellung: Die Erde steht im Zentrum.

2 GALILEO GALILEI (1564–1642) – Professor in Pisa, Padua und Florenz

Aus den beobachteten Bewegungen der Himmelskörper, vor allem von Sonne, Mond und Sternen, leiteten die Menschen im Altertum die nahe liegende Vermutung ab, dass sich die Erde im Zentrum der Welt befindet und sich alle Himmelskörper um die Erde bewegen. Gelehrte aus dem antiken Griechenland entwickelten daraus ein ganzes Weltbild über die Bewegungen im Kosmos und auf der Erde. CLAUDIUS PTOLEMÄUS (um 100–um 170) fasste die Erkenntnisse zusammen. Dieses Weltbild (Abb. 1) war eine großartige Leistung der antiken Wissenschaft, denn man konnte die Bewegung von Sonne und Mond vorausberechnen. So blieb dieses Weltbild viele Jahrhunderte lang erhalten und war doch falsch.

Ab Beginn der Neuzeit entwickelten solche Gelehrte wie NIKOLAUS KOPERNIKUS (1473–1542), GALILEO GALILEI (1564–1642), JOHANNES KEPLER (1571–1630) und ISAAC NEWTON (1643–1727) auf der Grundlage von Beobachtungen und Überlegungen ein neues Weltbild, in dem die Sonne im Zentrum unseres Planetensystems steht.

GALILEI (Abb. 2) war auch der erste Wissenschaftler, der **neue Denk- und Arbeitsweisen** in die Naturwissenschaften einführte. Er suchte nicht nur nach oberflächlichen Erklärungen, die dem Augenschein entsprachen, sondern fragte nach dem Wesentlichen in den Erscheinungen. Vor allem aber zeigte er, dass man nicht allein durch

theoretische Überlegungen zu neuen Erkenntnissen kommt, sondern seine Überlegungen mit **Experimenten** überprüfen muss. Experimente führen auch zu neuen Ergebnissen.
Ein berühmter Experimentator war auch der Magdeburger Bürgermeister OTTO VON GUERICKE (Abb. 1). Er konnte z. B. bei seinem Experiment mit den Magdeburger Halbkugeln (Abb. 2) die Wirkungen des Luftdrucks nachweisen. Damit widerlegte er eine lange herrschende Auffassung aus der Antike, dass es keinen luftleeren Raum – kein Vakuum – geben könne.
Durch viele Entdeckungen, Beobachtungen und Experimente entwickelte sich in den letzten Jahrhunderten die Physik als eigenständige Naturwissenschaft. Das Wort **„Physik“** kommt vom griechischen Wort „physis“ und heißt so viel wie „Natur“.

Die Physik ist eine Naturwissenschaft. Sie beschäftigt sich mit Erscheinungen und Gesetzen in unserer natürlichen Umwelt und ermöglicht die Erklärung und Voraussage vieler Erscheinungen in der Natur.

1 OTTO VON GUERICKE (1602–1686) – Bürgermeister und Experimentator, u. a. Erfinder der Luftpumpe, des Wasserbarometers und der Elektrisiermaschine

Solche Naturerscheinungen sind z. B. Sonnen- und Mondfinsternisse. Erst nachdem man erkannt hatte, wie sich der Mond um die Erde und beide zusammen um die Sonne bewegen, konnte man das Zustandekommen von Finsternissen erklären. Heute können wir voraussagen, dass die nächste totale Sonnenfinsternis in Deutschland erst am 3. September 2081 zu beobachten sein wird. Ebenso können wir voraussagen, wann die nächste in Deutschland beobachtbare Mondfinsternis stattfindet und ob sie total ist.

2 Der berühmte Versuch mit den Magdeburger Halbkugeln: 16 Pferde waren nicht imstande, den Luftdruck zu überwinden, der die luftleer gepumpten Halbkugeln zusammenhielt.

Die Physik und die anderen Naturwissenschaften

2 Wale und Delfine verständigen und orientieren sich mithilfe des Schalls. Um dies zu verstehen, werden physikalische Erkenntnisse aus der Akustik angewendet.

Auch andere Wissenschaften beschäftigen sich mit Erscheinungen und Gesetzen in der Natur. Deshalb gibt es viele Wechselbeziehungen zwischen der Physik und den anderen Naturwissenschaften.

Die **Physik** untersucht *grundlegende* Erscheinungen und Gesetze, die sowohl in der belebten als auch in der unbelebten Natur auftreten.

Die **Biologie** untersucht Erscheinungen des Lebens von Pflanzen, Tieren und Menschen, wie z. B. die Ernährung, Fortpflanzung, Fortbewegung und Entwicklung (Abb. 2). Auch der Aufbau und die Wirkungsweise von menschlichen und tierischen Organen werden in der Biologie untersucht. Dabei werden z. B. auch physikalische Erkenntnisse angewendet, wenn man den Aufbau und die Wirkungsweise von Auge und Ohr verstehen will.

Die **Chemie** untersucht Erscheinungen, die mit dem Aufbau, den Eigenschaften und der Umwandlung von Stoffen unserer Umwelt verbunden sind (Abb. 1). Auch dabei werden physikalische Erkenntnisse angewendet, da sich die Physik ebenfalls mit den Stoffen und ihren Eigenschaften beschäftigt.

Die **Astronomie** untersucht Erscheinungen im Weltall, u. a. die Bewegung und Entwicklung von Planeten und Sternen. Zu den Sternen zählt auch unsere Sonne (Abb. 3), um die sich alle Planeten unseres Sonnensystems bewegen.
Die Physik selbst berücksichtigt natürlich in ihrer Entwicklung auch die Erkenntnisse, die in der Biologie, in der Chemie und in der Astronomie gewonnen werden.

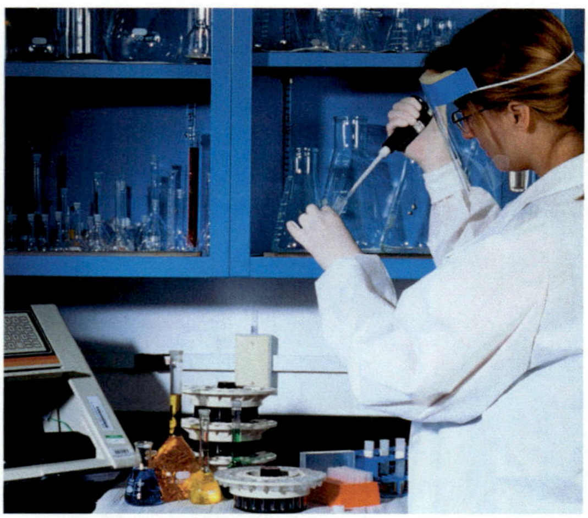

1 In chemischen Labors werden Stoffe und ihre Eigenschaften untersucht. Außerdem versucht man neue Stoffe mit bestimmten, gewünschten Eigenschaften herzustellen.

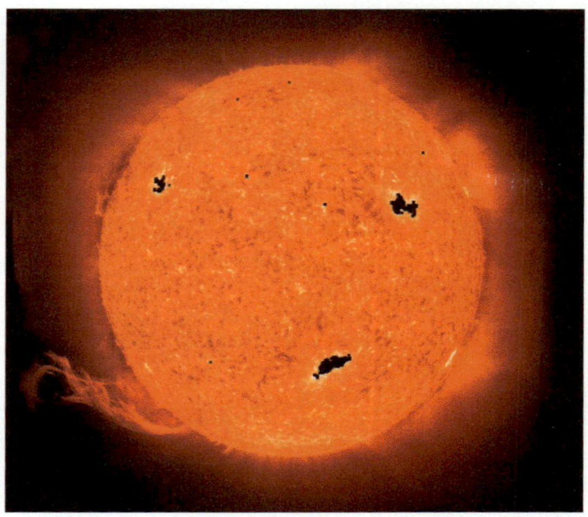

3 In der Sonne werden gewaltige Energiemengen frei, die auch die Erde mit Licht und Wärme versorgen. Die Prozesse der Energiefreisetzung kann man mithilfe der Atomphysik verstehen.

Physik, Technik und Alltag

Die Physik ist auch eine wichtige **Grundlage der Technik.** Dabei werden bewusst physikalische Erkenntnisse genutzt, um Geräte und Anlagen zu bauen, um Energie zweckmäßig zu verwenden, um unser Leben sicherer und angenehmer zu machen. Wenn du den Lichtschalter betätigst, dann leuchtet die Deckenbeleuchtung im Zimmer auf. Die elektrische Energie wird in Licht und Wärme umgewandelt. Energie wird auch genutzt, um Fernsehapparate oder Computer zu betreiben, Räume zu heizen, Fahrräder und Autos zu bewegen oder Raketen in den Weltraum zu schießen. Die vielfältige Nutzung von Energie hat das Leben der Menschen verändert.

Die Physik ist eine wichtige Grundlage der Technik. In der Technik werden physikalische Gesetze vom Menschen genutzt.

Physikalische Erkenntnisse spielen nicht nur in der Technik, sondern auch in unserem täglichen Leben eine wichtige Rolle. Die bewusste Nutzung physikalischer Erkenntnisse erleichtert unser Leben und erhöht unsere Sicherheit. Unkenntnis oder Nichtbeachtung kann zu Unfällen oder Schäden führen.

1 Die elektrische Energie, die wir im Haushalt nutzen, wird vorwiegend in Kraftwerken aus Kohle, Gas, Kernenergie, Wasser oder Wind gewonnen und gelangt über Elektrizitätsleitungen in jeden Haushalt.

2 Beim Start einer Rakete wird Treibstoff verbrannt. Die Verbrennungsgase strömen mit großer Geschwindigkeit aus und treiben die Rakete an.

In einem anfahrenden oder bremsenden Bus musst du dich festhalten, um nicht umzufallen. Das gilt auch bei einer Kurvenfahrt.
Nach dem Baden sollte man die nasse Badebekleidung wechseln, weil man sich sonst leicht erkälten kann.
Ein Autofahrer weiß, dass sein Bremsweg bei eisglatter Fahrbahn wesentlich größer ist als auf trockener Straße, und erhöht den Sicherheitsabstand.
In allen diesen Beispielen nutzen wir – bewusst oder unbewusst – physikalische Erkenntnisse.

Die Physik ist eine wichtige Grundlage unseres täglichen Lebens.
Die bewusste Nutzung physikalischer Gesetze erleichtert unser Leben und erhöht unsere Sicherheit. Unkenntnis oder Nichtbeachtung physikalischer Gesetze kann zu Unfällen oder Schäden führen.

Die Teilgebiete der Physik

Traditionell wird die Physik in verschiedene Teilgebiete eingeteilt. Diese Einteilung hat sich historisch entwickelt und ermöglicht es, das umfangreiche Gebiet der Naturwissenschaft Physik besser zu überblicken.

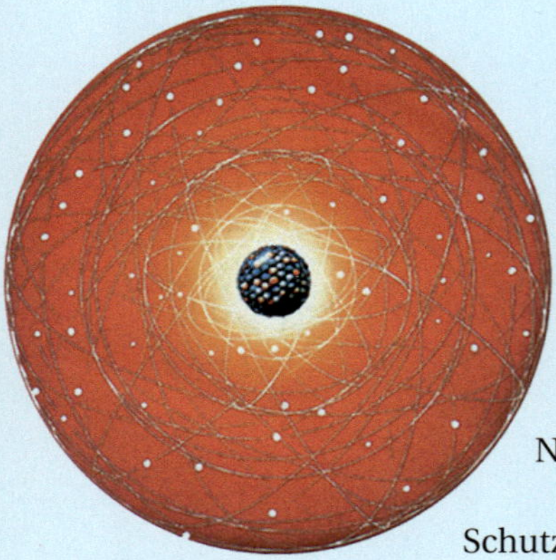

In der **ATOM- UND KERNPHYSIK** wird der Aufbau der Atome, ihre Umwandlung, die Entstehung und Nutzung radioaktiver Strahlung sowie der Schutz vor ihr untersucht. Auch die Gewinnung von Energie in Kernkraftwerken oder die Vorgänge der Kernverschmelzung im Inneren der Sonne werden in der Atom- und Kernphysik betrachtet.

In der **AKUSTIK,** die manchmal auch als Teilbereich der Mechanik betrachtet wird, geht es um die Entstehung und Ausbreitung von Schall, aber auch um gesundheitsgefährdenden Lärm und dem Schutz vor ihm.

In der **OPTIK** werden die Ausbreitung des Lichts, seine Reflexion und Brechung sowie die Bildentstehung durch Spiegel und Linsen untersucht. Gegenstand der Optik ist auch der Aufbau und die Wirkungsweise von optischen Geräten, wie Lupen, Mikroskopen und Fernrohren.

Die **MECHANIK** beschäftigt sich mit der Bewegung von Körpern, den verschiedenen Kräften und ihren Wirkungen, den kraftumformenden Einrichtungen (Hebel, Rollen, geneigte Ebenen), dem Druck sowie dem Schwimmen, Schweben und Fliegen.

Im Mittelpunkt der **ELEKTRIZITÄTSLEHRE** stehen elektrisch geladene Körper, der elektrische Strom und seine Wirkungen, die Gewinnung elektrischer Energie, aber auch Naturerscheinungen wie Blitze und technische Anwendungen wie Generatoren, Transformatoren oder Chips, ohne die moderne elektronische Geräte nicht funktionieren würden.

Die **WÄRMELEHRE** oder **THERMODYNAMIK** beinhaltet alle Fragen, die mit der Temperatur, der Übertragung von Wärme, dem Schmelzen, Erstarren oder Sieden zu tun haben. Auch der Aufbau und die Wirkungsweise von Verbrennungsmotoren sind Teil der Wärmelehre.

Das Experiment – eine Frage an die Natur

Das Vorbereiten, Durchführen und Auswerten von Experimenten gehört zu den grundlegenden Arbeitsweisen des Physikers. Mithilfe von Experimenten kann man Zusammenhänge erkennen und genauer erfassen. Es lassen sich Naturerscheinungen exakt untersuchen und Größen bestimmen. So kann man beispielsweise experimentell untersuchen, wie verschiedene Bauelemente (Glühlampen, Halbleiterbauelemente) funktionieren und welche Eigenschaften sie haben (Abb. 1). An einer geneigten Ebene kann man ermitteln, welche Kräfte auf einen Körper wirken, der sich dort befindet (Abb. 2).
Das Ziel eines Experiments besteht darin, eine Frage an die Natur zu beantworten. Dazu wird eine Erscheinung der Natur unter bestimmten Bedingungen beobachtet. Es werden Messungen durchgeführt und ausgewertet.

Beim Experimentieren wird eine Erscheinung der Natur unter ausgewählten, wiederholbaren und veränderbaren Bedingungen beobachtet und ausgewertet.

Dabei vereinfacht man auch häufig gegenüber der Wirklichkeit und nutzt Modelle. So kann man z.B. eine geneigte Ebene als Modell für eine ansteigende oder abfallende Straße ansehen.

1 Im Experiment kann man untersuchen, wie elektronische Bauelemente funktionieren.

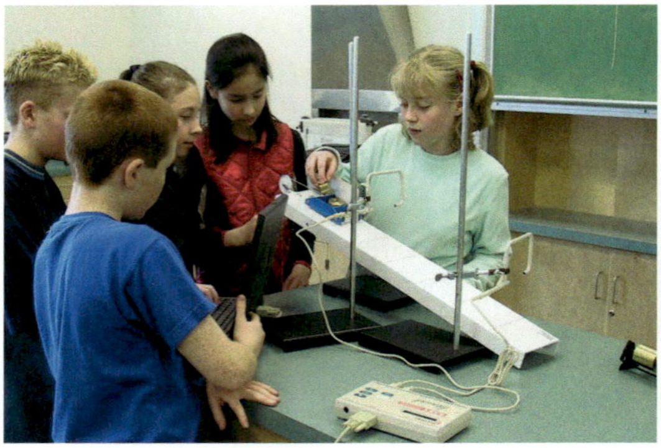

2 Jedes Experiment muss wiederholbar und damit seine Ergebnisse überprüfbar sein. Deshalb müssen die gemessenen und die konstant gehaltenen Größen protokolliert werden.

Ist die Aufgabenstellung klar, dann laufen Experimente im Wesentlichen in drei Etappen ab: Vorbereitung, Durchführung und Auswertung.

Beim **Vorbereiten eines Experiments** ist zu überlegen:
- welche Größen zu messen sind und wie sie gemessen werden können,
- welche Messfehler auftreten und wie man sie klein halten kann,
- welche Größen verändert und welche konstant gehalten werden müssen,
- welche Geräte und Hilfsmittel erforderlich sind,
- wie die Experimentieranordnung gestaltet werden muss,
- wie die gewonnenen Messwerte ausgewertet werden sollen.

Beim **Durchführen eines Experiments** wird die Experimentieranordnung aufgebaut. Es wird beobachtet und gemessen. Bedingungen werden verändert bzw. konstant gehalten. Alle Daten werden protokolliert.

Beim **Auswerten eines Experiments** werden Vergleiche durchgeführt, Diagramme angefertigt und Berechnungen vorgenommen. Es wird ein Ergebnis formuliert. Bestandteil der Auswertung vieler Experimente sind Fehlerbetrachtungen zur Abschätzung der Genauigkeit der Messungen.

Eine tanzende Magnetnadel

Eine oder mehrere Magnetnadeln werden unter einem Metalldraht aufgestellt. Der Metalldraht wird an eine elektrische Quelle angeschlossen (Abb. 1).

Beobachte und vergleiche das Verhalten der Magnetnadel vor und nach dem Einschalten der elektrischen Quelle!

Beschreibe deine Beobachtung!

Vor dem Einschalten der elektrischen Quelle stellt sich die Magnetnadel so wie eine Kompassnadel in Nord–Süd-Richtung ein.

Nach dem Einschalten der elektrischen Quelle weist die Magnetnadel in eine Richtung quer zum stromdurchflossenen Metalldraht (Abb. 1). Die Magnetnadel wird vom stromdurchflossenen Leiter abgelenkt.

Ein zuckersüßes Experiment

Dir ist sicher bekannt, dass eine größere Menge Zucker schwerer ist als eine kleinere. In einem Experiment soll dieser Zusammenhang genauer untersucht werden.

Untersuche experimentell den Zusammenhang zwischen der Masse und dem Volumen von Zucker!

Vorbereitung:

Zunächst muss überlegt werden, welche Größen zu messen sind und welche Messgeräte man dazu verwenden kann (Abb. 2).

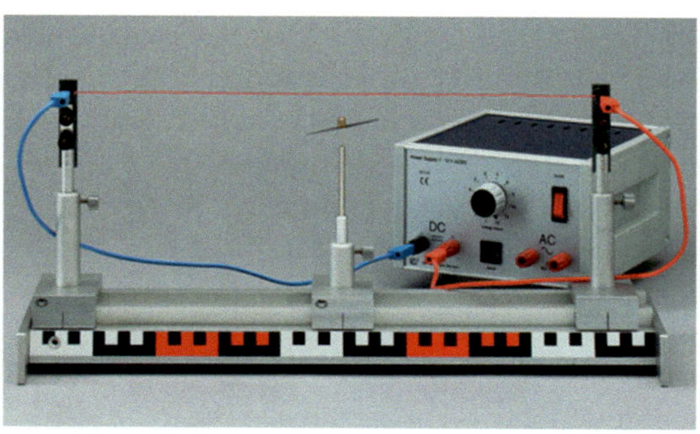

1 Unter dem stromdurchflossenen Draht befindet sich eine Magnetnadel.

2 Messgeräte zur Bestimmung der Masse und des Volumens – Waage und Messbecher.

Größe 1: Masse m Messgerät: Waage

Größe 2: Volumen V Messgerät: Messbecher

Bei der Wahl der Messgeräte sind im Allgemeinen die notwendigen Messbereiche und Messgenauigkeiten zu beachten. Dazu sind u. a. die zu messenden Größen vorher zu schätzen und zweckmäßige Messgeräte auszuwählen. Mögliche Messgeräte zeigt Abb. 2.

Durchführung:

Für verschiedene Zuckermengen sind Masse und Volumen zu messen. Beim Messen der Masse ist zu berücksichtigen, dass auch der Messbecher eine Masse hat. Diese ist stets von der gemessenen Gesamtmasse zu subtrahieren.

Auswertung:

Die Messwerte werden in einer Tabelle protokolliert. Masse des Messbechers: $m_B = 45$ g

Volumen V des Zuckers in ml	Masse m des Zuckers in g	$\frac{m}{V}$ in $\frac{g}{ml}$
100	110	1,1
200	220	1,1
300	330	1,1
400	440	1,1
500	550	1,1

Aus den Messwerten für m und V ist folgender Zusammenhang erkennbar:

Je größer das Volumen ist, desto größer ist auch die Masse des Zuckers.

Messen bedeutet Vergleichen

Die Länge und die Breite eines Zimmers kannst du abschätzen. Wenn man aber neuen Fußbodenbelag kaufen will, muss man Länge und Breite genau kennen – es muss gemessen werden.

Ähnlich ist das bei der Zeit: Wenn du wissen willst, wie lange du von zu Hause bis zur Schule brauchst, musst du die Zeit messen.

Länge und Zeit sind physikalische Größen. Sie können mit unterschiedlichen Messgeräten gemessen werden. Messgeräte für die Länge sind z. B. ein Bandmaß, ein Lineal oder ein Messschieber (Abb. 1).
Messgeräte für die Zeit sind Uhren unterschiedlicher Bauart (Abb. 2).

> **Messen einer physikalischen Größe bedeutet immer ein Vergleichen mit einer Einheit der physikalischen Größe.**

So wird beispielsweise die physikalische Größe Länge l in der Einheit ein Zentimeter (1 cm) gemessen. Bei der Messung einer Länge vergleichst du die Länge eines Körpers mit dieser Einheit, erhältst also z. B. als Ergebnis der Messung 7 cm. Das bedeutet: Die gemessene Größe ist das Siebenfache der Einheit:

$l = 7 \cdot 1\ \text{cm}$

Zur Vereinfachung lässt man in der Physik die Zahl 1 und das Malzeichen weg und schreibt:

$l = 7\ \text{cm}$

Weitere Einheiten für die Länge sind ein Kilometer (1 km), ein Meter (1 m), ein Dezimeter (1 dm) und ein Millimeter (1 mm). Dabei gilt:

1 km = 1 000 m
1 m = 10 dm = 100 cm = 1 000 mm
1 cm = 10 mm

Jedes Messgerät hat einen bestimmten **Messbereich.** So beträgt z.B. der Messbereich eines Lineals, wie du es verwendest, meist 20 cm oder 30 cm. Der Messbereich eines Zollstocks beträgt 1 m oder 2 m, der eines Bandmaßes bis zu 30 m.

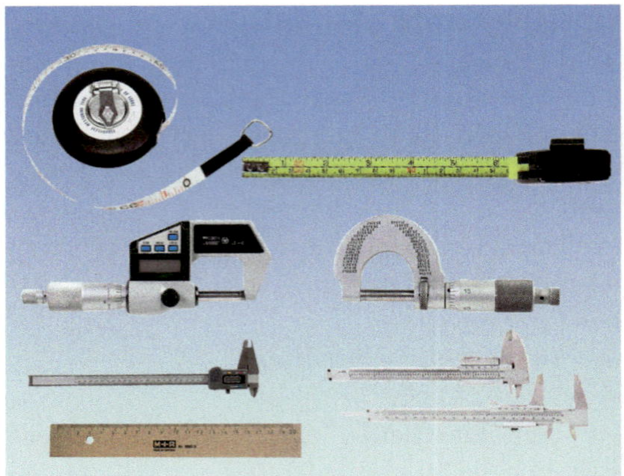

1 Messgeräte für die Länge

Darüber hinaus hat jedes Messgerät eine bestimmte **Messgenauigkeit.** Mit einem Lineal kannst du bis auf 1 mm genau messen und auf einen halben Millimeter genau abschätzen. Willst du genauer messen, so musst du ein anderes Messgerät verwenden, beispielsweise einen Messschieber.

Messen der Zeit bedeutet ebenfalls Vergleichen mit den betreffenden Einheiten. Einheiten der Zeit sind eine Sekunde (1 s), eine Minute (1 min), eine Stunde (1 h) oder auch ein Tag (1 d).

Dabei gilt:
1 min = 60 s
1 h = 60 min = 3 600 s
1 d = 24 h = 1 440 min = 86 400 s

Auch für Uhren als Messinstrumente für die Zeit gilt: Jede Uhr hat einen bestimmten Messbereich und eine bestimmte Messgenauigkeit. Mit einer Armbanduhr ohne Sekundenzeiger kann man etwa auf eine Minute genau messen, mit einer Handstoppuhr bis auf 1/10 Sekunde genau.

2 Uhren sind Messgeräte für die Zeit

Einheiten physikalischer Größen

1 Das Urkilogramm ist ein Zylinder aus Platin und Iridium.

Größe	Formelzeichen	Einheit
Länge	l	Meter (m)
Weg	s	Meter (m)
Zeit	t	Sekunde (s)
Volumen	V	Kubikmeter (m^3)
Temperatur	ϑ	Grad Celsius (°C)

2 In der Tabelle sind wichtige physikalische Größen mit ihren Einheiten dargestellt.

Jede physikalische Größe wird in einer bestimmten Einheit gemessen, z. B. die Länge in Meter oder die Zeit in Sekunden oder Minuten. Die Einheit für eine physikalische Größe ergibt sich zumeist aus der Definition dieser Größe.

Messen einer Größe bedeutet Vergleichen mit der betreffenden Einheit. Wenn die Länge eines Körpers gemessen werden soll, so wird sie mit der Einheit 1 cm verglichen und z. B. festgestellt, dass sie 25 cm beträgt. Das bedeutet:

$l = 25 \cdot 1\ \text{cm}$ oder, wie man kürzer schreibt:

$l = 25\ \text{cm}$.

Eine Einheit ist demzufolge eine Vergleichsgröße mit dem Zahlenwert 1.

Für jede physikalische Größe ist mindestens eine Einheit festgelegt. Das kann eine Grundeinheit oder eine abgeleitete Einheit sein. Für jede Einheit gibt es ein Kurzzeichen. Das Kurzzeichen für Meter ist m, für die Sekunde s oder für die Krafteinheit Newton N. Das Kurzzeichen der Einheit darf nicht mit dem Formelzeichen für Größen verwechselt werden. So ist z. B. s das Kurzzeichen für die Sekunde. Gleichzeitig ist es das Formelzeichen für den Weg.

Es ist auch üblich, für ein- und dieselbe physikalische Größe unterschiedliche Einheiten zu nutzen. So kann man z. B. die Temperatur in Grad Celsius, Kelvin oder Grad Fahrenheit messen. Die Geschwindigkeit lässt sich in Kilometer je Stunde oder in Knoten angeben. Für die Masse von Körpern gibt es die Einheiten Kilogramm oder Karat.

Darüber hinaus kann man für viele Einheiten Vielfache oder Teile angeben. Das geschieht durch Vorsätze vor den Einheiten.

Vielfaches der Einheit ein Meter (1 m) ist ein Kilometer (1 km):

1 km = 1 000 m

Teile der Einheit ein Meter (1 m) sind ein Zentimeter (1 cm) oder ein Millimeter (1 mm):

1 cm = 0,01 m

1 mm = 0,001 m

... und mehr

Informiere dich auch unter: *Vorsätze von Einheiten, Internationales Einheitensystem, Zeit, Entwicklung der Zeitmessung, Weg, Volumen von Körpern, Masse von Körpern, Temperatur von Körpern, ...*

gewusst · gekonnt

1. Reibe einen Plastikkamm an Stoff und halte ihn über einige kleine Papierschnitzel! Beobachte und beschreibe!

2. Lege auf eine Flasche ein vorher angefeuchtetes Geldstück, sodass die Flasche abgedichtet ist! Erwärme dann die Flasche mit den Händen!

Was kannst du beobachten? Beschreibe!

3. Schätze folgende Größen:
   a) Höhe des Klassenraumes,
   b) Dauer eines Atemzuges,
   c) Masse deines Physikbuches,
   d) Volumen eines Zuckerwürfels!
   Miss anschließend diese Größen und vergleiche mit deinen Schätzungen!

4. Schätze folgende Längen:
   a) Höhe der Wandtafel,
   b) Abmessungen eines DIN-A4-Blattes,
   c) Dicke deines Physikbuches,
   d) Höhe des Schultisches!
   Miss dann diese Längen und vergleiche mit deinen Schätzungen!

5. Ordne folgende Schätzwerte den entsprechenden Größen zu: 400 m, 45 min, 0,7 l, 1200 kg:
   a) eine Flasche Saft,
   b) Pkw,
   c) Länge einer Unterrichtsstunde,
   d) eine Runde im Sportstadion!

6. Schätze und miss anschließend folgende Größen:
   * a) die Länge deines Schulweges,
   b) deine Zeit im 100-m-Lauf,
   c) die Masse deines Körpers,
   d) deine Körpertemperatur,
   e) deine Körpergröße,
   * f) dein Körpervolumen!
   Gib an, welche Messgeräte du dabei verwendet hast!

7. Stelle in einer Tabelle zusammen, welche Messgeräte ihr im Haushalt habt und welche Größen in welchen Einheiten damit gemessen werden! Übernimm dazu die Tabelle in dein Heft!
   Gib auch an, wie genau man mit dem jeweiligen Messgerät messen kann!

Messgerät	Größe	Einheit	Messgenauigkeit
Fieberthermometer	Temperatur	°C	$\frac{1}{10}$ °C
…	…	…	…

8. Ein Stromkreis ist nach dem unten abgebildeten Schaltplan aufgebaut. Alle drei Glühlampen sind in Betrieb.

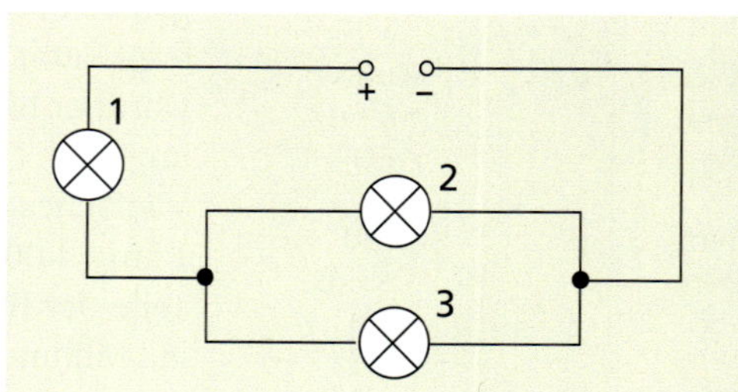

   a) Sage voraus, was passiert, wenn jeweils eine Lampe aus der Fassung geschraubt wird!
   b) Baue die Schaltung auf und überprüfe deine Aussagen!

2 Sehen und gesehen werden – welche Wege geht das Licht?

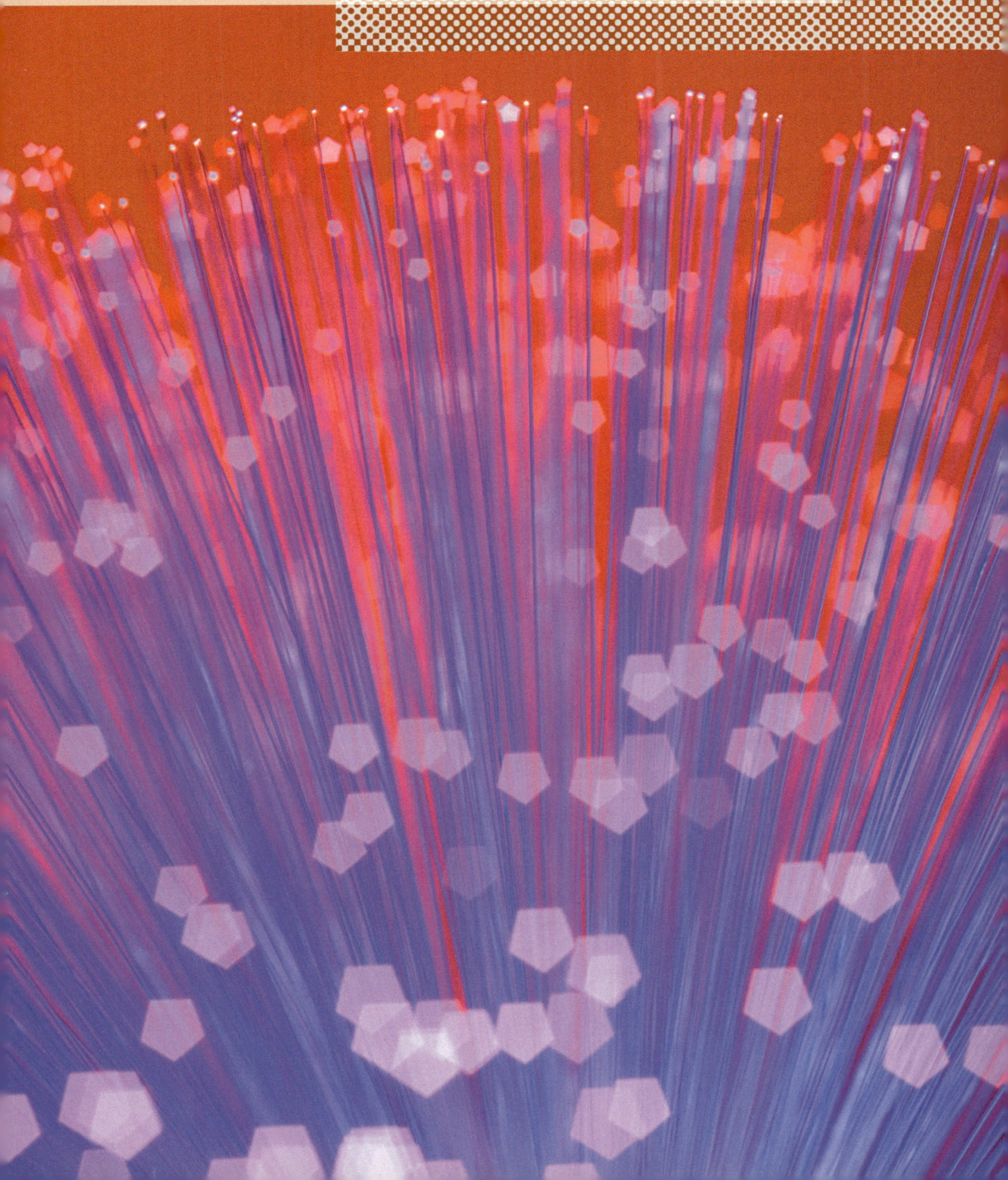

2.1 Licht – woher es kommt und wie es sich ausbreitet

Die verdunkelte Sonne

Sonnen- und Mondfinsternisse sind beeindruckende Naturerscheinungen. Sie sind aber nur relativ selten zu beobachten. So war eine totale Sonnenfinsternis in Teilen Deutschlands 1999 zu sehen. Das wird erst wieder im Jahr 2081 der Fall sein.
Wie kommt eine Sonnenfinsternis, wie eine Mondfinsternis zustande? Wann treten bei uns die nächsten Finsternisse auf?

Reflektoren für die Sicherheit

Für eine bessere Sicherheit im Straßenverkehr sollen Kleidung, Fahrräder und Schultaschen mit Reflektoren ausgestattet sein. Die Reflektoren sind im Dunkeln für Autofahrer bereits von weitem sichtbar.
Warum kann man die Reflektoren im Scheinwerferlicht von Autos gut sehen, aber die Personen und das Fahrrad kaum?

Licht von der Sonne

Die wichtigste Bedingung für das Leben auf der Erde ist die Strahlung der Sonne. Die Sonne ist eine riesige glühende Gaskugel, die schon viele Millionen Jahre lang Licht aussendet und das auch noch Millionen Jahre tun wird.
Wie breitet sich das Licht von der Sonne zur Erde aus? Welche Bedeutung hat das Licht für das Leben der Menschen?

Licht informiert

Den größten Teil aller Informationen über die uns umgebende Welt nehmen wir über die Augen wahr.
Körper unserer Umgebung können wir nur sehen, wenn von ihnen Licht in unsere Augen fällt. Manche Körper, z. B. die Sonne oder eine Glühlampe, erzeugen selbst Licht, andere Körper nicht.

Körper, die selbst Licht erzeugen, nennt man Lichtquellen.

Die meisten Lichtquellen sind glühende Körper, also Körper mit einer hohen Temperatur (Abb. 1a, b, c). Es gibt aber auch Körper, die bei normaler Temperatur Licht aussenden, zum Beispiel Glühwürmchen oder der Bildschirm eines Computers (Abb. 1d). Bei diesen Körpern wird Licht durch komplizierte physikalische oder chemische Vorgänge erzeugt.
Die meisten Körper, die wir sehen, erzeugen selbst kein Licht. Sie werfen nur einen Teil des Lichts zurück, das auf sie auftrifft. Der Physiker sagt: Sie reflektieren Licht.

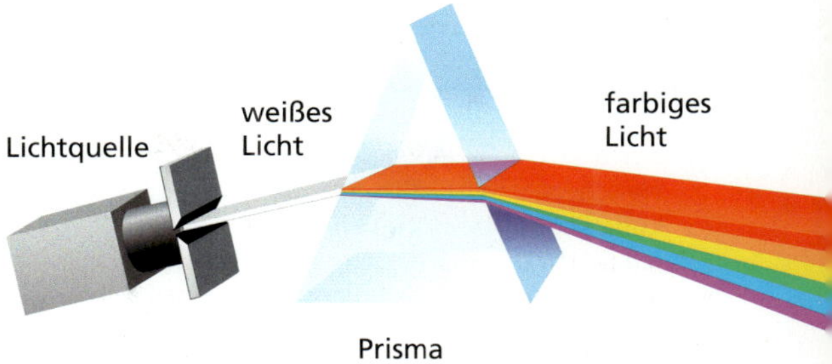

2 Zerlegung von weißem Licht durch ein Prisma: Man erhält farbiges Licht.

Körper, die nicht selbst Licht erzeugen, sondern nur das auftreffende Licht reflektieren (zurückwerfen), nennt man beleuchtete Körper.

Licht kann unterschiedliche Farben haben. Wird weißes Licht, z. B. Sonnenlicht oder das Licht einer Halogenlampe, auf ein Prisma gelenkt, so entsteht hinter dem Prisma ein prächtiges Farbband mit einer Reihe von charakteristischen Farben (Abb. 2). Das Farbband nennt man auch **Spektrum** (Abb. 3), die Farben Spektralfarben. Es handelt sich dabei um die unten genannten sechs Farben von Rot bis Violett.

1 Lichtquellen sind Körper, die selbst Licht erzeugen und aussenden.

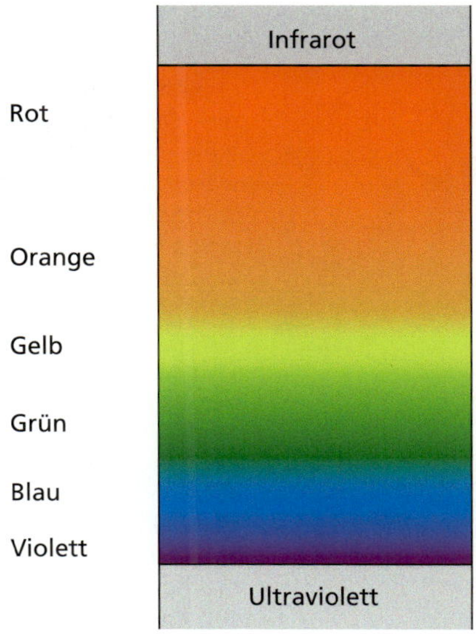

3 Das Spektrum des sichtbaren Lichtes umfasst die verschiedensten Farben.

Mosaik

Lichtquellen in Natur und Technik

Bei den Lichtquellen kann man zwischen **natürlichen** und **künstlichen Lichtquellen** unterscheiden. Die wichtigste natürliche Lichtquelle ist unsere Sonne. Sie ist nicht nur Lichtquelle, sondern auch Wärmequelle. Ohne Sonnenstrahlung hätte kein Leben auf der Erde entstehen können. Die Entwicklung von Pflanzen, Tieren und Menschen ist untrennbar mit dem Vorhandensein von Sonnenstrahlung verbunden.

Auch die Sterne, die wir nachts am Himmel sehen, sind natürliche Lichtquellen. Der Mond und alle Planeten sind dagegen beleuchtete Körper. Sie reflektieren das von der Sonne kommende Licht.

Schon von alters her nutzen die Menschen die verschiedenartigsten Lichtquellen. Holzfeuer sind wahrscheinlich die ersten Lichtquellen, die von Menschen verwendet wurden.

Bereits in der Steinzeit wurden auch Fackeln und Kienspäne als Lichtquellen genutzt. Kienspäne sind harzdurchtränkte Holzscheite aus Kiefernholz.

Schon im Altertum waren Öllampen bekannt. Viele Jahrhunderte lang waren Wachskerzen eine wichtige Lichtquelle. In vielen Haushalten war bis zu Beginn des 20. Jahrhunderts die Petroleumlampe die wichtigste Lichtquelle.

Ein entscheidender Fortschritt war im 19. Jahrhundert die Entwicklung von Gaslampen, die vor allem der Straßenbeleuchtung dienten.

Der Siegeszug der elektrischen Beleuchtung begann etwa 1880 mit der Entwicklung der ersten brauchbaren Glühlampen durch den amerikanischen Erfinder THOMAS ALVA EDISON (1847–1931).

Bei einer Glühlampe wird aber nur ein kleiner Teil der elektrischen Energie in Licht umgewandelt. Deshalb bemühten sich viele Techniker Lichtquellen zu entwickeln, die bei gleicher Lichtausbeute weniger Energie verbrauchen. Ergebnis dieser Entwicklung sind Leuchtstofflampen, Energiesparlampen und Halogenlampen (Abb. unten). Sie liefern bei weniger Energieaufwand die gleiche Lichtausbeute.

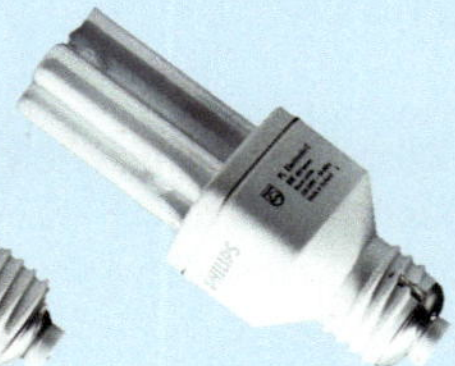

Moderne Lichtquellen arbeiten teilweise auch mit Leuchtdioden. Das sind spezielle Halbleiterbauelemente.

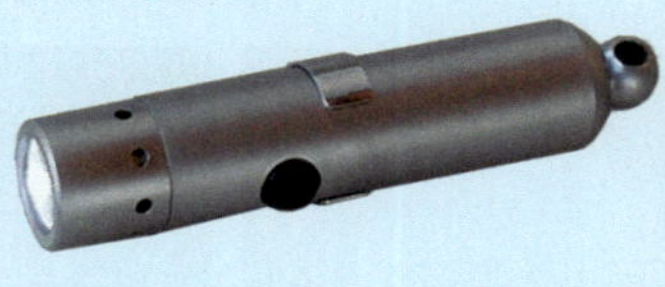

Weitere Hinweise zu Lichtquellen sind im Internet unter der Adresse **www.schuelerlexikon.de** zu finden.

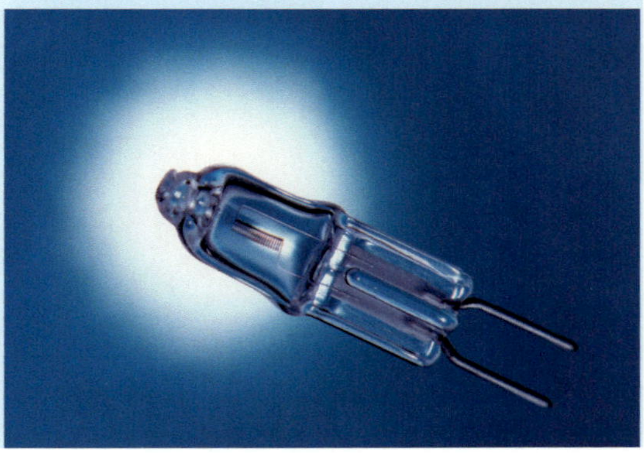

Körperfarben

In unserer Umgebung können wir Körper in den unterschiedlichsten Farben sehen: Eine Tomate ist rot, der Himmel blau, die Blätter eines Baumes grün, ein Pullover gelb.

Die Farbe, in der wir einen Körper sehen, wird als Körperfarbe bezeichnet.

Wir nehmen mit unseren Augen das Licht wahr, das von einem Körper in die Augen gelangt. Licht, das auf einen Körper fällt, wird von diesem Körper teilweise zurückgeworfen (reflektiert), teilweise aufgenommen (absorbiert) und teilweise hindurchgelassen.
Die Farbe, in der wir einen Körper sehen, ist abhängig

- von der Farbe des Lichtes, das auf ihn fällt,
- von seinem Reflexionsvermögen für verschiedenfarbiges Licht,
- von seinem Durchlassvermögen für verschiedenfarbiges Licht.

Wird z. B. eine Zitrone mit weißem Licht beleuchtet, so erfolgt eine Absorption aller Spektralfarben außer Gelb. Wir sehen demzufolge die Zitrone in der Farbe Gelb (Abb. 1). Ähnlich ist das bei einem roten Pullover: Er reflektiert rotes Licht.
Ein Körper, der sämtliches auffallendes Licht absorbiert, erscheint uns schwarz. Ein Körper, der mit weißem Licht beleuchtet wird und alle Spektralfarben gleich stark reflektiert, erscheint uns weiß.

Ein Körper hat die Farbe, die sich aus der Mischung des von ihm reflektierten bzw. durchgelassenen Lichtes ergibt.

Das gilt auch, wenn ein Körper mit farbigem Licht beleuchtet wird. Beleuchtet man z.B. Obst mit verschiedenfarbigem Licht, so nehmen wir es in unterschiedlichen Farben wahr (Abb. 3). Das wird auch in der Praxis genutzt. Die Beleuchtung einer Fleischtheke erfolgt so, dass Fleisch und Wurst frisch erscheinen. Kleidung kann bei künstlicher Beleuchtung anders aussehen als bei Beleuchtung mit Tageslicht.
Rot und Orange sind besonders auffallende Farben. Deshalb haben die Warnzeichen im Straßenverkehr eine rote Umrandung. Bauarbeiter auf Straßen tragen orangenfarbige Kleidung.

2 Körper können sehr unterschiedliche Farben haben.

1 Eine Zitrone reflektiert nur gelbes Licht. Wir sehen sie deshalb in dieser Farbe.

3 Obst bei Beleuchtung mit verschiedenfarbigem Licht

Wo Licht ist, ist auch Schatten

Von einer Lichtquelle, z. B. der Sonne oder einer Glühlampe, breitet sich Licht nach allen Seiten **geradlinig** aus, wenn es nicht durch andere Körper daran gehindert wird.
Das von einer Lichtquelle ausgehende Licht wird auch als **Lichtbündel** bezeichnet. Den Weg des Lichtes können wir durch Geraden veranschaulichen, die als **Lichtstrahlen** bezeichnet werden (Abb. 1).

Licht breitet sich geradlinig aus. Sein Weg kann durch Lichtstrahlen veranschaulicht werden.

Lichtstrahlen sind ein **Modell,** eine Vereinfachung der Wirklichkeit. Um die Ausbreitung des Lichtes beschreiben und Erscheinungen erklären zu können, reicht es meist aus, einige ausgewählte Lichtstrahlen zu zeichnen (s. unten).

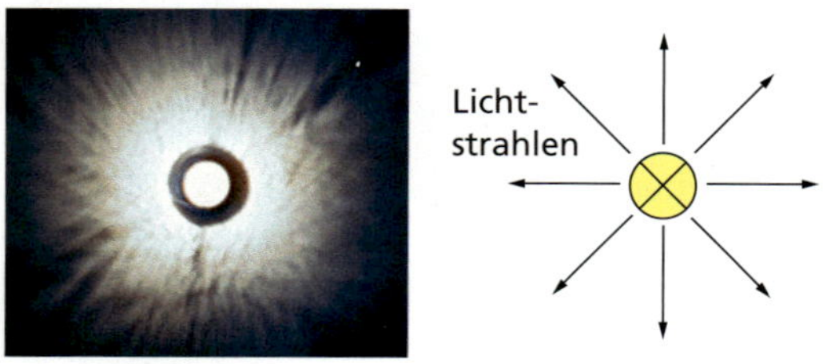

1 Das Licht einer Glühlampe breitet sich geradlinig aus. Die Ausbreitung des Lichts kann durch Lichtstrahlen veranschaulicht werden.

2 Schatten hinter einem undurchsichtigen Körper

Hinter beleuchtete, undurchsichtige Körper gelangt von einer Lichtquelle kein Licht (Abb. 2). Es bilden sich dunkle Gebiete aus, die **Schatten** genannt werden. Durch Randstrahlen wird der Schatten begrenzt (Abb. 3). Beim Vorhandensein mehrerer Lichtquellen entstehen **Kernschatten** und **Halbschatten,** so wie das in Abbildung 3 dargestellt ist.

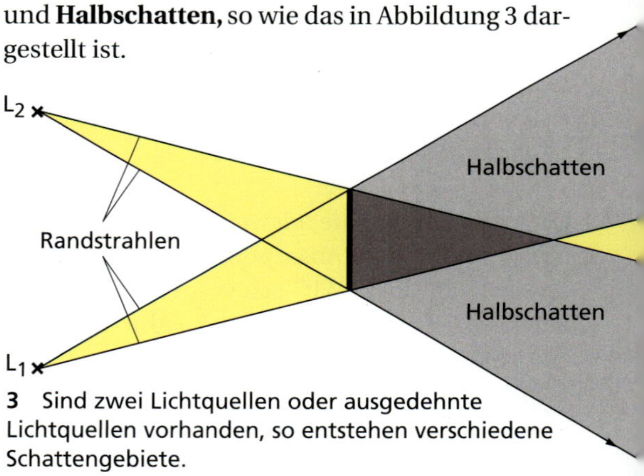

3 Sind zwei Lichtquellen oder ausgedehnte Lichtquellen vorhanden, so entstehen verschiedene Schattengebiete.

Darstellung optischer Erscheinungen

Zum Verstehen von Sehvorgängen sind nur die Strahlen wichtig, die in unsere Augen fallen.

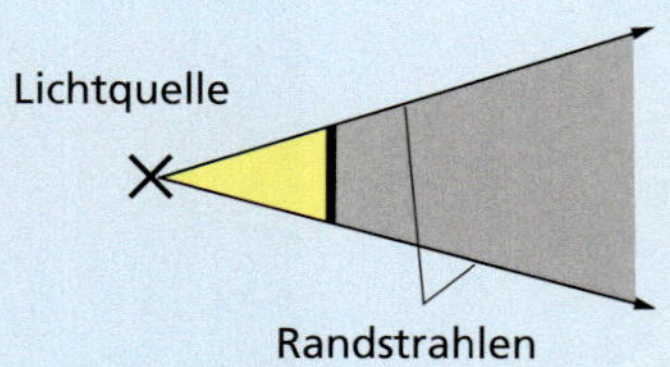

Zum Verstehen der Schattenbildung sind nur die Strahlen wichtig, die gerade noch am Hindernis vorbeigehen.

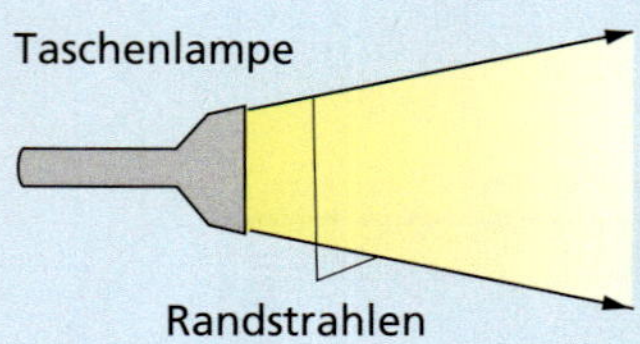

Zum Verstehen der Ausbreitung von Licht sind nur die Strahlen wichtig, die ein Lichtbündel begrenzen.

Reflexion und Reflexionsgesetz

Trifft Licht auf die Oberfläche eines Körpers, so kann es reflektiert werden (Abb. 1). Für die Reflexion von Licht gilt das **Reflexionsgesetz.**

Wird Licht an einer Fläche reflektiert, so ist der Einfallswinkel α gleich dem Reflexionswinkel α'.

$$\alpha = \alpha'$$

Dabei liegen einfallender Strahl, Einfallslot und reflektierter Strahl in einer Ebene.

Abbildung 1 zeigt die Reflexion eines Lichtbündels an einem ebenen Spiegel und die Darstellung der Reflexion mithilfe von Lichtstrahlen.

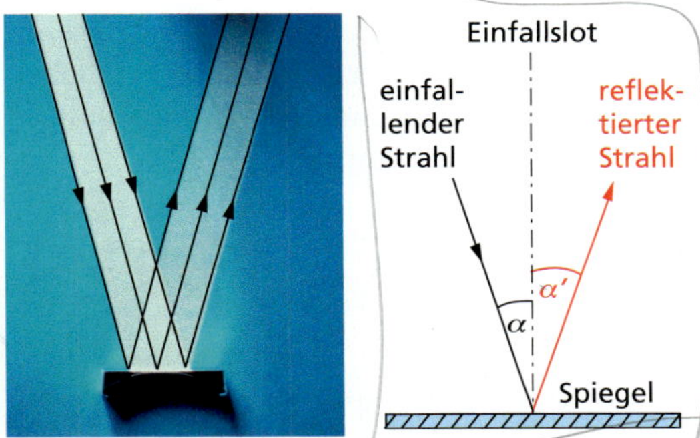

1 Reflexion von Licht an einem ebenen Spiegel

Trifft Licht senkrecht auf einen Spiegel, so wird es in die Richtung reflektiert, aus der es kam.
Je nach der Art der Oberfläche erfolgt eine reguläre oder eine diffuse Reflexion. An ebenen Oberflächen, z. B. an Spiegeln oder glatten Wasserflächen, erfolgt **reguläre Reflexion** (Abb. 2).

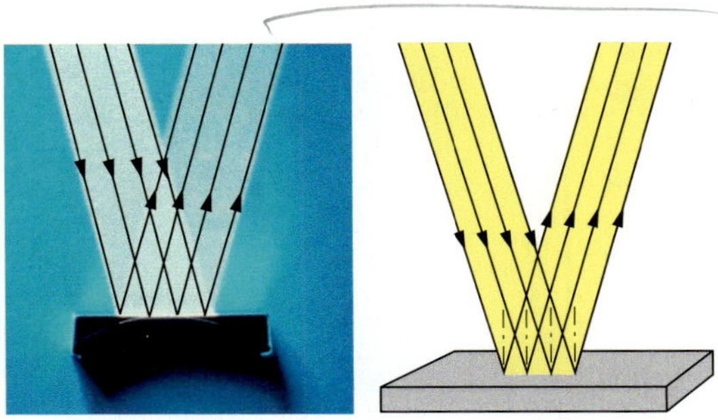

2 Reguläre Reflexion an ebenen Oberflächen

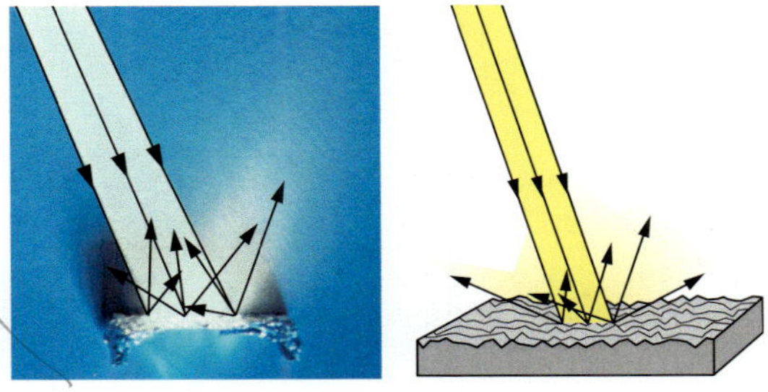

3 Diffuse Reflexion an rauen Oberflächen

Diffuse Reflexion erfolgt z. B. an Papier, Stoff, Kleidung oder rauen Wasserflächen (Abb. 3). Charakteristisch für diese Art von Reflexion ist, dass ein auffallendes paralleles Lichtbündel in die unterschiedlichsten Richtungen reflektiert wird. Man sagt auch: Das Licht wird gestreut.

Bilder an Spiegeln

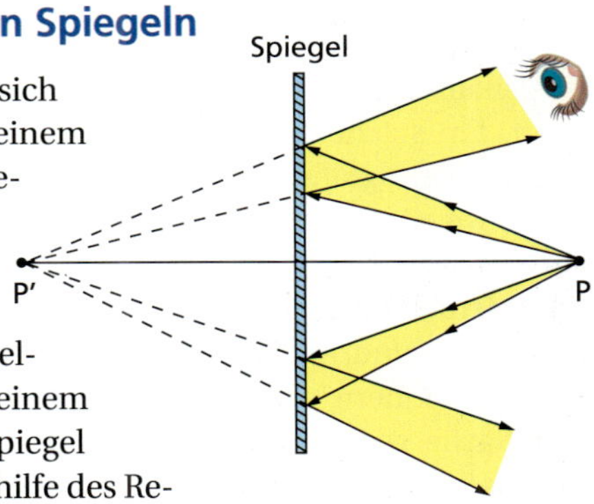

4 Reflexion am ebenen Spiegel

Jeder hat sich schon in einem Spiegel betrachtet. Die Entstehung des Spiegelbildes an einem ebenen Spiegel kann mithilfe des Reflexionsgesetzes erklärt werden.
Trifft Licht von einem Punkt P eines Gegenstandes auf einen ebenen Spiegel, so wird es nach dem Reflexionsgesetz zurückgeworfen. Für uns scheint das Licht vom Punkt P' aus zu kommen (Abb. 4).
Wir sehen im Spiegel den Punkt P an der Stelle P', von wo aus die Lichtstrahlen geradlinig in unser Auge **herzukommen scheinen**. Die Punkte P und P' liegen symmetrisch zum Spiegel.

Befindet sich ein Gegenstand vor einem ebenen Spiegel, so geht von jedem Punkt des Gegenstandes Licht aus und trifft auf den Spiegel.
Führt man die Konstruktion des Strahlenverlaufs für jeden Punkt aus, so erhält man das Spiegelbild des Gegenstandes (Abb. 1, S. 26).

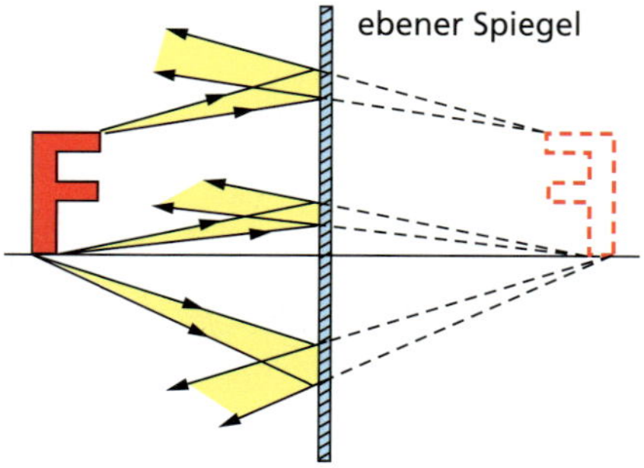

1 Bildentstehung am ebenen Spiegel

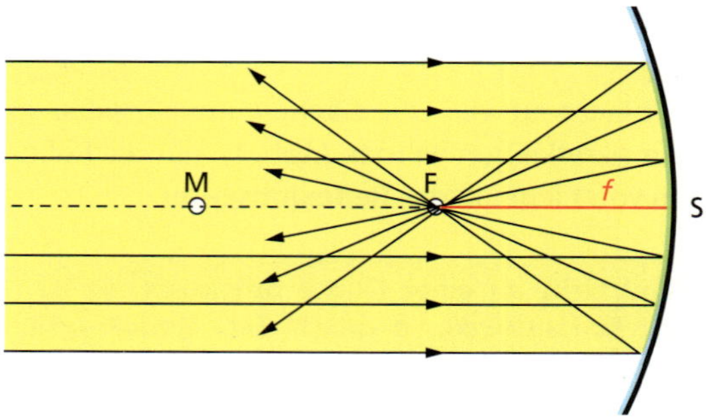

2 Reflexion an einem kugelförmigen Hohlspiegel

Für einen ebenen Spiegel gilt:

> **Gegenstand und Bild sind bezüglich des Spiegels symmetrisch zueinander.**

Das Spiegelbild befindet sich hinter dem Spiegel, ist genauso groß wie der Gegenstand und aufrecht. Ein solches Spiegelbild kann man sehen und auch fotografieren. Man kann es aber an der Stelle, wo wir es sehen, nicht auf einem Schirm auffangen. Solche Bilder werden als **scheinbare** oder **virtuelle Bilder** bezeichnet.
In Technik und Alltag werden nicht nur ebene Spiegel, sondern auch solche mit gekrümmter Oberfläche genutzt. Solche Spiegel findet man z. B. als Spiegel in Kfz, als Verkehrsspiegel an Straßenkreuzungen oder als Kosmetikspiegel. Bei Parabolspiegeln und bei kugelförmigen Hohlspiegeln gilt: Trifft paralleles Licht auf einen solchen Spiegel, so wird es nach der Reflexion in einem Punkt, dem **Brennpunkt F,** gesammelt (Abb. 2). Bei kugelförmigen Hohlspiegeln gilt das aber nur für achsennahe Strahlen. Zur Konstruktion eines Bildes am Hohlspiegel reicht es aus, den Verlauf einiger Strahlen zu kennen (Abb. 3).
Parallelstrahlen werden nach der Reflexion am Spiegel zu **Brennpunktstrahlen** und Brennpunktstrahlen nach der Reflexion zu Parallelstrahlen. Größe, Lage und Art des Bildes hängen vom Abstand Gegenstand–Spiegel ab.

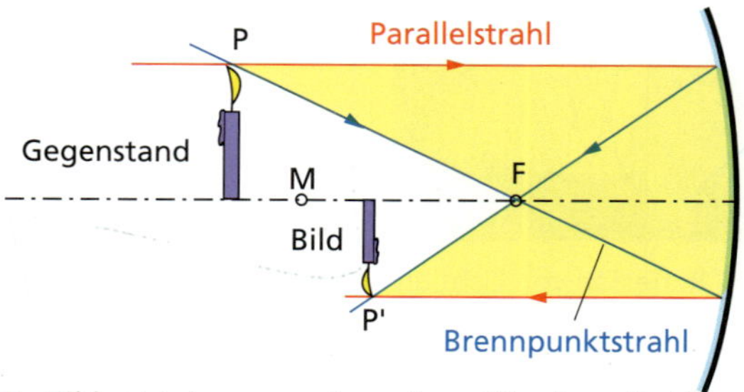

3 Bildentstehung an einem kugelförmigen Hohlspiegel

Hohlspiegel und Wölbspiegel			
Art des Spiegels	**parabolischer Hohlspiegel (Parabolspiegel)**	**kugelförmiger Hohlspiegel (Kugelspiegel)**	**kugelförmiger Wölbspiegel (Kugelspiegel)**
	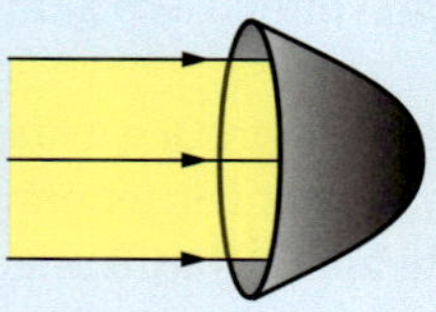	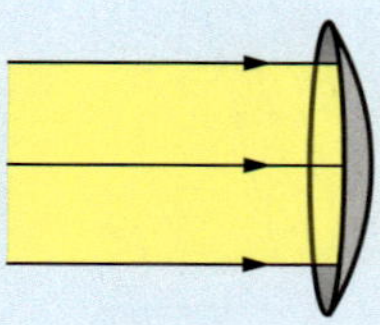	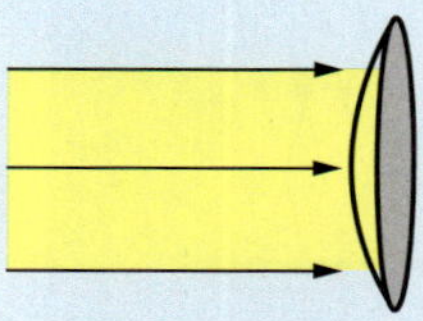
Beispiel	Autoscheinwerfer, Taschenlampenspiegel	Kosmetikspiegel	Weihnachtsbaumkugel, Verkehrsspiegel

Mosaik

Überall Hohlspiegel

Hohlspiegel unterschiedlicher Art werden bei vielen Geräten und Anlagen genutzt. So haben z. B. die meisten Taschenlampen Hohlspiegel (Reflektoren), die das von der Glühlampe ausgehende Licht bündeln.

Auch in Autoscheinwerfern befinden sich Hohlspiegel. Darüber hinaus kann man Fernlicht oder Abblendlicht einschalten. Das ist möglich, weil im Autoscheinwerfer eine Glühlampe mit zwei verschiedenen Glühfäden (Biluxlampe) verwendet wird. Beim Fernlicht fällt Licht des unteren Glühfadens auf den gesamten Spiegel und wird parallel reflektiert.

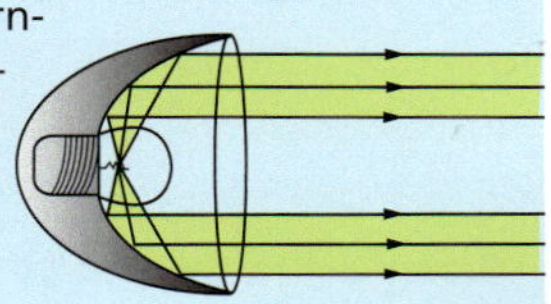

Beim Abblendlicht befindet sich die Glühwendel an einer anderen Stelle. Das nach unten abgestrahlte Licht wird durch einen Metallspiegel abgeschirmt.

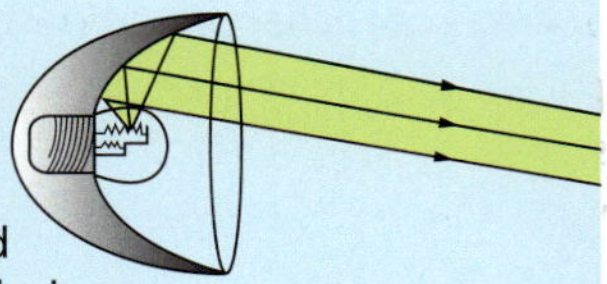

Auch Satellitenschüsseln und Antennen an Funktürmen sind Hohlspiegel. An ihnen wird aber kein Licht reflektiert, sondern die Wellen, die man bei Rundfunk und Fernsehen verwendet. Das Foto zeigt Antennen zur Übertragung von Rundfunk- und Fernsehsendungen.

Die Brechung von Licht

In einem Stoff, z. B. in Luft, Wasser oder Glas, breitet sich Licht in der Regel geradlinig aus. Trifft es aber auf die Grenzfläche zwischen zwei verschiedenen lichtdurchlässigen Stoffen, so wird es teilweise reflektiert, teilweise geht es in den anderen Stoff über. Dabei ändert sich im Allgemeinen die Richtung des Lichtes (Abb. 1, 2).

Als Brechung des Lichts bezeichnet man die Änderung seiner Ausbreitungsrichtung an der Grenzfläche zweier lichtdurchlässiger Stoffe.

1 Brechung und Reflexion des Lichtes an der Grenzfläche zweier verschiedener lichtdurchlässiger Stoffe. Hier befindet sich die Lichtquelle unter Wasser. Das Licht tritt teilweise vom Wasser in Luft über.

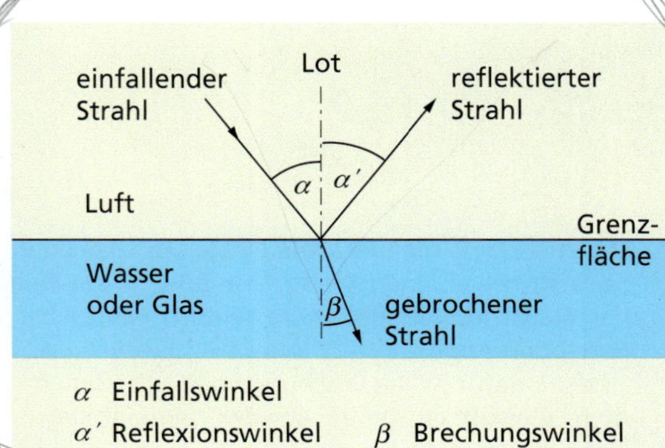

2 Strahlenverlauf bei Reflexion und Brechung an einer Grenzfläche

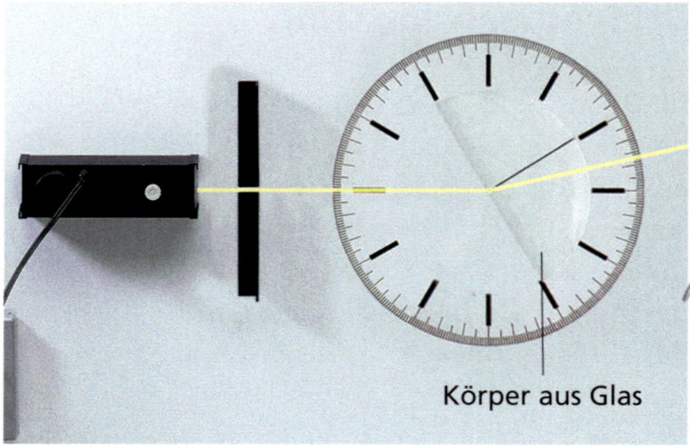

1 Beim Übergang von Luft in Glas wird das Licht zum Lot hin gebrochen.

Geht Licht von Luft in Wasser oder Glas über, so wird es an der Grenzfläche zum Lot hin gebrochen. Geht Licht dagegen von Glas oder Wasser in Luft über, so wird es an der Grenzfläche vom Lot weg gebrochen.

Wie stark das Licht an der Grenzfläche zwischen zwei verschiedenen Stoffen gebrochen wird, hängt ab von der Art der Stoffe und von der Größe des Einfallswinkels. Es gilt:

- Je kleiner der Einfallswinkel ist, desto weniger wird das Licht bei einer bestimmten Stoffkombination gebrochen.
- Beträgt der Einfallswinkel $\alpha = 0°$, fällt also das Licht senkrecht auf die Grenzfläche, so erfolgt keine Brechung.

Für die Brechung des Lichtes an einer solchen Grenzfläche gilt das **Brechungsgesetz.**

Wenn Licht von Luft in Glas oder Wasser übergeht, so wird es an der Grenzfläche zum Lot hin gebrochen. Für $\alpha \neq 0°$ gilt:

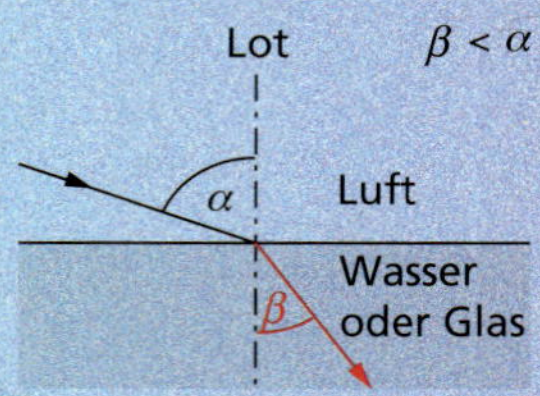

Wenn Licht von Glas oder Wasser in Luft übergeht, so wird es an der Grenzfläche vom Lot weg gebrochen. Für $\alpha \neq 0°$ gilt:

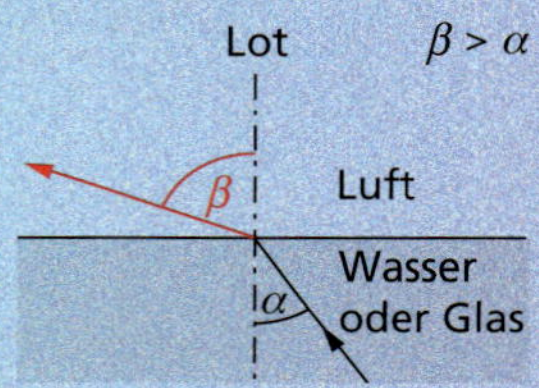

Mosaik

Brechung an planparallelen Platten und Prismen

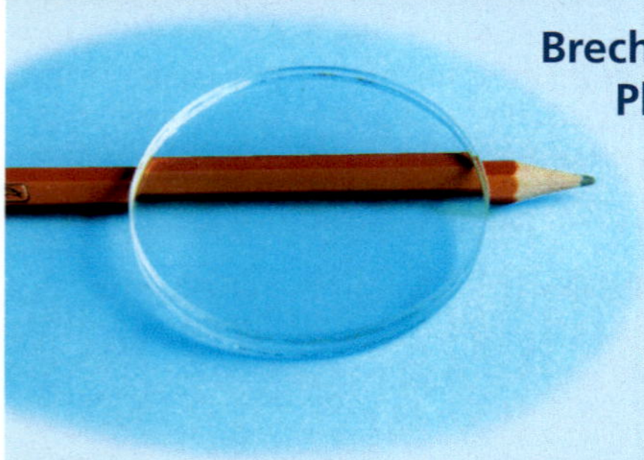

Legt man eine planparallele Platte aus Glas oder Kunststoff auf einen Bleistift, so scheint ein Teil des Bleistiftes verschoben zu sein, so wie es das Foto oben zeigt.

Ursache dafür ist die Brechung von Licht, das von dem Bleistift ausgeht, an der planparallelen Platte. Es wird an der Grenzfläche Luft-Glas und an der Grenzfläche Glas-Luft gebrochen.

Einfallender und zweifach gebrochener Strahl verlaufen parallel zueinander. Eine solche Brechung tritt auch bei Fensterscheiben auf. Sie ist dort so gering, dass wir sie kaum bemerken.

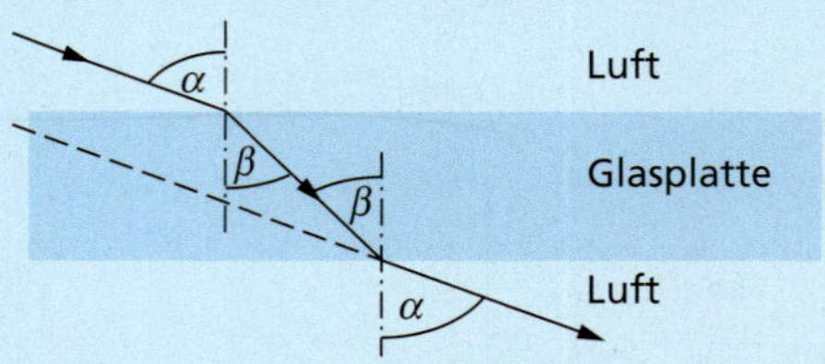

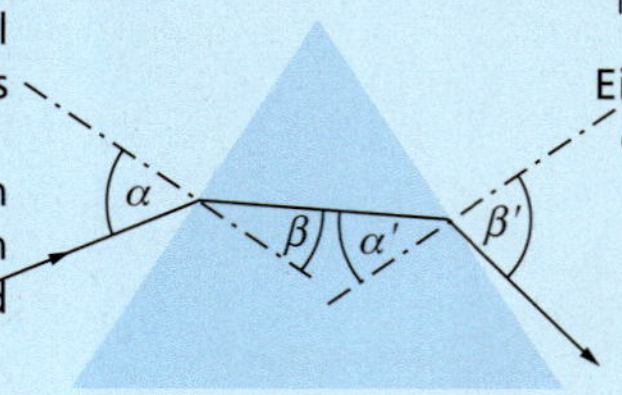

Eine zweifache Brechung erfolgt auch bei Prismen. Das Licht wird dadurch in eine andere Richtung gelenkt.

Strahlengang durch Linsen

Linsen sind lichtdurchlässige Körper, meistens aus Glas oder Kunststoff. Sie können sehr unterschiedliche Form haben. Linsen werden bei fast allen optischen Geräten, z. B. bei Lupen, Brillen, Ferngläsern oder Fotoapparaten, genutzt. Auch in unserem Auge ist eine Linse vorhanden.

Wenn Licht auf sie trifft, wird es nach dem Brechungsgesetz gebrochen. Je nach dem Strahlenverlauf unterscheidet man zwei große Gruppen von Linsen (Abb. 1, 2, 3).

Fällt Licht auf eine Linse, so wird es nach dem Brechungsgesetz an der Grenzfläche Luft–Glas und an der Grenzfläche Glas–Luft gebrochen. Zur Vereinfachung ersetzt man bei **dünnen Linsen** diese zweifache Brechung durch eine Brechung an der Linsenebene (Abb. 3).

Parallele Lichtstrahlen werden an einer **Sammellinse** so gebrochen, dass sie nach der Brechung alle durch einen Punkt gehen. Bei intensivem Licht kann sich an diesem Punkt, in dem das Licht gebündelt wird, ein Gegenstand entzünden. Man nennt ihn deshalb **Brennpunkt** F (lateinisch: focus). Jede Linse hat zwei Brennpunkte. Der Abstand eines Brennpunktes von der Linsenebene wird als **Brennweite** f bezeichnet (Abb. 3).

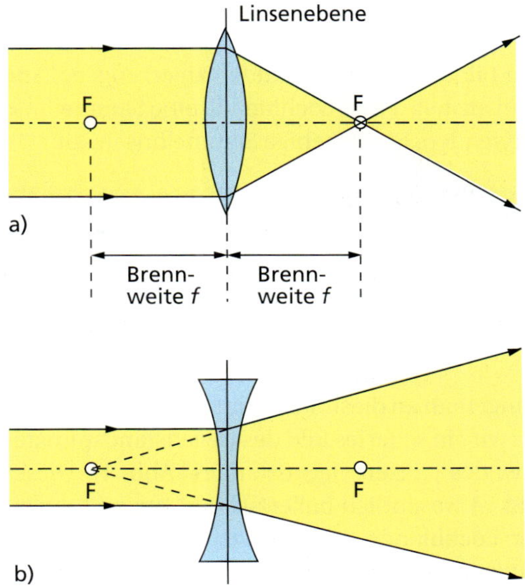

3 Brechung von Licht an einer dünnen Sammellinse (a) und an einer dünnen Zerstreuungslinse (b)

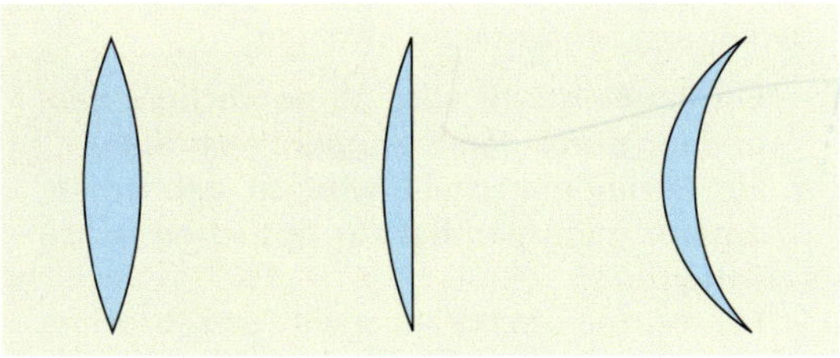

1a Arten von Sammellinsen (Konvexlinsen)

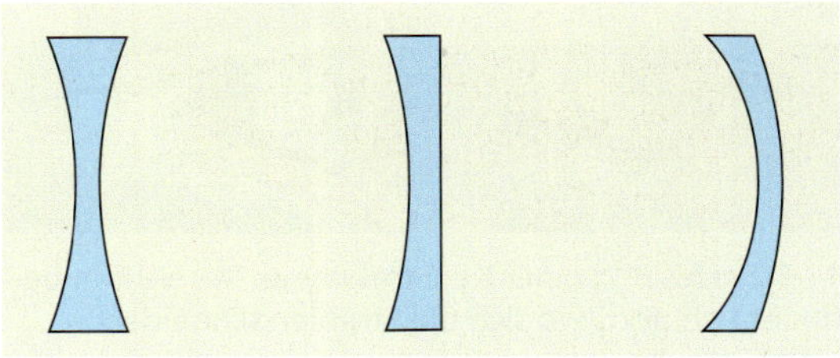

2a Arten von Zerstreuungslinsen (Konkavlinsen)

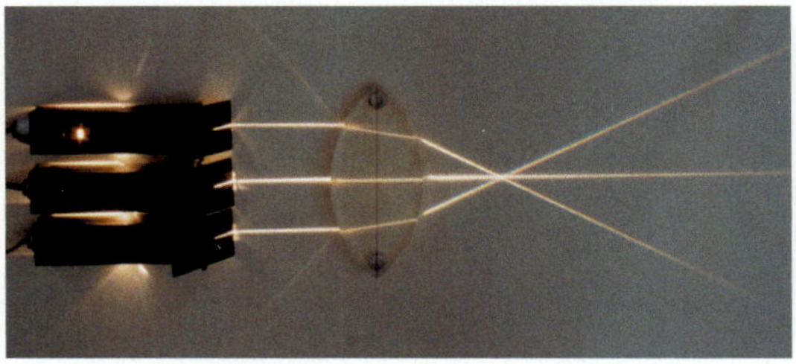

1b Linsen, die paralleles Licht nach der Brechung zunächst in einem Punkt sammeln, bevor es wieder auseinander geht, nennt man **Sammellinsen.** Sammellinsen aus Glas oder Kunststoff sind in der Mitte dicker als am Rand.

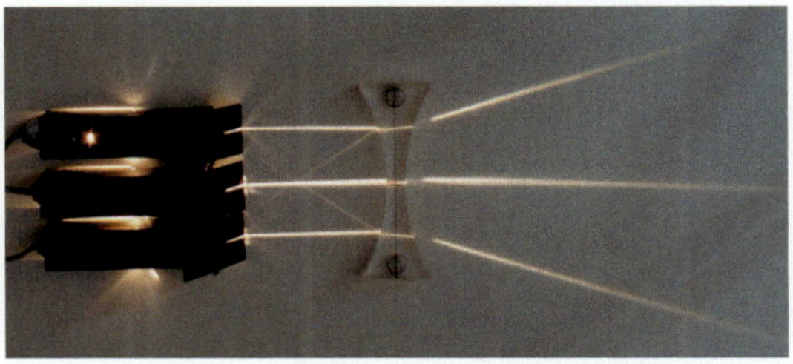

2b Linsen, die paralleles Licht nach der Brechung in verschiedene auseinander laufende Richtungen lenken, nennt man **Zerstreuungslinsen.** Zerstreuungslinsen aus Glas oder Kunststoff sind in der Mitte dünner als am Rand.

Bilder durch Sammellinsen

Um Bilder von Gegenständen zu erzeugen, kann man anstelle einer Lochblende eine Sammellinse verwenden. Für beliebige Sammellinsen gilt:

Licht, das von einem Gegenstandspunkt P ausgeht und durch eine Sammellinse fällt, trifft hinter der Linse in einem Bildpunkt P' zusammen.

Bringt man an diese Stelle einen Schirm, so erhalten wir ein scharfes Bild des Gegenstandspunktes bzw. des ganzen Gegenstandes (Abb. 1). Dieses Bild ist wesentlich heller als bei Verwendung einer Lochblende, weil von jedem Gegenstandspunkt aus viel mehr Licht durch die Linse fällt als bei Verwendung einer Lochblende.

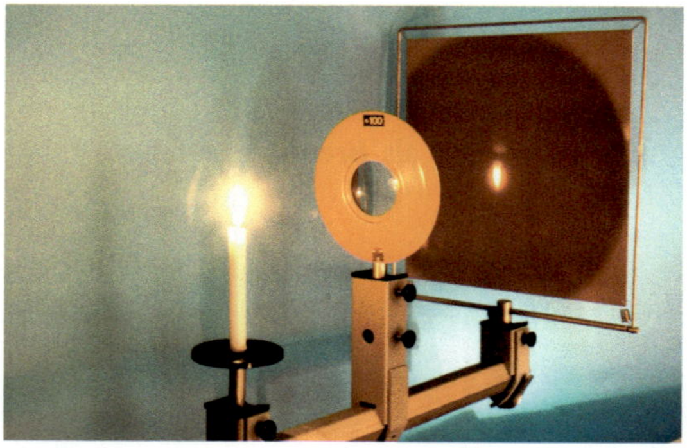

1 Scharfes Bild einer Kerzenflamme: Der Schirm befindet sich dort, wo sich die Strahlen schneiden.

2 Unscharfes Bild einer Kerzenflamme: Der Schirm befindet sich in diesem Fall nicht dort, wo sich die Strahlen schneiden.

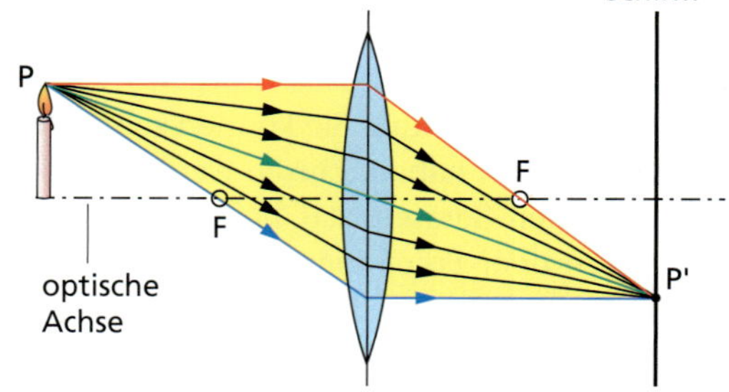

3 Gegenstandspunkt P und Bildpunkt P'

Zur zeichnerischen Konstruktion von Bildpunkten an Linsen reicht es aus, den Verlauf einiger charakteristischer Strahlen zu kennen.
Parallelstrahlen verlaufen parallel zur optischen Achse der Linse.
Brennpunktstrahlen verlaufen durch einen Brennpunkt F der Linse.
Mittelpunktstrahlen verlaufen durch den Mittelpunkt M der Linse.
Eine genauere Untersuchung des Verlaufes dieser drei Strahlen ergibt:

Wenn diese Strahlen an einer dünnen Sammellinse gebrochen werden, so gilt unter der Bedingung achsennaher Strahlen:

- **Ein Parallelstrahl wird so gebrochen, dass er dann durch den Brennpunkt verläuft.**
- **Ein Brennpunktstrahl wird so gebrochen, dass er dann parallel zur optischen Achse verläuft.**
- **Ein Mittelpunktstrahl geht ungebrochen durch eine Sammellinse.**

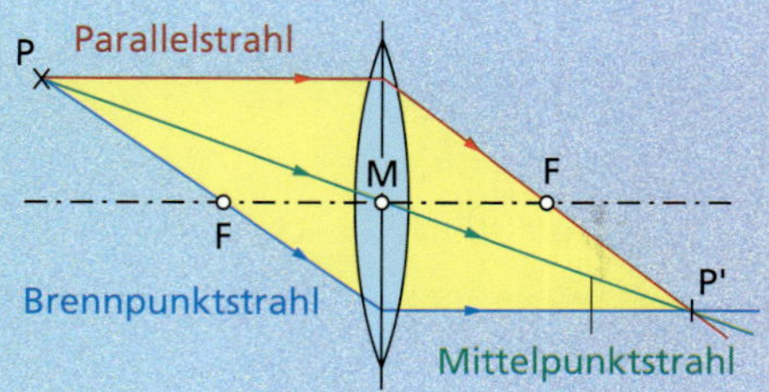

Um von einem Gegenstandspunkt einen Bildpunkt zu konstruieren, zeichnet man mindestens zwei der von dem Gegenstandspunkt ausgehenden charakteristischen Strahlen (Abb. 1, S. 31).

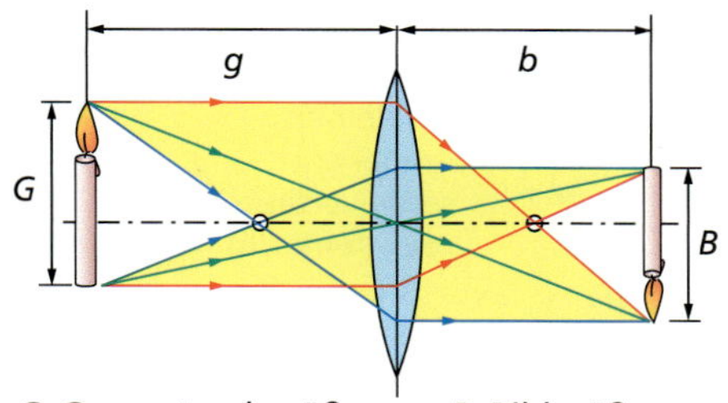

G Gegenstandsgröße *B* Bildgröße
g Gegenstandsweite *b* Bildweite

1 Bildkonstruktion an einer Sammellinse

Die Abbildung 1 zeigt, dass zur Konstruktion eines Bildpunktes jeweils zwei charakteristische Strahlen ausreichend sind.

Mit Linsen kann man unterschiedlich scharfe und helle Bilder erhalten. In Abhängigkeit von der Gegenstandsweite und der Brennweite der Sammellinse gibt es zu jedem Gegenstandspunkt genau eine Bildweite, bei der ein **scharfes Bild** entsteht. Bei dieser Bildweite schneiden sich die gebrochenen Lichtstrahlen genau in einem Punkt.

Vor und hinter der Bildweite für ein scharfes Bild entstehen unscharfe Bilder.

Die Größe des Bildes ist abhängig von der Größe des Gegenstandes und von der Gegenstandsweite (Abb. 2 und Übersicht S. 32). Das Verhältnis von Bildgröße B zu Gegenstandsgröße G nennt man **Abbildungsmaßstab.** Für den Abbildungsmaßstab gilt:

$$A = \frac{B}{G} = \frac{b}{g}$$

Für eine Sammellinse mit einer bestimmten Brennweite ist der Abbildungsmaßstab von der Gegenstandsweite abhängig. Es gilt:

- Ist die Gegenstandsweite größer als die doppelte Brennweite, dann ist das Bild kleiner als der Gegenstand und damit $\frac{B}{G} < 1$.
- Ist die Gegenstandsweite gleich der doppelten Brennweite, dann ist das Bild genau so groß wie der Gegenstand und damit $\frac{B}{G} = 1$.
- Liegt die Gegenstandsweite zwischen einfacher und doppelter Brennweite, dann ist das Bild größer als der Gegenstand und damit $\frac{B}{G} > 1$.

Bei den Bildern, die bei Linsen und auch bei Spiegeln entstehen, unterscheidet man zwei verschiedene Arten.

Bilder von Gegenständen, die man auf einem Schirm auffangen kann, werden als **wirkliche** oder **reelle** Bilder bezeichnet. Solche reellen Bilder entstehen z. B. auf der Netzhaut des Auges, auf dem Film eines Fotoapparates oder bei einem Tageslichtprojektor auf einer Projektionswand. Sie entstehen bei Sammellinsen, wenn die Gegenstandsweite größer als die einfache Brennweite ist.

Bei Spiegeln oder Lupen sehen wir Bilder, die man zwar fotografieren, aber nicht auf einem Schirm auffangen kann. Solche Bilder werden in der Optik als **scheinbare** oder **virtuelle** Bilder bezeichnet.

Ein Überblick über Bilder an Sammellinsen ist auf S. 32 gegeben.

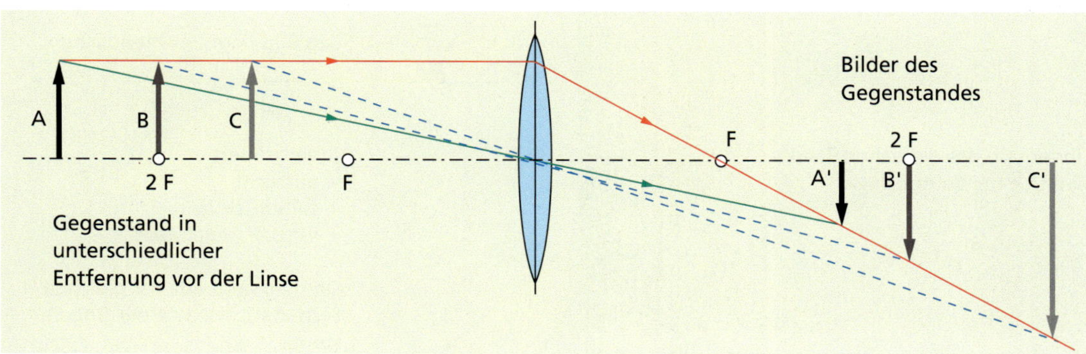

2 Bildkonstruktionen mit Strahlenverläufen für einige Bilder an Sammellinsen: Bei einer bestimmten Gegenstandsgröße hängt die Bildgröße von der Gegenstandsweite ab.

Ort des Gegenstandes	Bild und Bildkonstruktion	Eigenschaften des Bildes
außerhalb der doppelten Brennweite einer Sammellinse $g > 2f$	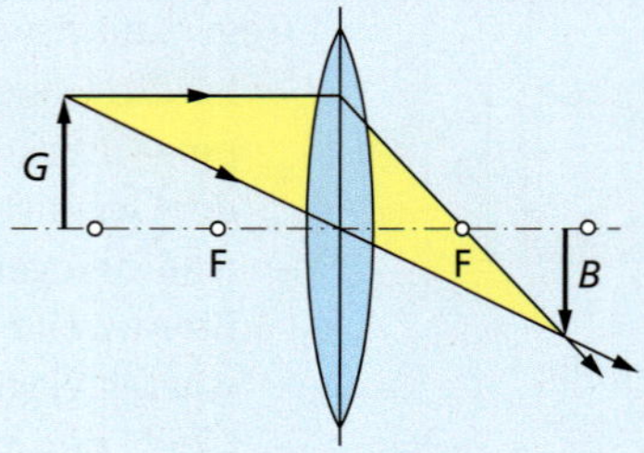	– verkleinert – umgekehrt – seitenvertauscht – reell (wirklich) Das Bild liegt zwischen einfacher und doppelter Brennweite.
in der doppelten Brennweite einer Sammellinse $g = 2f$	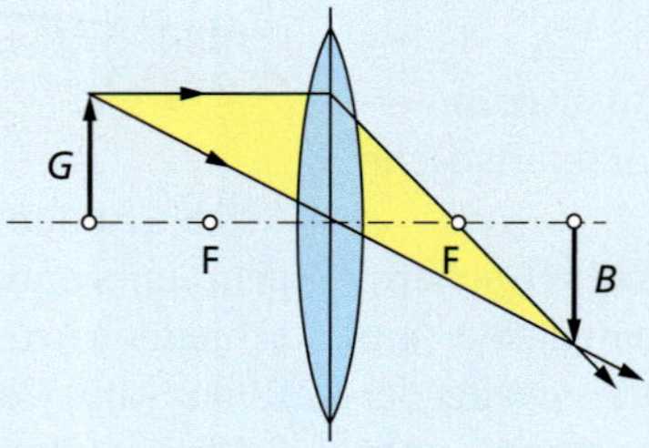	– gleich groß – umgekehrt – seitenvertauscht – reell (wirklich) Das Bild liegt in der doppelten Brennweite.
zwischen einfacher und doppelter Brennweite einer Sammellinse $2f > g > f$	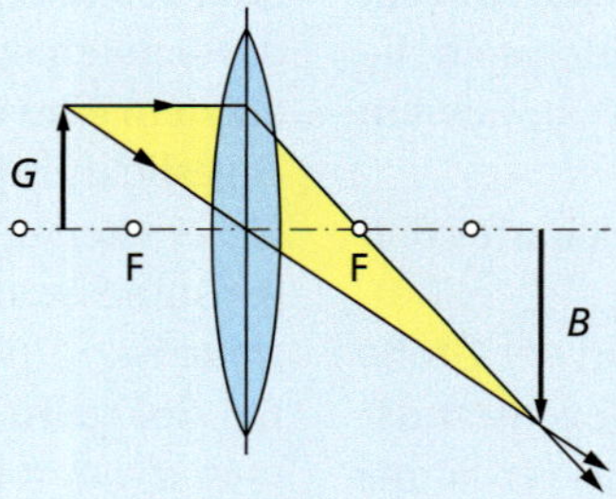	– vergrößert – umgekehrt – seitenvertauscht – reell (wirklich) Das Bild liegt außerhalb der doppelten Brennweite.
in der einfachen Brennweite einer Sammellinse $g = f$	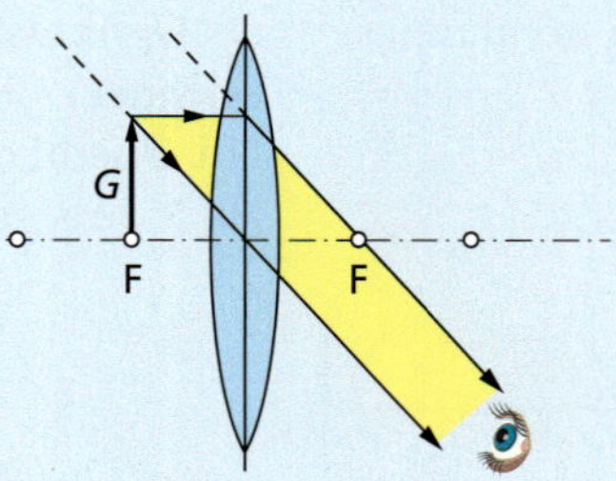	– kein scharfes Bild (Bild im Unendlichen) – gebrochene Strahlen verlaufen parallel – Linse voll mit der Farbe des Gegenstandes bedeckt Das Bild liegt im Unendlichen.
innerhalb der einfachen Brennweite einer Sammellinse $g < f$	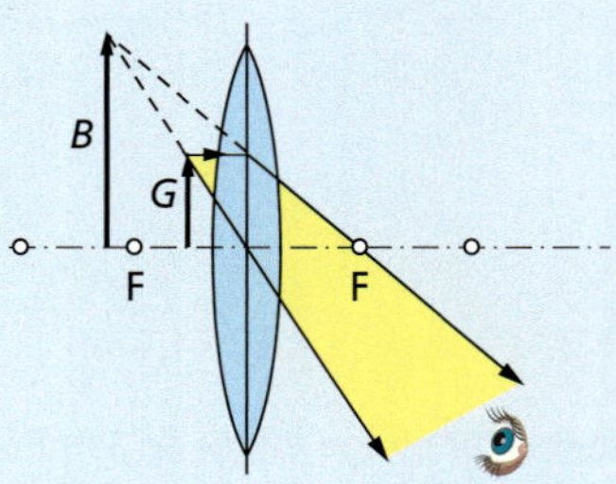	– vergrößert – aufrecht – seitenrichtig – virtuell (scheinbar) Das Bild liegt auf der gleichen Seite der Linse wie der Gegenstand.

Physik in Natur und Technik

Wir zeichnen Porträts

Heute können wir mithilfe eines Fotoapparates schnell ein Bild herstellen. Die Menschen im 18. Jahrhundert kannten aber noch keinen Fotoapparat. Wenn man ein Porträt haben wollte, musste man es bei einem Maler in Auftrag geben. Die Anfertigung kostete viel Zeit und Geld.
Welche andere Möglichkeit gibt es, sich ein Porträt herzustellen?

Um seine Landsleute zur Sparsamkeit zu erziehen, erfand der französische Finanzminister E. DE SILHOUETTE Mitte des 18. Jahrhunderts ein einfaches Verfahren zur Zeichnung von Schattenbildern. Nach ihm bezeichnet man solche Schattenbilder auch als Silhouetten. Dicht vor einem Schirm aus weißem Papier, am besten Pergamentpapier, sitzt eine Person so, dass ein Ohr dem Schirm zugewandt ist (Abb. 1, 2). Auf der anderen Seite steht in einer Entfernung von etwa 1 m eine möglichst kleine Lichtquelle. Gut geeignet ist eine starke Taschenlampe. Nun wird die Schattenlinie nachgezeichnet und anschließend schwarz ausgemalt.

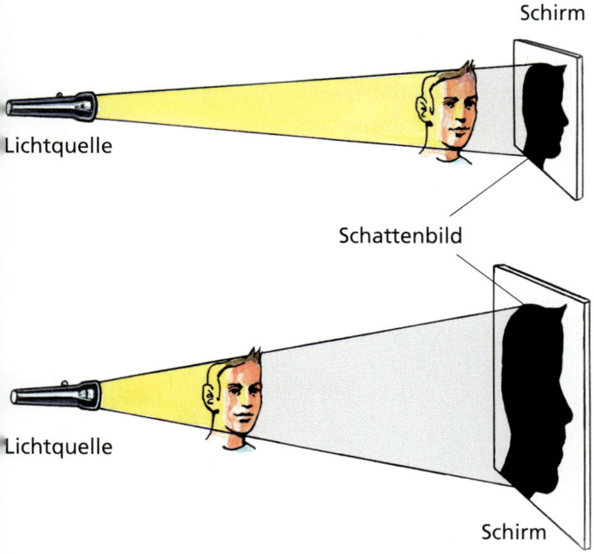

1 Die Entfernung Person–Schirm wird verändert.

2 Eine Silhouette zeigt viele Eigenschaften, die für eine Person charakteristisch sind, z. B. die Form von Nase, Lippen und Kinn.

Es ist erstaunlich, wie viele charakteristische Einzelheiten die Silhouette wiedergibt. Du kannst es selbst ausprobieren!
Was ändert sich, wenn die Person weiter vom Schirm wegrückt? Begründe deine Antwort mithilfe einer Zeichnung!

Wir stellen den Kopf der Person vereinfacht in zwei unterschiedlichen Entfernungen vom Schirm dar (Abb. 1). Wenn die Person vom Schirm wegrückt, wird das Schattenbild größer.

Sonnen- und Mondfinsternisse – beeindruckende Naturerscheinungen

Die Sonne sendet ständig Licht nach allen Seiten aus und bestrahlt damit Planeten, Monde und andere Himmelskörper in unserem Planetensystem. Sie beleuchtet also auch die Erde und den Erdmond.
Manchmal tritt die seltene Erscheinung einer **Sonnenfinsternis** auf (Abb. 2 und 3, S. 34).
Auch unser Mond ist, ebenso wie die Erde, ein von der Sonne beleuchteter Körper. Er reflektiert das auf ihn auftreffende Sonnenlicht und deshalb können wir ihn von der Erde aus sehen. Manchmal kommt es zu einer **Mondfinsternis.**
Wie kann man sich das Entstehen einer Sonnenfinsternis und einer Mondfinsternis erklären? Wie häufig sind Sonnen- und Mondfinsternisse?

1 Partielle Mondfinsternis: Der Mond befindet sich dabei teilweise im Schatten der Erde.

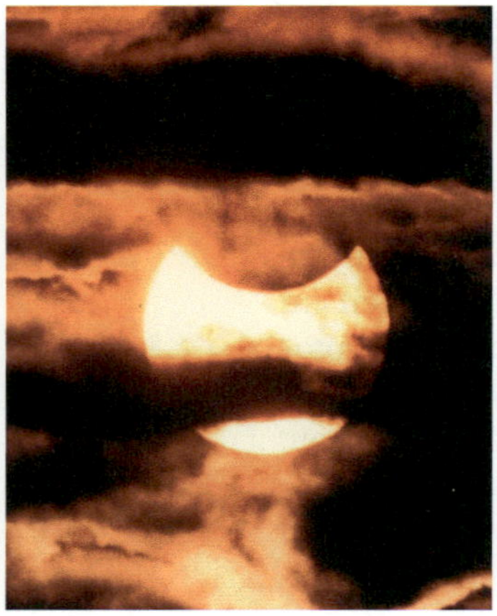

2 Partielle Sonnenfinsternis: Der Mond verdeckt die Sonne nur teilweise.

3 Die letzte totale Sonnenfinsternis war in Teilen Deutschlands am 11. 08. 1999 zu beobachten.

Die Sonne als Lichtquelle bestrahlt die Erde und den Mond. Sie ist eine ausgedehnte Lichtquelle. Auf der Seite, die der Sonne abgewandt ist, entstehen Kern- und Halbschatten, die weit in den Weltraum reichen. Für einen Beobachter auf dieser Seite der Erde ist Nacht. Da sich der Mond um die Erde bewegt, kann er in den Kernschatten der Erde gelangen. Solange er sich im Erdschatten befindet, wird er nicht von der Sonne beleuchtet. Es tritt eine **Mondfinsternis** auf (Abb. 4).

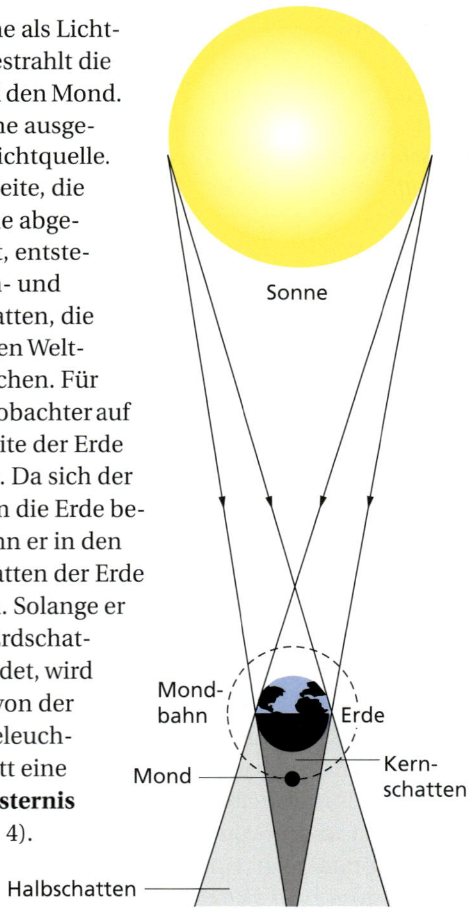

4 Mondfinsternis: Der Mond befindet sich im Schatten der Erde.

Die Bewegung des Mondes um die Erde ist auch die Ursache für eine **Sonnenfinsternis** und für die Mondphasen.
Bei seiner Bewegung gelangt der Mond manchmal zwischen Sonne und Erde. Damit wird die Sonne für einen Beobachter auf der Erde teilweise oder ganz selten auch völlig verdeckt. Es tritt Sonnenfinsternis auf (Abb. 5). Sie ist nur bei Neumond beobachtbar. Die Sonne kann dabei teilweise oder vollständig verdeckt sein.

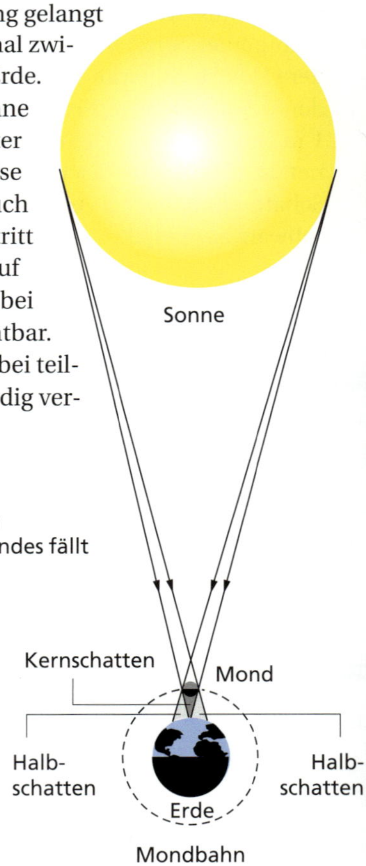

5 Sonnenfinsternis: Der Schatten des Mondes fällt auf die Erde.

Schattenstab und Sonnenuhr

Untersucht man mit einem Schattenstab die Länge und die Richtung des Schattens, dann zeigt sich: Mittags ist der Schatten am kürzesten und bei uns immer nach Norden gerichtet (Abb. 1). Damit kann man einen solchen Schattenstab folgendermaßen nutzen:

- Mit dem Schattenstab kann der Zeitpunkt des wahren Mittags ermittelt werden. Das ist der Zeitpunkt, an dem die Sonne am höchsten steht.
- Es kann die Nord-Süd-Richtung bestimmt werden. Der kürzeste Schatten zeigt genau in Nordrichtung.

Du kannst dir einen solchen Schattenstab selbst bauen und an einem sonnigen Tag stündlich die Punkte markieren, die die Spitze des Schattens erreicht.
Eine Weiterentwicklung des Schattenstabes ist die **Sonnenuhr**, die man in vielen verschiedenen Formen an Gebäuden und in Parks findet (Abb. 2). Sonnenuhren sind die ältesten Uhren und werden schon seit vielen Jahrhunderten von Menschen genutzt.
Wie kann man sich eine solche Sonnenuhr selbst bauen?

2 Sonnenuhr an einem Gebäude

Eine einfache Sonnenuhr kannst du dir aus einem dicken Draht und einem Holzbrett bauen. Den Aufbau zeigt Abb. 3. Wichtig für ein genaues Anzeigen der Zeit ist der Winkel α zwischen Draht und Holzbrett. Dieser Winkel ist gleich der geografischen Breite des Ortes, an dem sich die Sonnenuhr befindet. Er beträgt für Halle 51,5°, für Magdeburg 52,1° und für Naumburg 51,1°. Für andere Orte kannst du die geografische Breite einem Atlas entnehmen.
Eine Zeiteinteilung erhältst du, wenn du an einem sonnigen Tag zu jeder vollen Stunde den Schatten nachzeichnest und die Zeit daranschreibst.

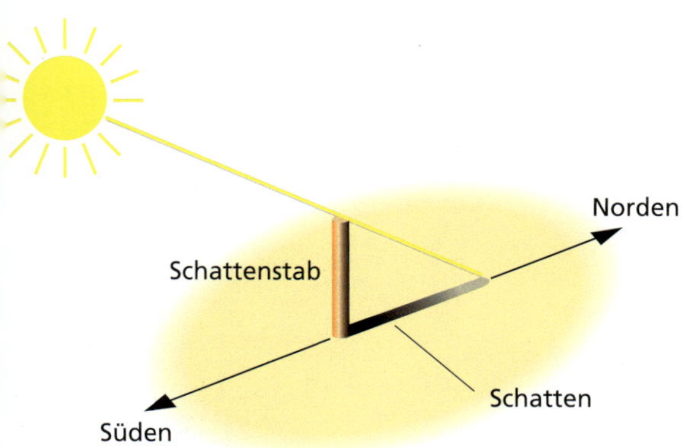

1 Mittags weist der Schatten nach Norden und ist am kürzesten.

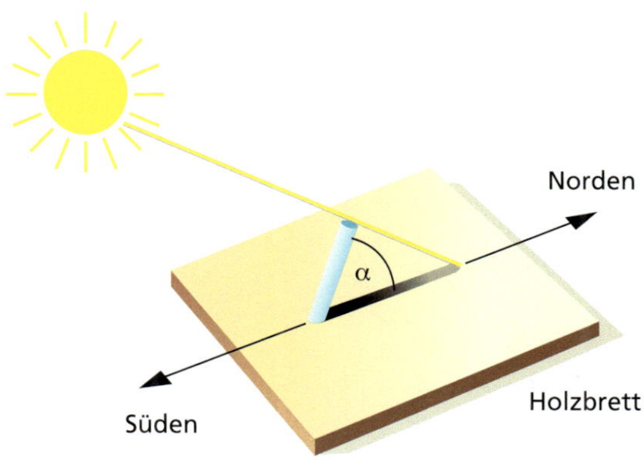

3 Einfache Sonnenuhr: Zum Bau braucht man ein Holzbrett und einen stabilen Stab.

Ein Zaubertrick mit brennender Kerze

Vor eine Glasscheibe wird eine brennende Kerze gestellt. In gleicher Entfernung hinter der Glasscheibe befindet sich ein Glas mit Wasser. Die Beobachtung zeigt: Die Kerze scheint unter Wasser zu brennen (Abb. 1). Ist das ein Trick? Blickt man hinter die Glasscheibe, so zeigt sich: Hinter der Glasscheibe ist keine Kerze, weder im Wasserglas noch daneben.
Wie kann man diese Erscheinung erklären?

Das Bild der Kerze entsteht durch die Reflexion des Lichtes an der Oberfläche der Glasscheibe (Abb. 2). Von jedem Punkt der Kerze und der Flamme gelangen so Lichtstrahlen in das Auge des Beobachters. Diese Lichtstrahlen scheinen geradlinig vom Spiegelbild der Kerze hinter der Glasscheibe zu kommen.

1 Eine Kerze scheint unter Wasser zu brennen.

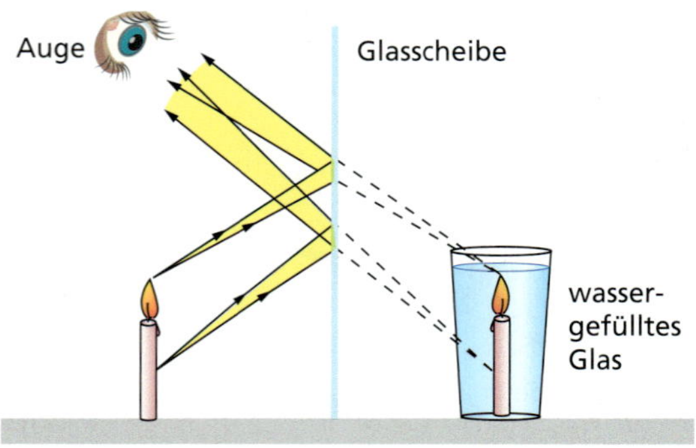

2 Wir sehen das scheinbare Bild der Kerze im Wasserglas.

Das Auge bemerkt nichts von der Reflexion am Spiegel. Wir aber sehen das Bild der Kerze an der Stelle, von der aus die Lichtstrahlen geradlinig in unser Auge herzukommen scheinen. An dieser Stelle, im Wasserglas, befindet sich das scheinbare Bild der Kerze.

Erklären physikalischer Erscheinungen

Ein Ziel der Physik ist es, unsere Umwelt zu begreifen. Wir wollen Erscheinungen nicht nur beobachten und beschreiben, sondern auch erklären können.

Erklären heißt, mithilfe physikalischer Gesetze nachzuweisen, warum eine Erscheinung so und nicht anders ist.

Dazu ist erforderlich:
- Erkennen wesentlicher Seiten und Vernachlässigen unwesentlicher Seiten;
- Überlegen, welches Gesetz auf diese Erscheinung anwendbar ist;
- Anwenden des Gesetzes auf die Erscheinung.

Der Sonnenofen

Mithilfe von Sonnenlicht können Stoffe so erhitzt werden, dass sie schmelzen oder verdampfen.
Eine solche Anordnung wird als Sonnenofen bezeichnet (Abb. 3).
Wie ist ein solcher Sonnenofen aufgebaut? Wie funktioniert er?

3 Der Sonnenofen von Odeillo (Frankreich) ist eine der größten Anlagen dieser Art.

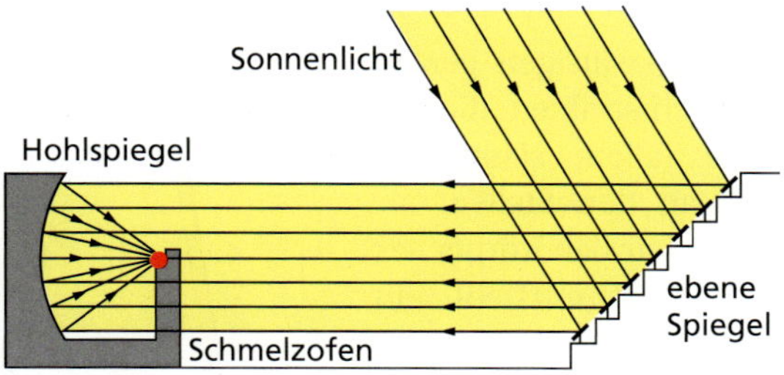

1 Strahlenverlauf beim Sonnenofen

Der auf S. 36 abgebildete Sonnenofen besteht aus verschieden angeordneten Spiegeln. Das parallele Sonnenlicht fällt zunächst auf ebene Spiegel (Abb. 1). Es wird von diesen Spiegeln nach dem Reflexionsgesetz so reflektiert, dass es als paralleles Licht auf den Hohlspiegel fällt. Vom Hohlspiegel wird das parallele Licht so reflektiert, dass es in einem kleinen Bereich konzentriert wird. In diesem Bereich werden im Sonnenofen von Odeillo Temperaturen bis 3 300 °C erreicht. Solche Temperaturen reichen aus, um fast alle Metalle zu schmelzen.

2 Das Foto zeigt einen Sonnenofen in Almeria (Spanien). Der Turm ist 60 m hoch.

Eine Landschaft im Spiegel

An einem See oder Teich kann man bei Windstille auf der Wasseroberfläche das Spiegelbild des gegenüberliegenden Ufers sehen (Abb. 1a). Bei stärkerem Wind ist das aber nicht möglich (Abb. 1b).

Erkläre, warum man bei glatter Wasseroberfläche ein Spiegelbild sieht und bei rauer und welliger Oberfläche nicht!

Eine glatte Wasseroberfläche wirkt wie ein ebener Spiegel. Es tritt reguläre Reflexion auf. Das von den Gegenständen (Baum, Haus) ausgehende Licht fällt auf die glatte Oberfläche und wird reflektiert. Das reflektierte Licht, das in unser Auge fällt, scheint aus Richtung der Wasseroberfläche zu kommen. Wir sehen dort das Spiegelbild. Gleichzeitig fällt aber auch Licht direkt vom Gegenstand in unser Auge. Das bedeutet: Wir sehen den Gegenstand und zugleich sein auf dem Kopf stehendes Spiegelbild (Abb. 1a).

Bei einer rauen und welligen Oberfläche tritt diffuse Reflexion auf. Jeder einzelne Lichtstrahl wird zwar nach dem Reflexionsgesetz reflektiert. Da jedoch die Lagen der reflektierenden Flächen verschieden sind, werden die Lichtstrahlen in die unterschiedlichsten Richtungen reflektiert. Wir sehen kein Spiegelbild der Gegenstände (Abb. 1b). Das von den Häusern und Bäumen kommende Licht wird diffus reflektiert.

3 Ein See bei Windstille (a) und vom gleichen Standort aus bei stärkerem Wind (b)

Verbogene Trinkhalme – eine optische Täuschung?

Stellt man einen Trinkhalm in ein Gefäß mit Wasser, so scheint er an der Wasseroberfläche einen Knick zu haben (Abb. 1). Wird er etwa durch das Wasser verbogen? Nimmt man den Trinkhalm aus dem Wasser heraus, ist er wieder ohne Knick. *Wie kann man die Erscheinung des Abknickens eines Trinkhalmes im Wasser erklären?*

Der Trinkhalm bekommt tatsächlich keinen Knick. Es liegt eine optische Täuschung vor, die wir mithilfe des Brechungsgesetzes erklären können. Dazu muss man vom Sehvorgang ausgehen. Aufgrund unserer Erfahrungen mit der geradlinigen Lichtausbreitung sehen wir einen Körper an der Stelle, von der aus die Lichtstrahlen herzukommen scheinen. Von dem Teil des Trinkhalmes, der sich außerhalb des Wassers befindet, fällt das Licht geradlinig in unser Auge (Abb. 2). Anders ist es mit dem Licht von dem Teil des Trinkhalmes, der sich unter Wasser befindet. Dieses Licht, das vom Trinkhalm ausgeht, wird an der Grenzfläche Wasser–Luft nach dem Brechungsgesetz vom Lot weg gebrochen.

1 Der Trinkhalm in einem Gefäß mit Wasser erscheint wegen der Brechung geknickt.

Die rückwärtigen geradlinigen Verlängerungen der Lichtstrahlen, die ins Auge fallen, schneiden sich an den Stellen, an denen wir den Körper sehen. Dort entsteht ein scheinbares Bild des Trinkhalmes unter Wasser. Dieses Bild sehen wir. Damit scheint der Trinkhalm an der Wasseroberfläche einen deutlichen Knick zu haben.
Ähnliche Effekte kann man auch an Teichen beobachten.

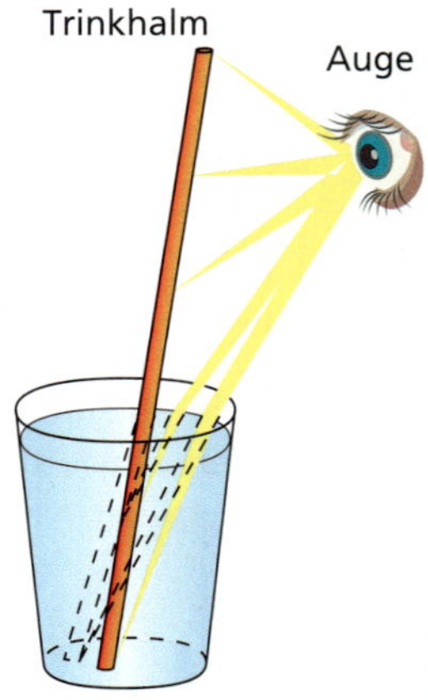

2 Strahlenverlauf vom Trinkhalm zum Auge

Mosaik

Gefährliche Wassertropfen

Durch weggeworfene oder liegen gelassene Flaschen und Gläser sind schon oft verheerende Waldbrände entstanden. Wie kann das passieren?
Durch einen Regenschauer bilden sich Wassertropfen auf den Glasscherben und Flaschen. Diese Wassertropfen wirken wie Sammellinsen. Trifft Sonnenlicht auf diese Wasserlinsen, so wird das Licht so gebrochen, dass es durch den Brennpunkt der jeweiligen Linse geht (s. Abb.). Fällt dieser Brennpunkt einer Wasserlinse zufällig auf Gras oder Laub, das unter dem Glas trocken geblieben ist, so kann sich dieses entzünden und einen Brand auslösen.

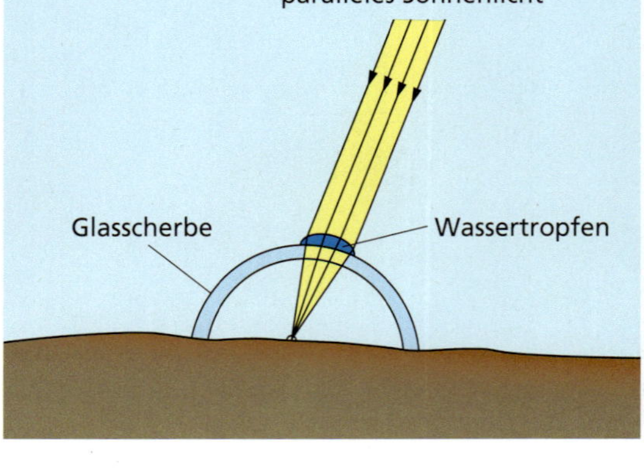

Bau eines Periskops

Ein Periskop ist ein einfaches optisches Gerät, mit dem man „um die Ecke“ gucken kann. Es wird auch als Sehrohr bezeichnet.
Mit einem solchen Periskop ist es z. B. möglich, die Umgebung zu beobachten, wenn man in einem Graben sitzt.
Periskope werden auch bei Unterseebooten (U-Booten) genutzt, wenn das U-Boot unter Wasser fährt und trotzdem die Umgebung über dem Wasser beobachtet werden soll (Abb. 1). Periskope bei U-Booten sind ausfahrbar und drehbar. Das bedeutet: Ein Beobachter im U-Boot kann die Umgebung über Wasser auch dann noch beobachten, wenn sich das U-Boot einige Meter unter Wasser befindet.

Ein einfaches Periskop kannst du dir selbst bauen. Dazu sind folgende Materialien erforderlich:
- 2 Taschenspiegel mit einer maximalen Größe von 90 mm x 50 mm,
- Karton und Klebeband,
- schwarze Farbe.

Gehe folgendermaßen vor:
1. Zeichne die in Abb. 2 angegebenen Abmessungen auf Karton auf!
2. Falze alle Kanten!
3. Streiche die Innenflächen schwarz!
4. Klebe die beiden Spiegel auf!
5. Füge das Periskop zusammen! Nutze dazu Klebeband!

1 Bei einem getauchten U-Boot kann die Umgebung aus dem Boot heraus mit einem Periskop beobachtet werden.

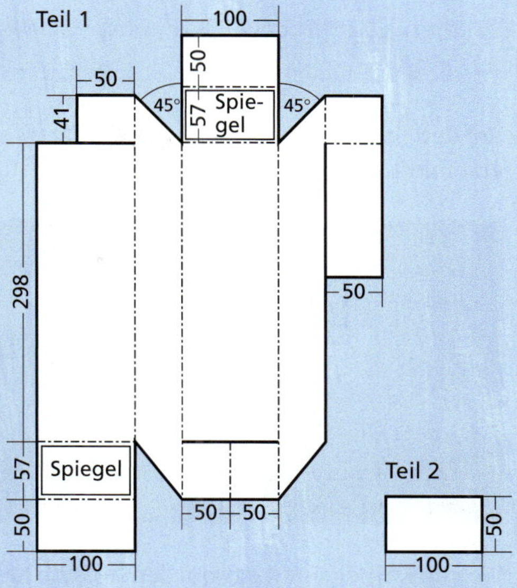

2 Abmessungen eines Periskops in Millimetern

Mithilfe deines selbst gebauten Periskops kannst du Gegenstände und Personen beobachten.

1. *Prüfe, was für ein Bild bei einem Periskop entsteht! Beschreibe das Bild, das du siehst!*
2. *Skizziere mit Lichtstrahlen den Lichtweg durch das Periskop! Begründe damit, dass ein aufrechtes Bild entsteht!*
3. *Gib eine Möglichkeit an, wie man ein Periskop verändern müsste, damit man ein vergrößertes Bild von Gegenständen erhält!*

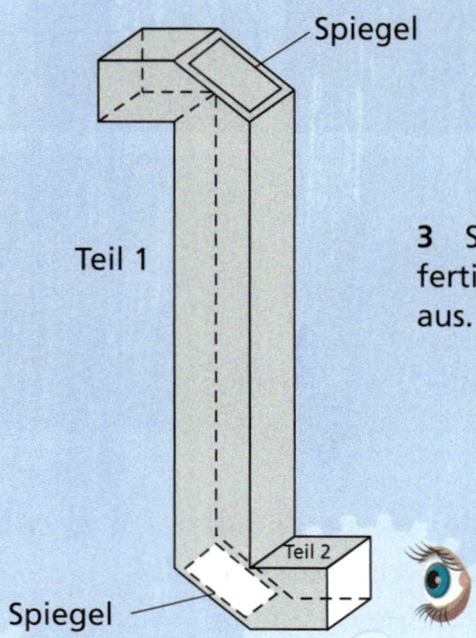

3 So sieht das fertige Periskop aus.

gewusst · gekonnt

1. Auf den Fotos sind verschiedene Körper zu erkennen.

Welche Körper sind Lichtquellen, welche beleuchtete Körper?
Begründe deine Aussagen!

2. Ein Fotograf hatte die Aufgabe, Lichtquellen zu fotografieren.
Er hat einige Fotos vorgelegt.

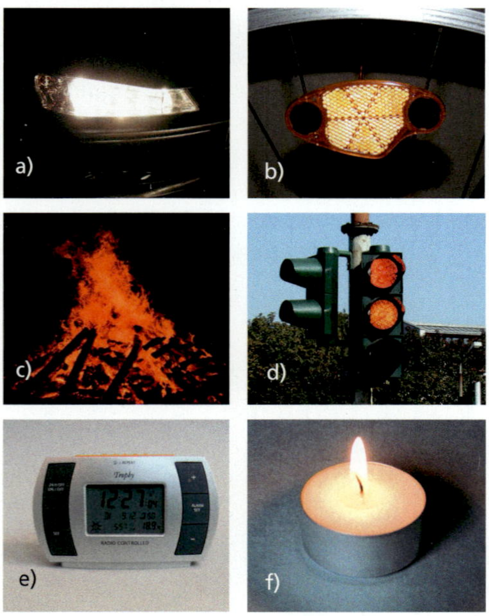

Entscheide, ob er in allen Fällen wirklich Lichtquellen fotografiert hat!
Begründe deine Aussagen!

3. Die meisten Körper sind keine Lichtquellen und trotzdem sind sie zu sehen. Erkläre, wieso das möglich ist!

4. Nenne einige Lichtquellen und gib an, für welchen Zweck sie eingesetzt bzw. genutzt werden!

5. Sind die folgenden Körper Lichtquellen oder beleuchtete Körper: Mond, Buch, Glühwürmchen, Bildschirm eines eingeschalteten Fernsehapparates, Spiegel, brennendes Streichholz? Begründe!

6. In einem Zimmer ist es am Tage auch dann hell, wenn keine Lampe angeschaltet ist und die Sonne nicht in das Zimmer scheint. Wie ist das zu erklären?

7. Das Lichtbündel einer Taschenlampe soll sichtbar gemacht werden. Eine Möglichkeit besteht darin, einen staubigen Lappen zu schütteln. Probiere das aus! Überlege weitere Möglichkeiten, den Lichtweg sichtbar zu machen!

8. Ein Arbeiter erzählte, dass er vom Boden eines sehr tiefen Brunnens aus am Tag Sterne beobachten konnte. Ist das möglich? Begründe deine Aussage!

9. Versuche durch einen kurzen Schlauch eine brennende Kerze zu sehen!
Wie musst du den Schlauch halten?
Begründe!

10. Helle Kleidung ist für eine gute Sichtbarkeit im nächtlichen Straßenverkehr besser als dunkle Kleidung. Begründe!

11. Beim Auftreffen auf Körper wird Licht teilweise reflektiert, teilweise im Körper gestreut und absorbiert, teilweise hindurchgelassen. Erläutere Beispiele, bei denen das Licht
    a) fast nur reflektiert,
    b) fast nur absorbiert,
    c) fast nur hindurchgelassen wird!

12. Welche Möglichkeiten gibt es, damit man als Fußgänger oder Radfahrer im Dunkeln gut gesehen wird?

13. Ein kleiner Baustein soll mit parallelem Licht aus einer Taschenlampe beleuchtet werden (s. Abbildung).

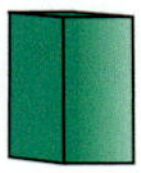

a) Sage mithilfe einer Zeichnung voraus, was für ein Schatten hinter dem Körper entsteht!

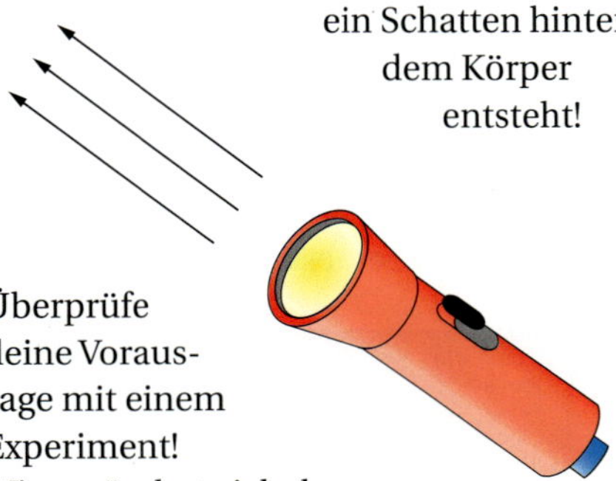

b) Überprüfe deine Voraussage mit einem Experiment!

c) Wie verändert sich der Schatten, wenn man mit der Lampe näher an den Baustein heranrückt?

14. Stelle einen Gegenstand, z. B. eine Flasche, an einer sonnigen Stelle auf ein Blatt Papier! Markiere alle 30 Minuten die Lage und die Länge des Schattens!
Beschreibe und erkläre deine Beobachtungen!

15. Die Balletttänzerin erzeugt auf einer Bühne mehrere Schattenbilder (s. Abbildung).

a) Erkläre das Zustandekommen dieser Schattenbilder!

b) Wie viele Lichtquellen sind an der Erzeugung dieser Schattenbilder beteiligt?

16. Ein 3 cm breiter Gegenstand wird von einer punktförmigen Lichtquelle beleuchtet. Die Lichtquelle befindet sich 4 cm vom Gegenstand entfernt.

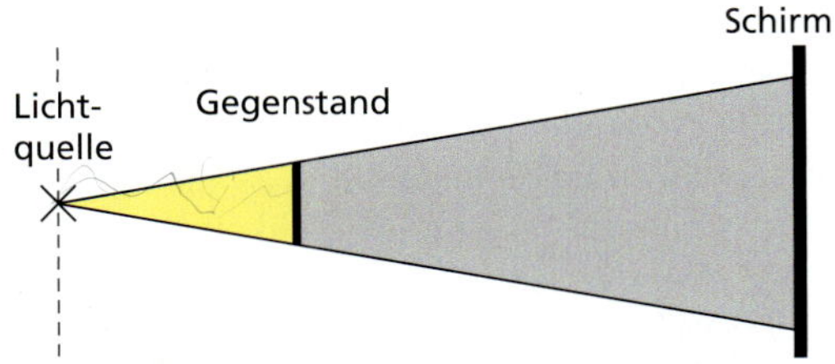

a) Wie breit ist der Schatten, der vom Gegenstand auf einen Schirm geworfen wird? Der Schirm befindet sich 8 cm hinter dem Gegenstand. Löse die Aufgabe mithilfe einer Zeichnung!

*b) Wie verändert sich die Breite des Schattens, wenn die Lichtquelle entlang der gestrichelten Linie (s. Abb.) nach oben oder unten verschoben wird?

17. Von einer 25 cm hohen Blumenvase wird ein Schatten an der Wand erzeugt. Die Lichtquelle befindet sich 40 cm, die Vase 20 cm vor der Wand.

a) Ermittle mithilfe einer maßstäblichen Zeichnung, wie hoch der Schatten der Vase an der Wand ist!

b) Wie verändert sich die Größe des Schattens, wenn die Vase verschoben wird?

c) Probiere aus, ob deine Voraussage richtig war!

18. In welche Richtung zeigt der Schatten eines Lichtmastes um 12 Uhr?

19. Erkunde, wann an deinem Heimatort die nächste Sonnen- und Mondfinsternis zu beobachten ist! Nutze dazu das Internet!

20. Unter welchen Bedingungen können wir
a) eine Mondfinsternis und
b) eine Sonnenfinsternis
beobachten? Begründe deine Antworten!

21. Wird ein Gegenstand vom Licht einer Glühlampe beleuchtet, so ist sein Schatten scharf begrenzt. Bei Beleuchtung mit einer Leuchtstoffröhre ist der Schatten des gleichen Gegenstandes unscharf. Erkläre!

22. Baue dir einen Farbkreisel!
Beklebe dazu eine Pappscheibe mit Papier unterschiedlicher Farbe oder male die Pappscheibe entsprechend an!
In der Skizze ist eine Möglichkeit angegeben. Versetze den Farbkreisel mithilfe des Fadens in schnelle Umdrehungen!

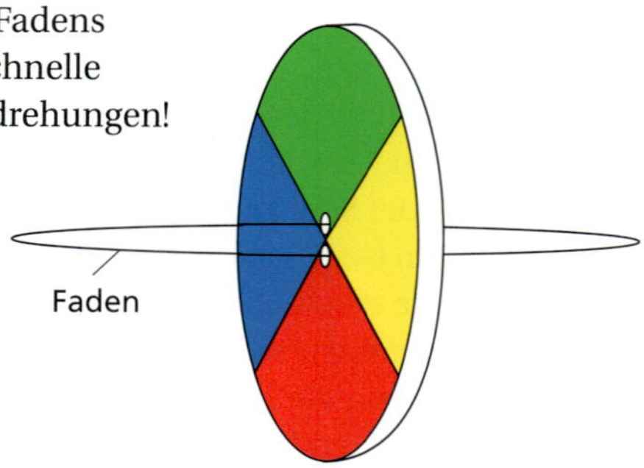

Welche Farbe ist dann zu beobachten? Probiere verschiedene Varianten mit unterschiedlichen Farbkombinationen aus! Erkläre!

23. Ein Regenbogen erscheint nicht an einer beliebigen Stelle des Himmels.
a) Beschreibe die Lage von Beobachter, Sonne und Regenbogen zueinander! Begründe sie!
b) In welcher Farbfolge sehen wir die Farben eines Regenbogens?

24. Licht fällt unter einem Winkel von 40° auf einen ebenen Spiegel.
Zeichne einfallenden Strahl, Einfallslot und reflektierten Strahl!

25. Nenne Gegenstände (Körper, Flächen) aus deiner Umgebung, bei denen Licht
a) in eine bestimmte Richtung reflektiert wird bzw.
b) in sehr unterschiedliche Richtungen reflektiert wird!

26. Manchmal kann man bei Sonnenschein einzelne Fensterscheiben in Gebäuden hell glühend sehen (s. Abb.). Ähnliches ist bei Autoscheiben oder bei glatten Wasseroberflächen zu beobachten.

Erkläre das Entstehen dieses hellen Glühens einer Fensterscheibe!

27. An manchen Fahrzeugen gibt es eine merkwürdige Beschriftung, die man nicht ohne weiteres lesen kann (s. Abb.).

Warum wählt man eine solche Beschriftung?

28. Abends steht in einem Zimmer eine Kerze dicht vor einem Fenster. Wenn man schräg in die Fensterscheibe blickt, kann man zwei Kerzen sehen (Abb. links).
Bei manchen Fenstern kann man sogar drei Kerzen erblicken (Abb. rechts).

Wie ist diese Erscheinung zu erklären? Fertige zur Erklärung eine Skizze an!

29. Ein blank geputzter Esslöffel wirkt wie ein Hohlspiegel.

a) Betrachte dein Spiegelbild! Halte dabei den Löffel einmal senkrecht und einmal waagerecht! Beschreibe und vergleiche die Spiegelbilder!

b) Wenn du den Löffel herumdrehst, wirkt er ebenfalls als Spiegel. Beschreibe die Spiegelbilder, die bei unterschiedlichem Halten des Löffels entstehen!

30. Für spezielle Anwendungen werden Winkelspiegel benutzt. Sie bestehen aus zwei Spiegeln, die senkrecht aufeinander stehen (s. Abb.).

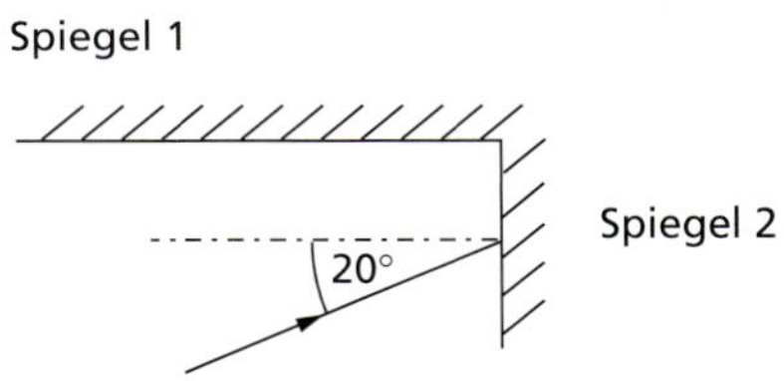

a) Konstruiere für den einfallenden Strahl die Richtung des Lichtstrahls nach der Reflexion an beiden Spiegeln! Übernimm dazu die Skizze in dein Heft!

b) Welche Aussage kann man über den Verlauf des einfallenden und reflektierten Lichtstrahls an diesem Winkelspiegel treffen? Überprüfe die Aussage anhand einer zweiten Konstruktion! Wähle dazu einen anderen Einfallswinkel!

31. Ein klarer Teich erscheint uns meist nicht sehr tief. Wenn wir z. B. einen Stein aus dem Wasser holen wollen, täuschen wir uns oft. Der Stein liegt tiefer, als wir dachten. Warum liegt der Stein tiefer, als wir ihn sehen?

32. Eine Flasche mit Limonade wird zur Kühlung in eine Schüssel gestellt. Dabei kann man eine merkwürdige Beobachtung machen: Ohne Wasser in der Schüssel hat die Flasche ihre normale Größe (a). Im Wasser erscheint sie zusammengedrückt (b).

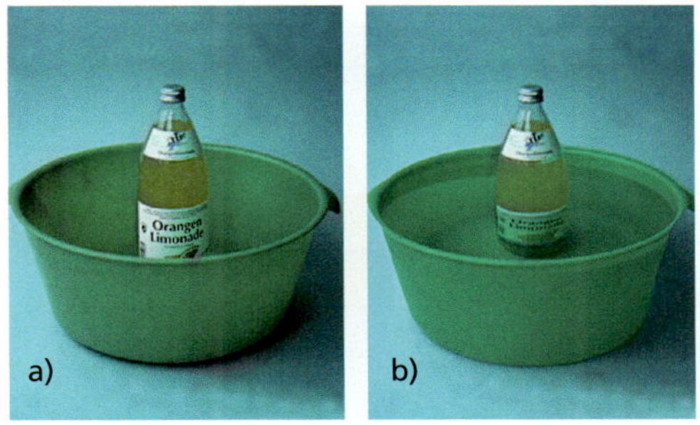

Wie kommt diese scheinbare Stauchung der Flasche zustande?

33. Das Foto zeigt den Blick durch eine durchsichtige wassergefüllte Dose, wie sie im Haushalt verwendet wird.

a) Probiere es selbst aus!

b) Wie kann man diese Erscheinung erklären? Fertige dazu eine Skizze an!

c) Tritt diese Erscheinung auch bei Fensterscheiben auf? Begründe!

34. Die Fotos zeigen eine Tasse ohne Wasser (links) und mit Wasser (rechts).

Wieso sieht man die Münze in beiden Fällen – unter dem gleichen Blickwinkel – unterschiedlich?

35. In den Abbildungen ist der Verlauf des Lichtes durch Linsen dargestellt.

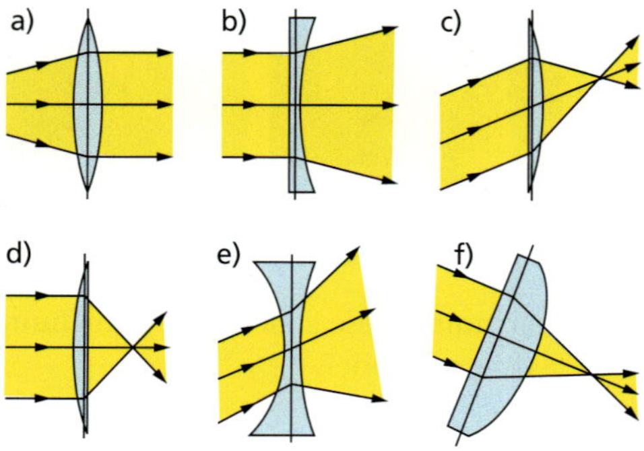

Welche der Linsen sind Sammellinsen, welche sind Zerstreuungslinsen? Begründe deine Entscheidungen!

36. Untersuche experimentell die Bilder, die von einem hellen Gegenstand mit einer Sammellinse erzeugt werden, in Abhängigkeit von der Entfernung des Gegenstandes von der Linse! Nutze die in der Abbildung dargestellte Versuchsanordnung!

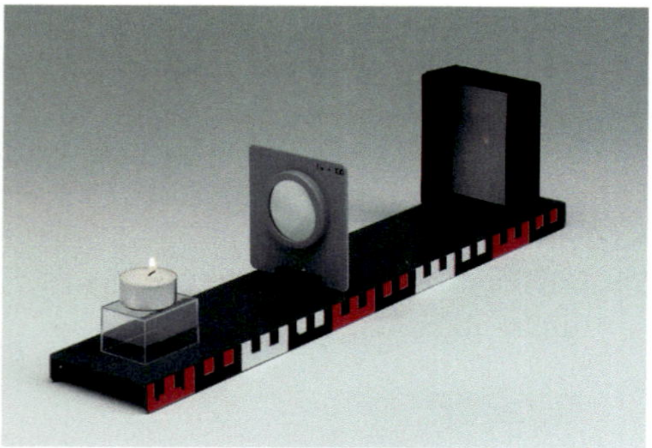

Erfasse die Ergebnisse in einer Messwertetabelle! Übernimm diese Tabelle in dein Heft!

Gegenstandsweite	**Bildweite**	**Bildeigenschaften (Größe, Lage, Art)**

a) Formuliere einen Zusammenhang zwischen Bildgröße und Gegenstandsweite!

b) Formuliere einen Zusammenhang zwischen Gegenstandsweite und Bildweite für ein scharfes Bild!

c) Formuliere einen Zusammenhang zwischen Bildweite und Bildgröße für ein scharfes Bild!

37. Lege eine durchsichtige Folie auf die Schrift eines Buches und bringe vorsichtig einige Wassertropfen darauf!

a) Was kannst du beobachten?

b) Erkläre deine Beobachtungen!

38. Eine Kerzenflamme soll mit einer Sammellinse auf einem Schirm scharf abgebildet werden. Das Bild soll

a) vergrößert,

b) verkleinert bzw.

c) gleich groß wie der Gegenstand sein.

Welche Abstände müssen Kerze, Linse und Schirm voneinander haben? Fertige für jeden Fall eine Zeichnung an!

***39.** Auf eine Linse von 6 cm Durchmesser fällt Sonnenlicht parallel zur optischen Achse und erzeugt auf einem Schirm, der 4 cm hinter der Linse steht, einen Lichtkreis von 4,5 cm Durchmesser.
Wie groß ist die Brennweite der Linse?

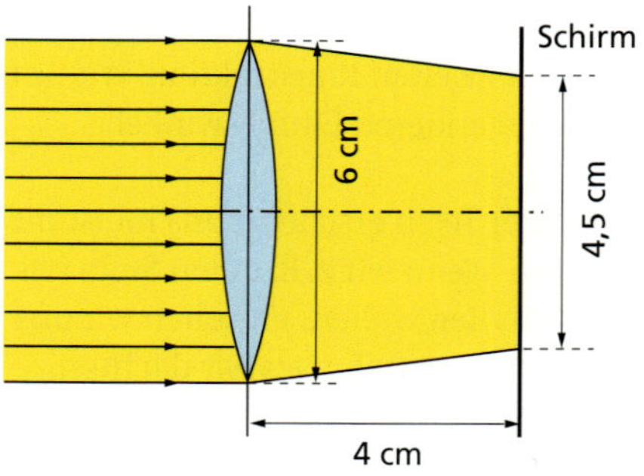

40. Ein 10 cm hoher Gegenstand steht 20 cm vor einer Sammellinse. In 15 cm Entfernung hinter der Linse entsteht ein scharfes Bild.

a) Fertige eine maßstäbliche Skizze vom Strahlenverlauf an!

b) Wie groß ist dieses Bild?

Ausbreitung, Reflexion und Brechung von Licht

Licht breitet sich in einem Stoff geradlinig aus. Der Weg des Lichtes kann mit dem Modell **Lichtstrahl** dargestellt werden.
Trifft Licht auf einen Körper, so wird es teilweise reflektiert (zurückgeworfen), teilweise gestreut und absorbiert (aufgenommen) und teilweise gebrochen.

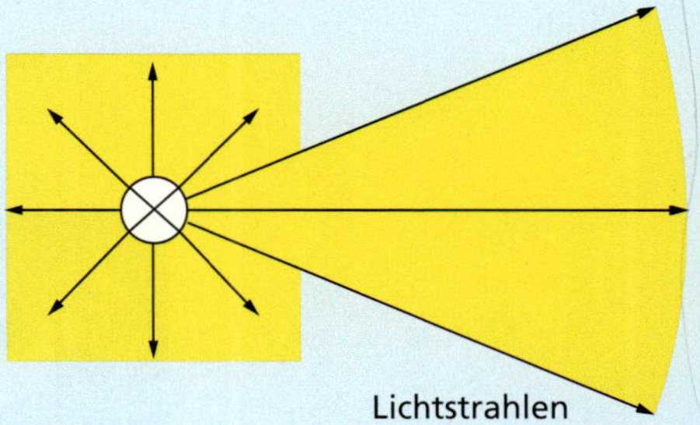

Reflexionsgesetz
Wird Licht an einer Fläche reflektiert, so ist der Einfallswinkel α gleich dem Reflexionswinkel α'. Dabei liegen einfallender Strahl, Lot und reflektierter Strahl in einer Ebene.

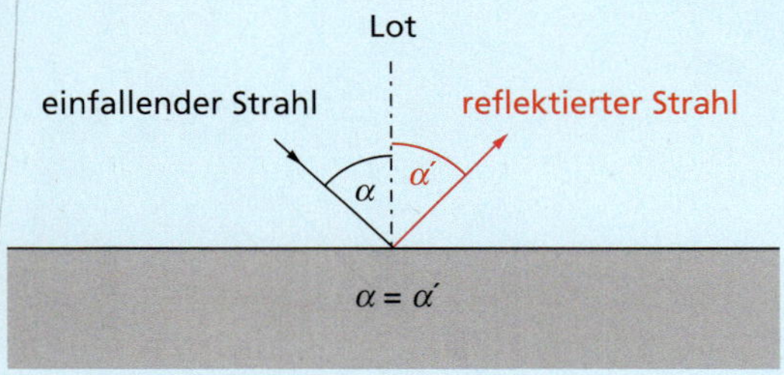

Brechungsgesetz
Trifft Licht unter einem Winkel $\alpha \neq 0$ auf die Grenzfläche zweier Stoffe, so wird es gebrochen. Dabei liegen einfallender Strahl, Lot und gebrochener Strahl in einer Ebene.

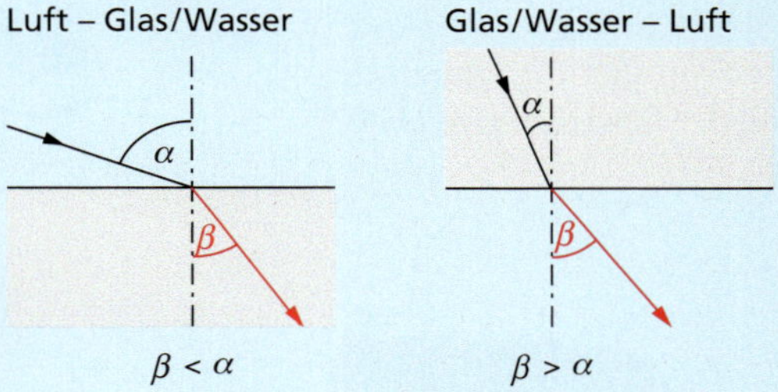

Die Reflexion des Lichts wird bei ebenen und gewölbten Spiegeln genutzt.

ebener Spiegel

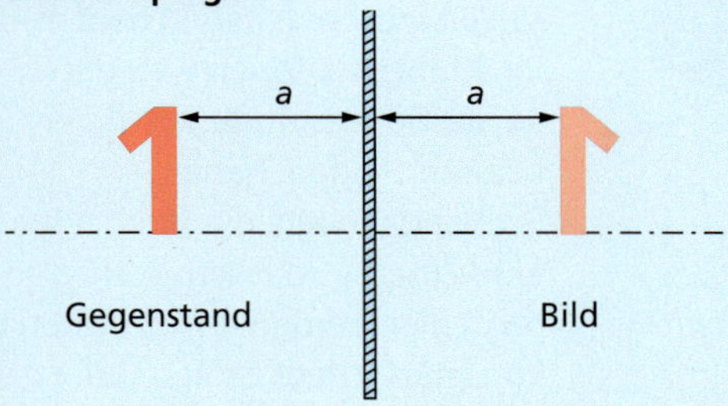

kugelförmiger Hohlspiegel

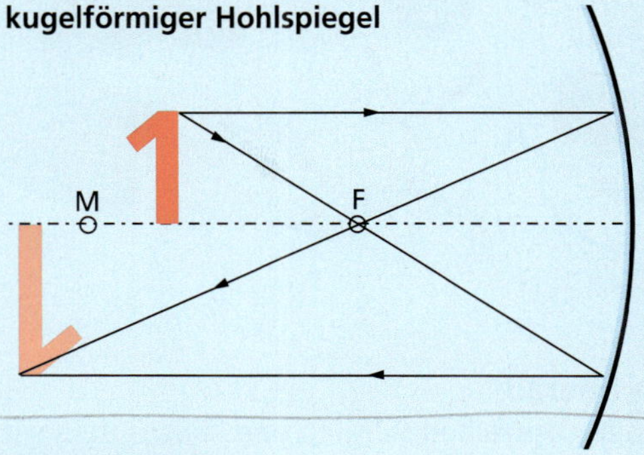

Die Brechung des Lichts wird bei **Sammellinsen** und **Prismen** genutzt.

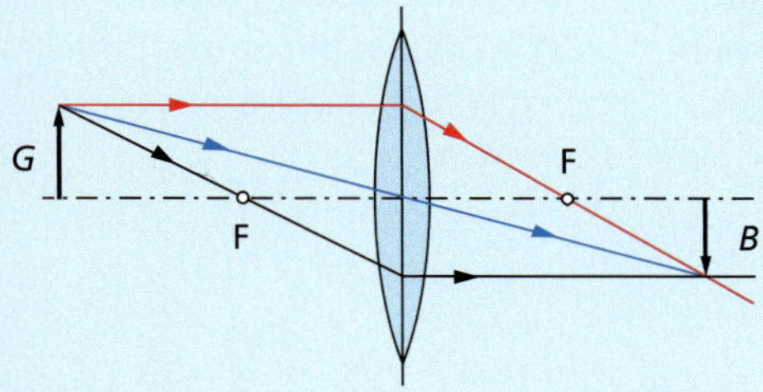

Für den Zusammenhang zwischen Bildgröße *B*, Gegenstandsgröße *G*, Bildweite *b* und Gegenstandsweite *g* gilt:

$$\frac{B}{G} = \frac{b}{g}$$

2.2 Wie wir sehen – das Auge und die Verwendung von Sehhilfen

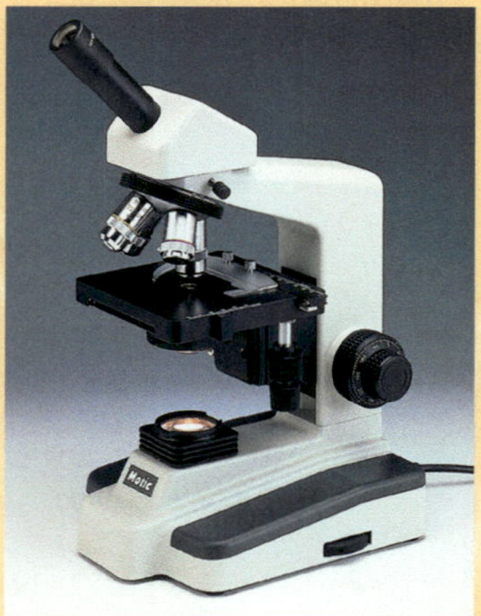

Mehr erkennen
Zur genaueren Untersuchung von Pflanzenzellen oder anderen kleinen Objekten werden Mikroskope genutzt.
Wie ist ein Mikroskop aufgebaut?
Welche Vergrößerung kann man mit einem Mikroskop erreichen?

Linsen überall
In fast allen optischen Geräten und Hilfsmitteln wie Lupe, Brille, Fernglas oder Bildwerfer findet man ein Bauelement immer wieder – die Linse. Auch die unterschiedlichsten Fotoapparate und Videokameras haben eines gemeinsam: Sie alle besitzen ein Objektiv mit Linsen.
Welche Funktion haben Linsen in optischen Geräten?

Brillen gegen Sehfehler
Viele Menschen haben Sehfehler. Manche können weit entfernte Gegenstände schwer erkennen. Andere haben Schwierigkeiten, ein Buch oder eine Zeitung zu lesen. Solche Sehfehler werden durch Brillen korrigiert. Diese Brillen unterscheiden sich nicht nur im Aussehen, sondern vor allem in der Art der eingesetzten Linsen.
Welche Sehfehler gibt es?
Wie können mit Linsen Sehfehler beim Menschen korrigiert werden?

Gegenstände und Bilder

Von jedem Punkt einer Lichtquelle oder eines beleuchteten Gegenstandes wird Licht abgestrahlt. Bringt man einen Schirm in die Nähe, so fällt Licht von der Lichtquelle oder von dem beleuchteten Körper auf den Schirm (Abb. 1). Der Schirm wird aufgehellt. Es entsteht aber kein Bild auf ihm.
Bringt man aber zwischen die Kerzenflamme und den Schirm eine Lochblende (Abb. 2), so kann man auf dem Schirm ein Bild der Kerzenflamme beobachten. Der Vergleich von Abb. 1 und Abb. 3 zeigt:

Ein scharfes Bild eines Gegenstandes entsteht, wenn jedem Gegenstandspunkt eindeutig ein Bildpunkt zugeordnet werden kann.

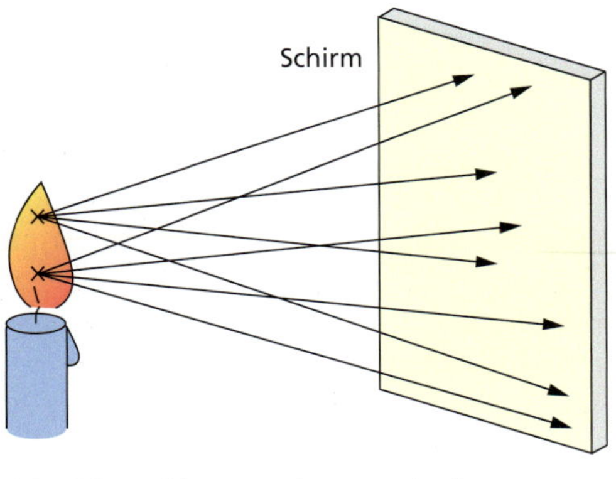

1 Die Lichtstrahlen von einem Punkt der Kerzenflamme treffen auf ganz unterschiedliche Punkte des Schirmes.

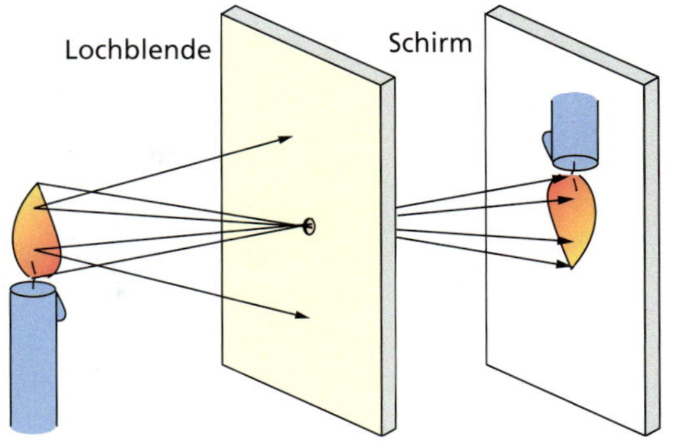

3 Bei einem scharfen Bild kann jedem Punkt der Kerzenflamme ein Bildpunkt zugeordnet werden und umgekehrt.

Je nach der Größe des Loches ist das Bild dunkler oder heller, scharf oder unscharf.
Eine Anordnung aus Lochblende und Schirm wird als **Lochkamera** bezeichnet. Es ist die einfachste Möglichkeit, von einem Gegenstand ein Bild zu erzeugen. Wie groß dieses Bild ist, hängt von der Größe *G* des Gegenstandes, seiner Entfernung von der Lochblende (Gegenstandsweite) sowie von der Entfernung des Schirms von der Lochblende (Bildweite) ab (Abb. 2).

Im 18. und 19. Jahrhundert waren Fotoapparate noch unbekannt. Um Bilder von der Außenwelt zu erzeugen, nutzte man dunkle Kammern, die an einer Seite ein kleines Loch hatten. Wie bei einer Lochkamera entstand auf der dem Loch gegenüberliegenden Wand ein Bild der Gegenstände, die sich außerhalb der Kammer befanden. Solche Kammern wurden mit dem lateinischen Namen **Camera obscura** bezeichnet.

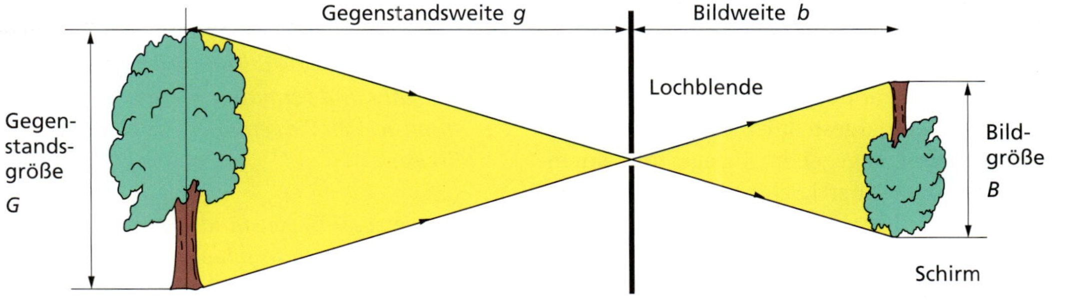

2 Die Bildgröße kann mit Randstrahlen konstruiert werden. Es gilt: $B : G = b : g$

Untersuchungen mit einer Lochkamera

Eine einfache Kamera kannst du dir mit wenigen Hilfsmitteln selbst bauen. Du benötigst dazu Pappe, Klebstoff und Transparentpapier. Du kannst aber statt Pappe auch Holz oder eine lichtundurchlässige Dose nutzen.
Entscheidend ist: Auf einer Seite muss sich ein kleines Loch, auf der anderen Seite Transparentpapier befinden (Abb. 1).

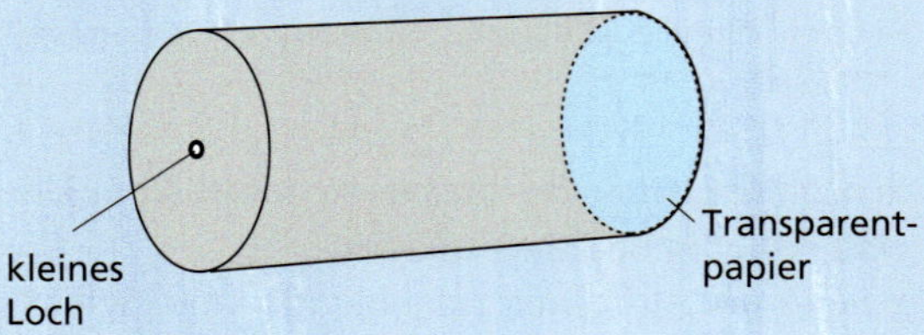

1 Einfache Lochkamera

Für experimentelle Untersuchungen mit der Lochkamera ist es günstig, wenn man die Bildweite, also die Entfernung zwischen dem Loch und dem Transparentpapier, verändern kann. Dies ermöglicht die nachfolgend dargestellte Bauform.

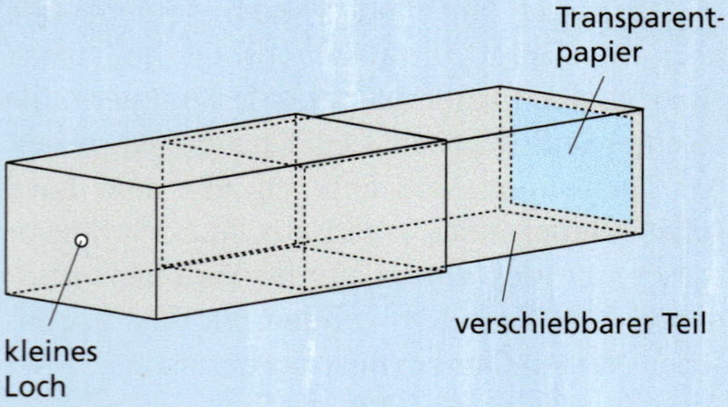

Eine solche Lochkamera mit veränderbarer Bildweite kann folgendermaßen gebaut werden:

1. Zeichne auf Pappe ein Quadernetz, so wie es rechts oben dargestellt ist! Die Maße sind in Millimetern angegeben. Bringe mit einem Locher oder einer Lochzange ein Loch mit ca. 5 mm Durchmesser an! Schneide das Quadernetz aus und klebe die Pappe zu einem Quader zusammen. Du erhältst damit den äußeren Teil der Lochkamera.

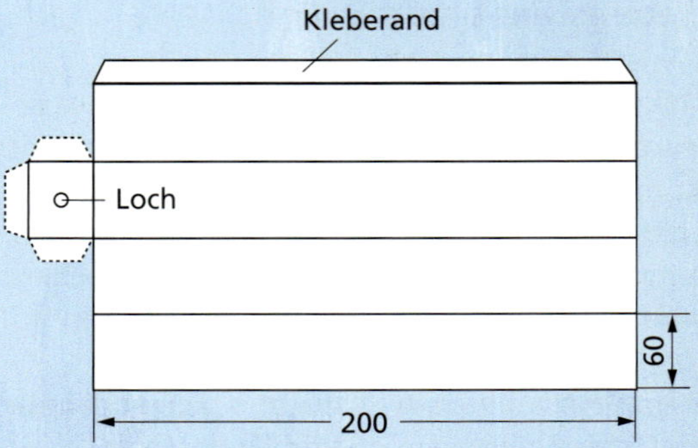

2. Fertige dazu ein zweites Quadernetz mit 59 mm Kantenlänge an! Als Länge können wie bei dem abgebildeten äußeren Teil 200 mm gewählt werden. Schneide in die Rückseite ein Quadrat (etwa 40 mm Kantenlänge), und beklebe dieses Quadrat mit Transparentpapier! Falte die Pappe zu einem Quader zusammen!
3. Beide Quader werden ineinander geschoben.
4. Stelle einen Streifen Pappe mit verschieden großen Löchern her, und befestige ihn so, dass er vor dem Loch der Kamera verschoben werden kann!

Führe mit dieser Lochkamera folgende Untersuchungen durch:

1. *Beobachte und beschreibe das entstehende Bild eines hellen Gegenstandes! Erkläre!*
2. *Untersuche, wie sich bei konstanter Bild- und Gegenstandsweite das Bild in Abhängigkeit von der Größe des Loches verändert! Nutze für diese Untersuchung den Pappstreifen mit den verschieden großen Löchern! Beschreibe deine Beobachtungen und erkläre sie!*
3. *Lass zunächst die Bildweite der Lochkamera konstant und verändere nur die Gegenstandsweite! Wie verändert sich das Bild? Erkläre!*
4. *Lass jetzt die Gegenstandsweite konstant und verändere durch Verschieben des inneren Teils die Bildweite! Beschreibe deine Beobachtungen und erkläre sie!*

Bringt man anstelle einer Lochblende zwischen die Kerzenflamme und den Schirm eine Sammellinse, so kann man auf dem Schirm ebenfalls ein Bild der Kerzenflamme erzeugen (Abb. 1).
Auch mit Linsen kann man unterschiedlich scharfe und helle Bilder erhalten. In Abhängigkeit von der Gegenstandsweite und der Brennweite der Sammellinse gibt es genau eine Bildweite, bei der ein **scharfes Bild** entsteht. Bei dieser Bildweite schneiden sich die von einem Gegenstandspunkt ausgehenden und durch die Sammellinse gebrochenen Lichtstrahlen genau in einem Punkt. Man kann diese Bildweite durch experimentelles Probieren oder durch eine geometrische Konstruktion der Strahlenverläufe ermitteln.

Mit Linsen kann man Bilder von Gegenständen erzeugen. Bei einer Linse mit einer bestimmten Brennweite gibt es für jede Gegenstandsweite genau eine Bildweite, bei der ein scharfes Bild des Gegenstandes entsteht.

Vor und hinter der Bildweite für ein scharfes Bild entstehen zwar auch Bilder, diese sind jedoch unscharf. Es ist dann keine eindeutige Zuordnung zwischen Gegenstandspunkt und Bildpunkt vorhanden.
Die Zusammenhänge zwischen der Gegenstandsweite, der Bildweite, der Gegenstandsgröße und der Bildgröße sind in der Übersicht auf S. 32 dargestellt.
Insbesondere können die Bilder im Vergleich zu den Gegenständen kleiner, gleich groß oder größer sein. Ein größeres Bild liegt vor, wenn die Bildgröße größer als die Gegenstandsgröße ist. Das ist dann der Fall, wenn sich ein Gegenstand zwischen einfacher und doppelter Brennweite der Linse befindet (s. S. 32).
Auch wenn sich der Gegenstand innerhalb der einfachen Brennweite befindet, entsteht ein vergrößertes Bild (Abb. 3). Das wird bei **Lupen** genutzt.

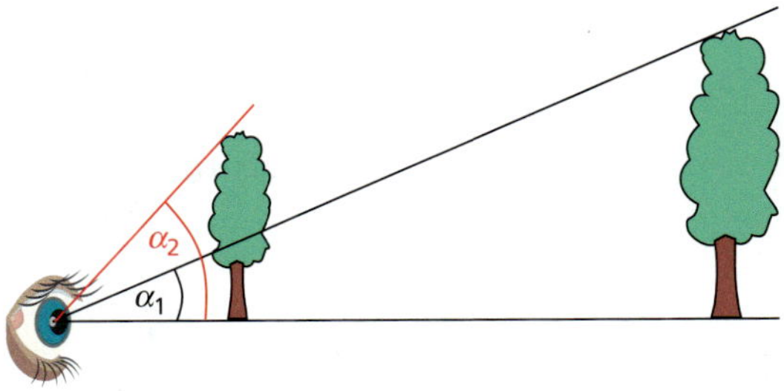

2 Wie groß wir einen Gegenstand sehen, hängt von dem Winkel ab, unter dem wir ihn wahrnehmen. Dieser Winkel wird als Sehwinkel bezeichnet.

Mit einer Sammellinse kann man vergrößerte, aufrechte und seitenrichtige Bilder von Gegenständen erzeugen, wenn sich der Gegenstand innerhalb der einfachen Brennweite der Linse befindet.

Entscheidend dafür, ob wir mit unseren Augen ein vergrößertes Bild wahrnehmen, ist der Winkel, unter dem wir einen Gegenstand sehen (Abb. 2). Dieser Sehwinkel wird mithilfe optischer Instrumente (Lupe, Mikroskop, Fernglas) vergrößert.

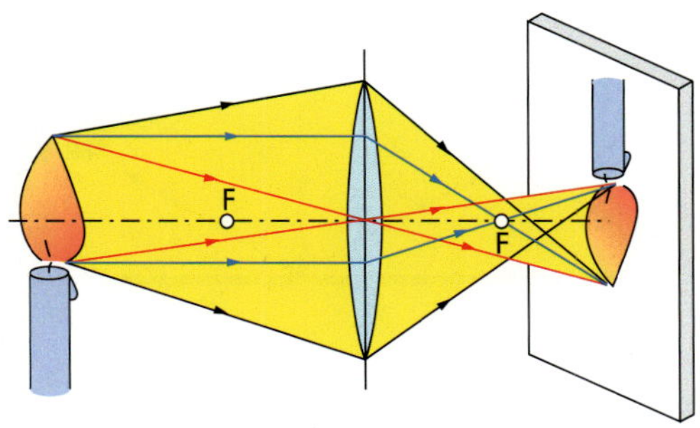

1 Mit einer Konstruktion der Strahlenverläufe kann man ermitteln, bei welcher Bildweite ein scharfes Bild auf dem Schirm entsteht.

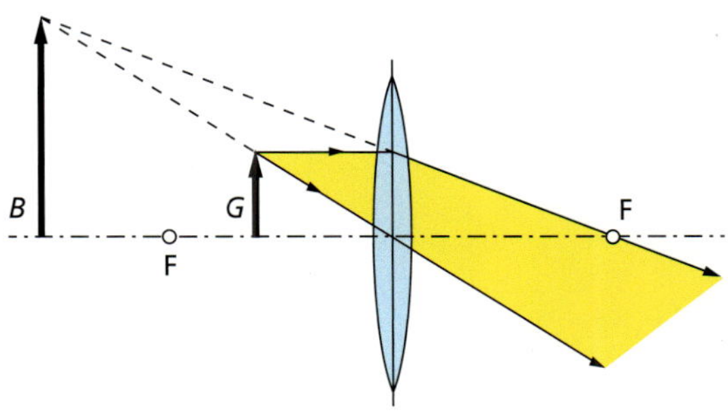

3 Befindet sich ein Gegenstand innerhalb der einfachen Brennweite einer Sammellinse, so entsteht ein vergrößertes Bild.

Bilder auf der Netzhaut des Auges

Das menschliche Auge ist ein kompliziertes Organ, das aus Muskeln, Fasern, Häuten, Nerven und Blutgefäßen besteht (Abb.1). Es besitzt die wichtigsten optischen Bauteile, um Bilder von Gegenständen zu erzeugen: **Linse** und **Schirm**.

Hornhaut, Augenflüssigkeit, Augenlinse und Glaskörper bilden ein Linsensystem, das wie eine Sammellinse wirkt. Das einfallende Licht wird so gebrochen, dass auf der Netzhaut ein verkleinertes, wirkliches, umgekehrtes und seitenvertauschtes Bild entsteht (Abb. 2). In seinem prinzipiellen Aufbau und seiner Wirkungsweise ist die Bildentstehung im Auge mit der in einem Fotoapparat vergleichbar (Abb. 3).

Das menschliche Sehen funktioniert nur im Zusammenspiel der Augen mit dem Nervensystem. Die Netzhaut ist mit vielen kleinen Nervenzellen, den Stäbchen und Zäpfchen, besetzt, die die Bilder an das Gehirn zur Verarbeitung weiterleiten. Das Gehirn verarbeitet aufgrund seiner Erfahrungen die umgekehrten und seitenvertauschten Bilder in richtige Eindrücke.

Dabei tritt eine Besonderheit auf. Wir registrieren einfallendes Licht stets so, als ob es von einem Ausgangspunkt aus geradlinig ins Auge fällt. Das gilt auch für Licht, das auf seinem Weg zum Auge reflektiert oder gebrochen wurde. Deshalb sehen wir auch Bilder an Stellen (z. B. hinter Spiegeln), wo man kein Bild auf einem Schirm auffangen kann (Abb. 4).

Eine weitere Besonderheit beim Sehen besteht darin, dass dabei auch Erfahrungen eine Rolle spielen: Verschiedene Personen, die ein oder denselben Gegenstand betrachten, können unterschiedliche optische Wahrnehmungen haben.

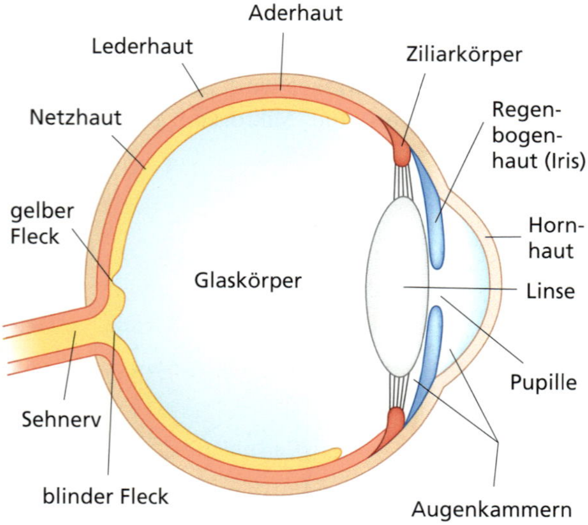

1 Aufbau des menschlichen Auges: Dargestellt ist ein Querschnitt des Auges.

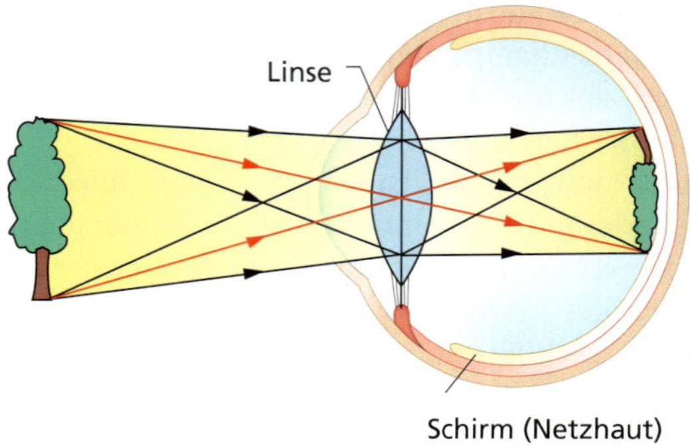

2 Bildentstehung im Auge: Es entsteht ein verkleinertes Bild auf der Netzhaut.

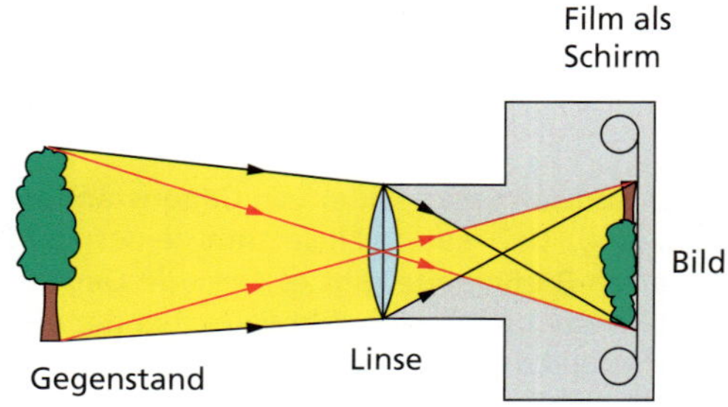

3 Bildentstehung im Fotoapparat: Es entsteht ein verkleinertes Bild auf dem Film.

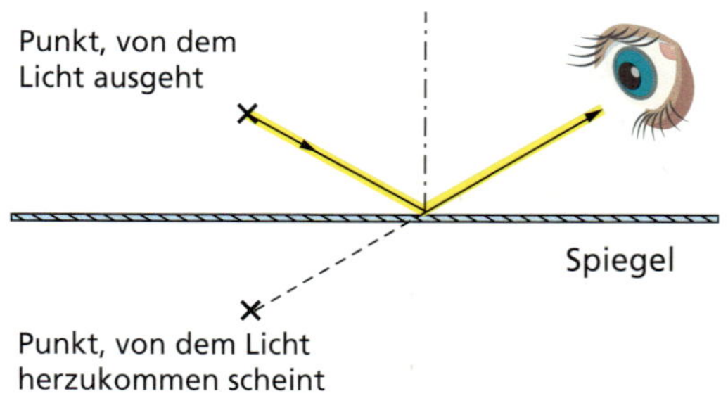

4 Licht wird an der Stelle wahrgenommen, von der es geradlinig herzukommen scheint.

Mosaik

Das Sehen – ein komplizierter Vorgang

Um mit unseren Augen gut sehen zu können, müssen sie sich den äußeren Bedingungen anpassen können.

Die Gegenstände, die wir scharf sehen wollen, sind unterschiedlich weit von uns entfernt und unterschiedlich hell. Überhaupt fällt unterschiedlich viel Licht von Gegenständen und von der Umgebung in unsere Augen.

Die Anpassung des Auges an die unterschiedlichen Entfernungen der Gegenstände geschieht durch die Augenlinse. Damit jeweils ein scharfes Bild auf der Netzhaut entsteht, wird durch ein Muskelsystem die Krümmung der Linse und damit ihre Brennweite stufenlos verändert. Das geschieht in der Regel unwillkürlich und sehr schnell.

Man kann jedoch auch ganz bewusst seine Augen auf die unterschiedlichen Gegenstandsweiten einstellen, um z. B. einmal den Vordergrund und einmal den Hintergrund „scharf" zu sehen (Abb. 1).

Die kürzeste Entfernung, in der ein Gegenstand ohne Überanstrengung längere Zeit betrachtet werden kann, beträgt beim menschlichen Auge ca. 25 cm. Diese Entfernung wird **deutliche Sehweite** genannt.

Verringert man die Entfernung eines Gegenstandes von den Augen immer mehr, so kommt man schließlich bis zu einem Punkt, bei dem man gerade noch ein scharfes Bild sehen kann. Dieser Punkt heißt **Nahpunkt.** Seine Entfernung vom Auge beträgt bei einem normalsichtigen jungen Menschen etwa 10 cm. Mit zunehmendem Alter verschiebt sich dieser Punkt vom Auge weg.

Um die Intensität des einfallenden Lichts zu steuern, besitzt das menschliche Auge eine Blende – die Iris mit der Pupille als Öffnung. Eine Anpassung des Auges an die Stärke des einfallenden Lichtes geschieht durch eine Erweiterung oder Verengung der Pupille (Abb. 2).

Die Netzhaut des Auges enthält zwei Arten von lichtempfindlichen Zellen: Die etwa 120 Millionen **Stäbchen** nehmen nur Hell-Dunkel-Reize auf. Die etwa 6 Millionen **Zäpfchen** sind farbempfindlich. Diese Zäpfchen sprechen nur bei einer ausreichenden Lichtintensität an. Ist sie zu gering, sehen wir nur Hell-Dunkel-Töne.

Die vom Licht ausgelösten Reize werden durch den Sehnerv an das Gehirn weitergeleitet. Dort, wo der Sehnerv aus dem Auge austritt, befindet sich der *blinde Fleck.* Das ist eine Stelle, wo sich keine Stäbchen und Zäpfchen befinden.

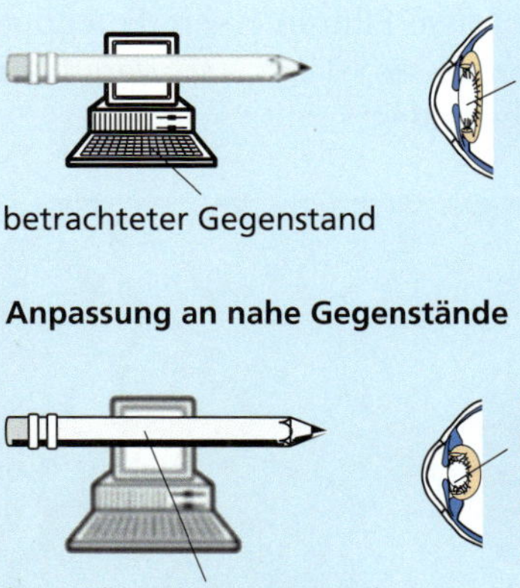

1 Anpassung des Auges an unterschiedliche Gegenstandsweiten

2 Anpassung des Auges an unterschiedliche Lichtstärken

Lupe und Mikroskop als Sehhilfen

Mit dem menschlichen Auge können wir nur Gegenstände ab einer bestimmten Größe gut wahrnehmen. Sehr kleine Gegenstände oder feine Einzelheiten von Gegenständen können wir mit dem bloßen Auge häufig nicht sehen oder nicht klar erkennen. Um dies zu ermöglichen, benutzt der Mensch Sehhilfen, z. B. Lupen (Abb. 1, 2) und Mikroskope (Abb. 3). Diese Geräte liefern vergrößerte Bilder von Gegenständen.

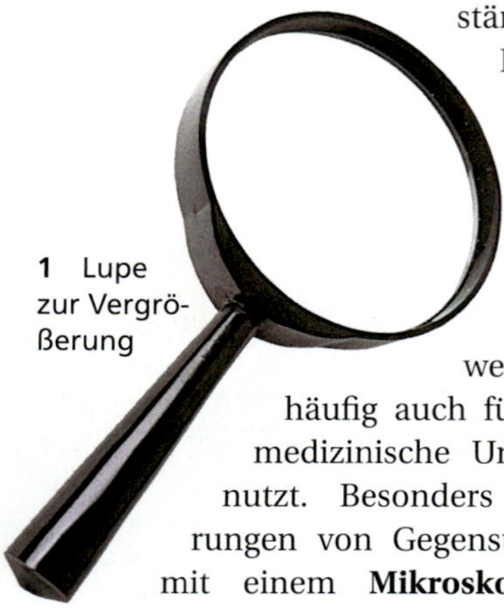

1 Lupe zur Vergrößerung

Damit kann man z. B. Feinheiten und den Aufbau von Pflanzen und Zellen erkennen (Abb. 2 und 4). Deshalb werden diese Geräte häufig auch für biologische und medizinische Untersuchungen genutzt. Besonders starke Vergrößerungen von Gegenständen kann man mit einem **Mikroskop** erhalten. Das Mikroskop besitzt zwei Linsensysteme – das Objektiv und das Okular. Beide wirken wie Sammellinsen.

Mit dem **Objektiv,** das dem Gegenstand zugewandt ist, wird ein vergrößertes, wirkliches Bild des Gegenstandes erzeugt. Dieses Bild wird jedoch nicht mit einem Schirm aufgefangen, sondern von der anderen Seite mit dem **Okular** betrachtet. Dabei wird von dem wirklichen

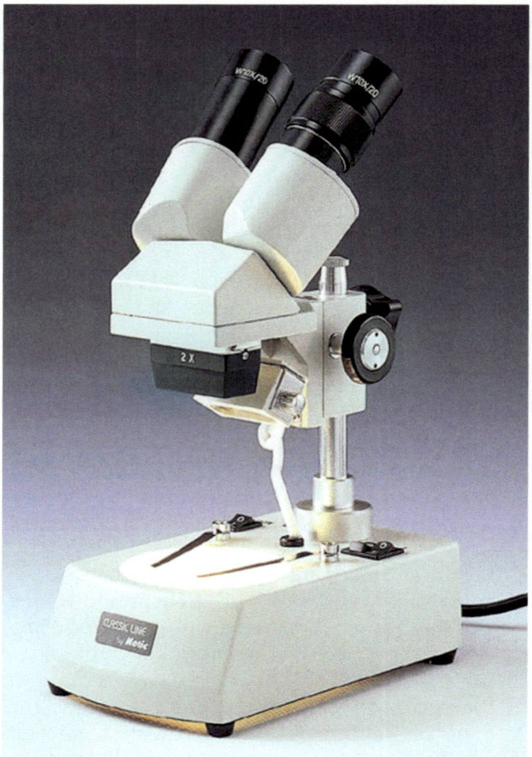

3 Modernes Mikroskop

Zwischenbild ein noch einmal vergrößertes, scheinbares Bild erzeugt. Das Okular wirkt also wie eine Lupe, mit der das vergrößerte Zwischenbild betrachtet wird.

Dieses scheinbare Bild kann auf der Netzhaut des Auges oder auf dem Film in einem Fotoapparat abgebildet werden. Es ist ein stark vergrößertes Bild des Gegenstandes.

2 Ammonit unter der Lupe

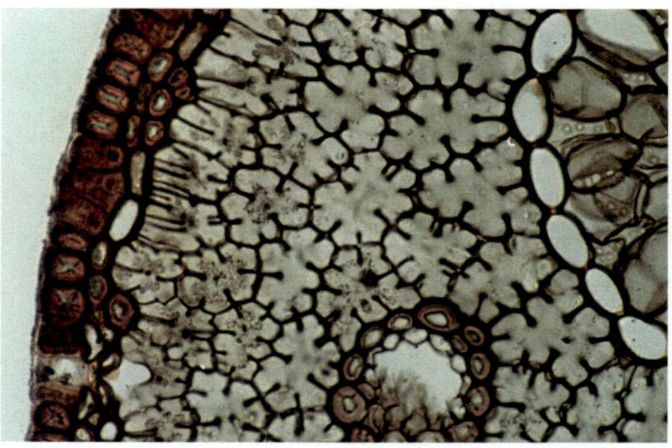

4 Zellen aus einem Nadelblatt (230fach vergrößert)

Durch die Vergrößerung des Gegenstandes in zwei Stufen kann man mit einem Mikroskop eine sehr starke Gesamtvergrößerung bis zum 1000fachen der Gegenstandsgröße erreichen. Hat das Objektiv eine 40fache Vergrößerung und das Okular z. B. eine 8fache Vergrößerung, so ergibt sich für dieses Mikroskop eine $8 \cdot 40 = 320$fache Gesamtvergrößerung. Das Bild in einem Mikroskop ist nicht nur vergrößert; es ist auch umgekehrt und seitenvertauscht.

Den prinzipiellen **Aufbau eines Mikroskops** zeigt Abb. 1.

Beim Mikroskopieren nennt man den Gegenstand auch Objekt bzw. Präparat. Da das Präparat von unten beleuchtet und von oben betrachtet wird, muss es sehr dünn und damit lichtdurchlässig sein. Der Tisch, auf den man das Objekt legt, ist der Objekttisch. Der Tubus verbindet Objektiv und Okular und sichert den richtigen Abstand zwischen beiden.

Moderne Mikroskope haben meist mehrere verschiedene Objektive, mit denen man unterschiedliche Vergrößerungen erreichen kann. Mit dem Triebrad kann man die Entfernung zwischen Objektiv und Objekt einstellen. Damit erfolgt zugleich die Scharfstellung des Bildes, das man vom Präparat erhält.

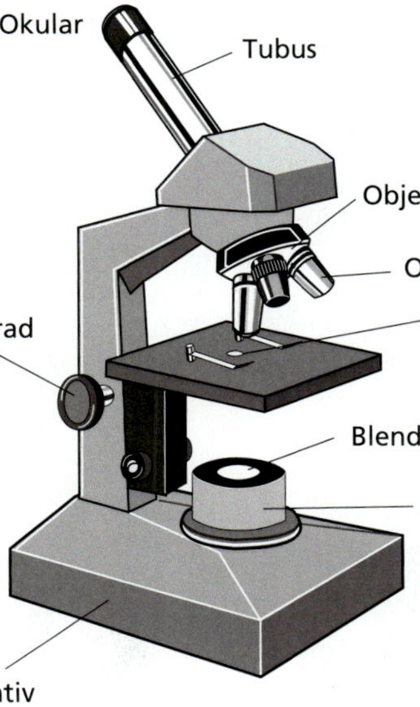

1 Aufbau eines Mikroskops

Um ein gutes Bild zu bekommen, wird das Objekt „durchleuchtet“. Dazu dient die Lichtquelle, manchmal auch ein Spiegel, mit dem Licht zum Objekt hin reflektiert wird. Mit einer Blende kann die Helligkeit des einfallenden Lichtes reguliert werden.

Am Stativ sind alle Teile befestigt. Es sichert auch die Standfestigkeit des Mikroskops. Neben dem dargestellten Mikroskop gibt es auch solche, durch die man das Präparat mit beiden Augen betrachten kann (s. Abb. 3, S. 52).

Für die **Handhabung eines Mikroskops** kann man einige Regeln aufstellen, die eine zweckmäßige Nutzung dieses Gerätes gewährleisten.

Regeln für die Handhabung eines Mikroskops

Beim Arbeiten mit einem Mikroskop solltest du folgende Regeln beachten:

1. Lege zunächst den Objektträger mit dem zu untersuchenden Objekt so auf den Objekttisch, dass das Objekt über der Öffnung liegt! Klemme den Objektträger fest!
2. Um dir einen Überblick über das zu untersuchende Objekt zu verschaffen, stelle mit dem Objektivrevolver die kleinste Vergrößerung ein!
3. Bewege durch Drehen des Triebrades den Tubus mit dem Objektiv bis in die Nähe des Objektes; kontrolliere dabei von der Seite, damit das Objektiv das Objekt nicht berührt, sonst werden Objektiv und Objekt beschädigt!
4. Schaue durch das Okular und stelle das Objekt scharf ein, indem du durch Drehen des Triebrades den Tubus vorsichtig und langsam nach oben bewegst!
5. Wenn notwendig, reguliere mithilfe der Blende die Helligkeit!
6. Verschiebe nun den Objektträger mit dem Objekt so lange auf dem Objekttisch, bis du eine Stelle des Objektes gefunden hast, die günstig betrachtet werden kann!
7. Betrachte das Objekt genau! Fertige eine Übersichtsskizze an!
8. Wähle eine stärkere Vergrößerung und betrachte das Objekt erneut! Ergänze die Skizze und beschrifte sie!

Mosaik

Zur Geschichte von Mikroskop und Fernrohr

Die holländische Kleinstadt Middelburg entwickelte sich sehr zeitig zu einem Zentrum der Linsenschleifer und Brillenbauer. Dort wurden um 1600 Fernrohr und Mikroskop durch zufälliges Probieren erfunden. Der Erfinder des Mikroskops ist ZACHARIAS JANSSEN. Wer das Fernrohr erfunden hat, ist bis heute umstritten. Es könnte Z. JANSSEN oder HANS LIPPERSHEY ebenso gewesen sein wie JACOB METIUS aus Alkmaar.

Eines der ersten brauchbaren Mikroskope entwickelte der holländische Naturforscher ANTONI VAN LEEUWENHOEK (1632–1723). Sein Mikroskop bestand aus zwei miteinander verschraubten Metallplatten, zwischen denen in einer kleinen Bohrung eine Linse eingeklemmt war (Abb. 1).

1 Mit diesem Mikroskop von LEEUWENHOEK wurden zahlreiche wichtige Entdeckungen gemacht.

Ein Mikroskop mit Objektiv und Okular (Bild unten), das den heutigen Mikroskopen in vielem ähnelt, entwickelte der englische Physiker ROBERT HOOKE (1635–1703).

Wesentliche Fortschritte beim Bau von Mikroskopen wurden aber erst erreicht, als man begann, solche Geräte auf wissenschaftlicher Grundlage zu bauen. Entscheidende Anteile an der Entwicklung moderner Mikroskope hatte der deutsche Physiker ERNST ABBE (1844–1905), der in der Firma von CARL ZEISS tätig war (s. S. 57).

Ähnlich wie beim Mikroskop wurden auch die ersten Fernrohre bald weiterentwickelt. So erfuhr z. B. im April 1609 der italienische Physiker und Mathematiker GALILEO GALILEI (1564–1642) von dieser Erfindung. Er führte selbst Versuche durch und konnte in kurzer Zeit ein leistungsfähiges Fernrohr bauen, das er „Teleskop" nannte. Damit sah er als Erster Gebirge und Krater auf dem Mond und entdeckte, dass der Planet Jupiter von vier Monden umkreist wird.

Auch der deutsche Astronom JOHANNES KEPLER (1571–1630) befasste sich mit der Konstruktion von Fernrohren. Er schlug vor, ein Fernrohr aus zwei Sammellinsen zu konstruieren. Ihm zu Ehren werden solche Fernrohre heute als **keplersche Fernrohre** bezeichnet. Das Foto unten zeigt solche keplerschen Fernrohre, die man für astronomische Beobachtungen nutzt.

Physik in Natur und Technik

Halbe Linsen – ganze Bilder

In einem Experiment wird eine brennende Kerze mithilfe einer Sammellinse auf einem Schirm scharf abgebildet. Mit einer Pappscheibe wird die Linse teilweise abgedeckt (Abb. 1).
Wie verändert sich dadurch das Bild der Kerze auf dem Schirm?

Mithilfe der Sammellinse wird ein scharfes Bild auf dem Schirm erzeugt. Verdeckt nun eine Pappscheibe einen Teil der Linse, so kann nicht mehr so viel Licht zum Entstehen des Bildes beitragen. Die Pappscheibe schirmt einen Teil der Linse ab. Es entsteht zwar immer noch ein scharfes Bild. Dieses ist jedoch lichtschwächer als vorher.

Das wird zum Beispiel beim Fotoapparat genutzt, wenn man verschiedene Blendenzahlen einstellt und damit das Objektiv mehr oder weniger abdeckt. Auch dann entsteht jeweils ein vollständiges Bild. Es ist aber unterschiedlich hell. Dabei bedeutet eine kleine Blendenzahl eine große Blendenöffnung und eine große Blendenzahl eine kleine Blendenöffnung.
Bei unseren Augen ändert sich ebenfalls die Größe der Öffnung, durch die Licht fällt. Bei Dunkelheit sind die Pupillen weit geöffnet, damit möglichst viel Licht ins Auge fällt. Bei hellem Sonnenschein sind sie dagegen klein, damit nicht so viel Licht ins Auge gelangt (s. S. 51). Für die Anpassung an unterschiedliche Helligkeiten braucht das Auge eine bestimmte Zeit.

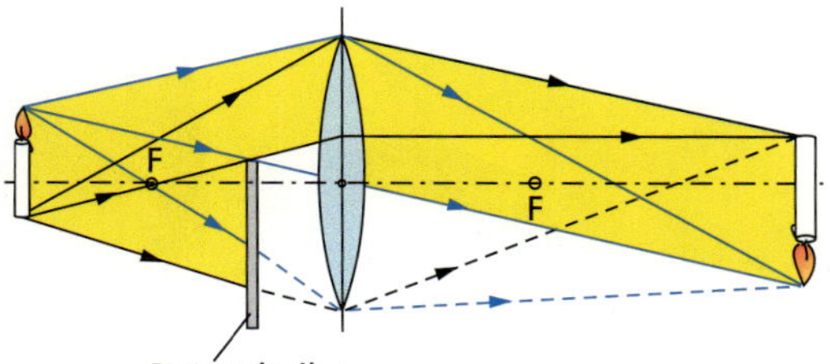

1 Strahlenverlauf bei teilweiser Abdeckung einer Linse: Es entsteht ein vollständiges Bild.

Brillen für scharfe Bilder

Bei einer Reihe von Menschen ist die Anpassung des Auges an die unterschiedlichen Entfernungen der Gegenstände gestört. Dieser Sehfehler kann angeboren sein oder auch erst mit zunehmendem Alter auftreten. Um ihn zu beheben, tragen Menschen Brillen oder Kontaktlinsen.
Welche Sehfehler gibt es? Wie kommen diese Sehfehler zustande? Wie können Sehfehler mit Brillen oder Kontaktlinsen behoben werden?

Da der Abstand zwischen Augenlinse und Netzhaut nicht verändert werden kann, geschieht die Scharfeinstellung beim menschlichen Auge durch eine Veränderung der Linsenkrümmung und damit der Brennweite (s. S. 51). Bei einem **normalsichtigen** Auge geschieht diese Anpassung der Linsenkrümmung in der Regel unwillkürlich und ohne Anstrengung. Wir merken nichts davon.

Kurzsichtige Menschen können zwar nahe Gegenstände mühelos sehen, aber ferne Gegenstände sehen sie verschwommen. Das kurzsichtige Auge ist länger als gewöhnlich. Das ist meist angeboren. Von fernen Gegenständen entsteht das scharfe Bild bereits vor der Netzhaut. Auf der Netzhaut ist das Bild damit unscharf (Abb. 2a).

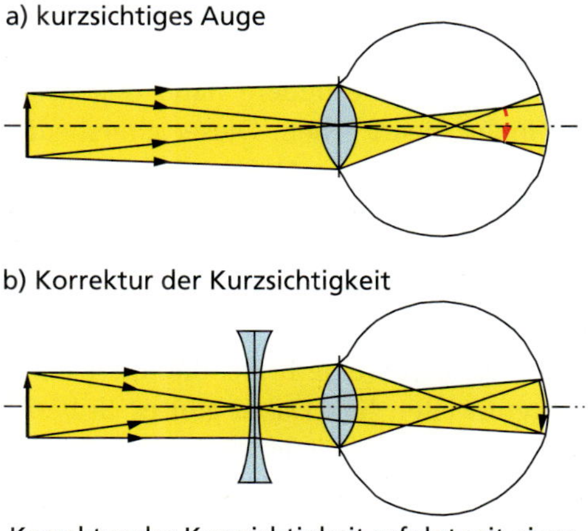

2 Korrektur der Kurzsichtigkeit erfolgt mit einer Zerstreuungslinse.

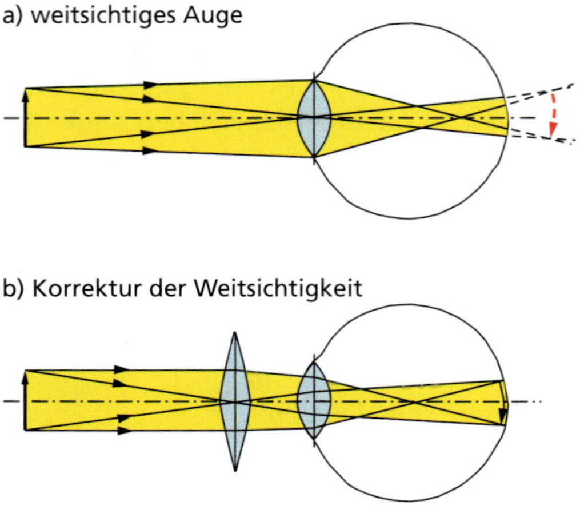

1 Die Korrektur der Weitsichtigkeit erfolgt mit einer Sammellinse.

Mit einer Linse (Zerstreuungslinse) wird das scharfe Bild auf die Netzhaut gerückt (Abb. 2b, S. 55).

Weitsichtige Menschen können zwar ferne Gegenstände mühelos scharf sehen, nahe Gegenstände (z. B. beim Lesen) nur mit Mühe oder nur unscharf. Bei der angeborenen Weitsichtigkeit ist der Augapfel kürzer als bei normalsichtigen Menschen. Das scharfe Bild von nahen Gegenständen entsteht hinter der Netzhaut. Mit einer Sammellinse als Brille wird das scharfe Bild nach vorn auf die Netzhaut gerückt (Abb. 1). Bei fernen Gegenständen hilft die Sammellinse beim entspannten Sehen.

Mit zunehmendem Alter kann sich die Augenlinse den verschiedenen Entfernungen nicht mehr ausreichend anpassen. Viele Menschen können dann insbesondere nahe Gegenstände nicht mehr scharf sehen. Dieser altersbedingte Sehfehler wird deshalb **Altersweitsichtigkeit** genannt. Gegen diese Altersweitsichtigkeit benutzt man eine Lesebrille mit Sammellinsen. Manche ältere Menschen haben auch verschiedene Brillen für verschieden weit entfernte Gegenstände oder sie benutzen eine Brille, die unterschiedliche Brennweiten hat. Dabei gibt es Brillen mit zwei oder drei verschiedenen Brennweiten und auch Brillen, bei denen sich die Brennweite gleichmäßig ändert. Solche Brillen nennt man Gleitfocusbrillen.

Augenuntersuchungen beim Optiker oder Augenarzt

Wer Schwierigkeiten beim scharfen Sehen hat, z. B. der Schrift auf einer Tafel, beim Lesen oder beim Beobachten in der Natur, geht zu einem Optiker oder Augenarzt und lässt untersuchen, ob er eine Brille benötigt.

Dazu stellt der Augenarzt zunächst die **Sehschärfe** mithilfe von **Sehtafeln** fest (Abb. 2).

Auf diesen Sehtafeln sind in verschiedenen Zeilen unterschiedlich große Buchstaben oder Zahlen angeordnet. Links auf der Sehtafel ist angegeben, bis zu welcher Entfernung ein normalsichtiger Mensch diese Zeile noch lesen kann. Er hätte dann eine Sehschärfe von 100 %.

In der Regel muss der Patient aus 5 m Entfernung die Zeilen von oben nach unten lesen. Kann er bis zur achten Zeile lesen, hat er eine Sehschärfe von 100 %. Kann er nur bis zur sechsten Zeile lesen, hat er eine Sehschärfe von 50 %. Durch Vorsetzen von Linsen in eine Probebrille probiert der Augenarzt, die Sehschärfe zu verbessern. Manche Menschen erreichen jedoch auch trotz einer Brille keine Sehschärfe von 100 %.

Mithilfe weiterer Geräte und Apparate untersucht der Augenarzt die Augen genauer, um krankhafte Veränderungen an der Augenlinse, der Netzhaut, dem Sehnerv usw. zu erkennen. Mit diesen Geräten kann ein Arzt auch direkt ins Auge hineinsehen.

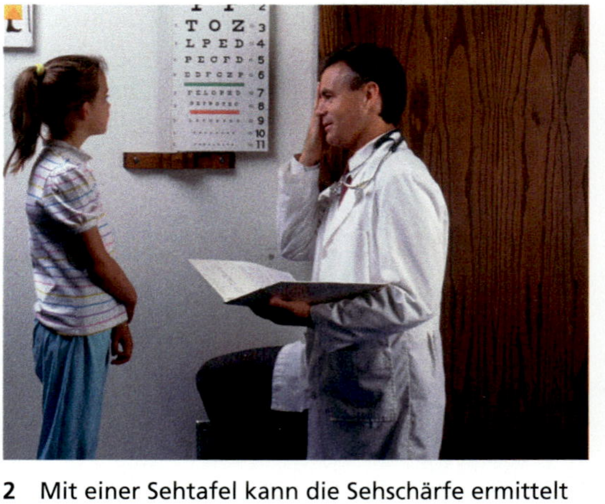

2 Mit einer Sehtafel kann die Sehschärfe ermittelt werden.

Mosaik

CARL ZEISS – ein Name mit Tradition

Am 10. Mai 1846 reichte der 30-jährige Mechaniker CARL ZEISS bei der Landesdirektion in Weimar das Gesuch ein, ihm die Gründung einer mechanischen Werkstatt in Jena zu gestatten.

Am 17. November 1846 war es so weit: CARL ZEISS eröffnete seine Werkstatt für Feinmechanik und Optik in Jena, Neugasse 7. Schon 1847 begann er mit der Fertigung einfacher Mikroskope, die er immer weiter verbesserte.

Allerdings gab es ein Problem: Der Bau der Mikroskope erfolgte nicht auf wissenschaftlicher Grundlage, sondern man war auf Probieren angewiesen, eine sehr unsichere und aufwendige Methode.

Deshalb suchte ZEISS nach einem wissenschaftlichen Berater und fand ihn 1866 in dem jungen, noch unbekannten Physiker ERNST ABBE. Diese Zusammenarbeit von Wissenschaftler und Handwerker erwies sich als äußerst konstruktiv.

ERNST ABBE wurde 1870 Professor an der Universität Jena, gründete dort 1874 das Physikalische Institut und war zeitweise auch Direktor der Universitätssternwarte. Sehr schnell schuf er eine Theorie des Mikroskops, auf deren Grundlage ab 1872 alle Zeiss-Mikroskope gebaut wurden.

Auch zur Entwicklung von hochwertigen Objektiven und Fernrohren hat ABBE wesentlich beigetragen.

Das alles führte die kleine Werkstatt schnell zu Weltruhm. Sie entwickelte sich in wenigen Jahren zum Großbetrieb, der unter dem Namen „Carl Zeiss Jena" weltberühmt wurde.

1 CARL ZEISS (1816–1888)

Das Unternehmen Carl Zeiss, das 1996 sein 150-jähriges Bestehen feierte, ist heute in vielen Bereichen ein technologisch führendes Unternehmen. Zur Produktionspalette gehören z.B. Spezialmikroskope für die Chirurgie und Geräte für medizinische Untersuchungen (Abb. 2), große Spiegelteleskope für Sternwarten, Planetarien (Abb. 3), Spezialkameras und Registriergeräte für Flugzeuge und Satelliten, Präzisionsgeräte für geodätische Messungen und für die industrielle Messtechnik hochwertige Ferngläser und Fotoobjektive, Geräte zur Erzeugung feinster Strukturen bei der Herstellung von Mikroschaltkreisen.

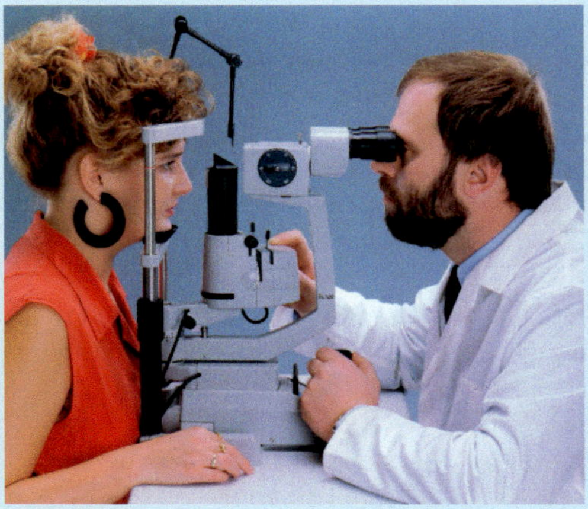

2 Zur Produktionspalette gehören Geräte zur Untersuchung des Auges.

3 Planetarien der Firma „Carl Zeiss" werden in vielen Ländern genutzt.

DUDEN - PAETEC Basiswissen Schule - Microsoft Internet Explorer

Datei Bearbeiten Ansicht Favoriten Extras ?

Zurück Suchen Favoriten Medien

Adresse http://www.schuelerlexikon.de/lexika/physik/ Wechseln zu Links

Basiswissen Schule **Physik**

Home Themen Register Zeitleiste Suche www.schuelerlexikon.de

Wortanfang Verwandte Themen Druckversion Internetverweise Vorlesen

Fotoapparate

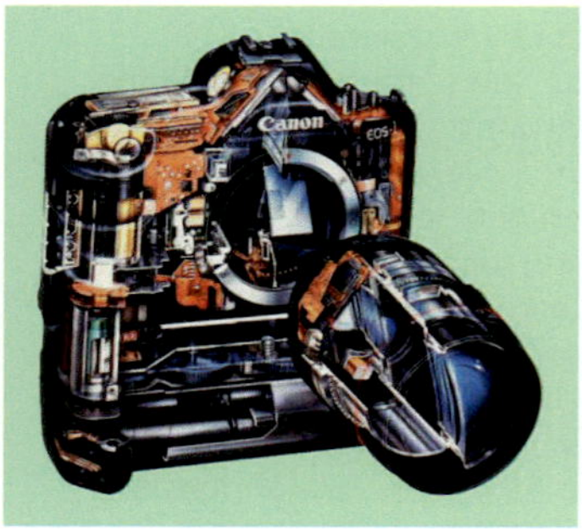

1 Aufbau eines Fotoapparats

Fotoapparate sind optische Geräte, mit deren Hilfe Bilder von Gegenständen angefertigt werden. Neben herkömmlichen Fotoapparaten, bei denen man Filme zur Speicherung nutzt, werden in zunehmendem Maße Digitalkameras verwendet, bei denen die Bilder in digitaler Form gespeichert werden und mithilfe von Computerprogrammen weiter bearbeitet werden können.

Aufbau und Wirkungsweise von Fotoapparaten
Bild 1 zeigt einen modernen Fotoapparat. Die Hauptbestandteile eines Fotoapparates sind ein lichtdichtes Gehäuse, ein **Objektiv** und der **Film** oder ein **CCD-Chip**, auf dem die Bilder gespeichert werden. Das Objektiv ist ein Linsensystem, das insgesamt wie eine Sammellinse wirkt. Bei normalen **Kleinbildkameras** hat das Objektiv eine Brennweite von etwa 50 mm, bei **Digitalkameras** von etwa 30 mm.

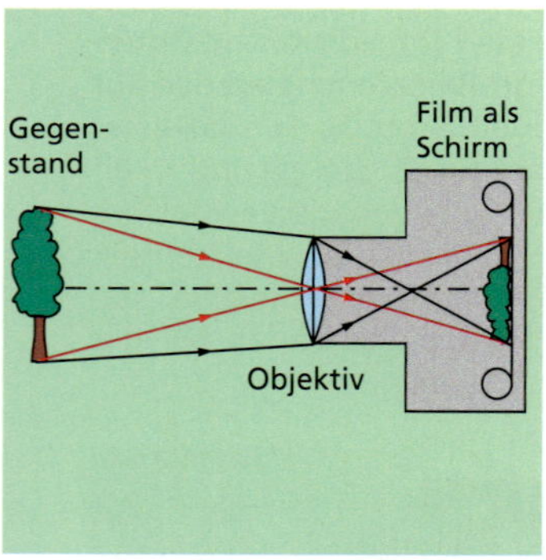

2 Strahlenverlauf bei einem einfachen Fotoapparat

Bild 2 zeigt den **Strahlenverlauf** bei einem einfachen Fotoapparat. Gegenstände, die abgebildet werden sollen, befinden sich in der Regel weit außerhalb der doppelten Brennweite des Objektivs, also weiter als 10 cm vom Objektiv entfernt. Demzufolge entsteht durch das Objektiv ein verkleinertes, umgekehrtes, seitenvertauschtes und reelles (wirkliches) Bild.

Damit das Bild des Gegenstandes scharf ist, muss mit der **Entfernungseinstellung** die Bildweite (Abstand Objektiv–Film) entsprechend gewählt werden. Das geschieht durch Verschieben des Objektivs. Für jede Gegenstandsweite gibt es genau eine Bildweite, bei der auf dem Film ein scharfes Bild entsteht. Bei weiter entfernten Gegenständen unterscheiden sich die Bildweiten nur wenig, sodass auch unterschiedlich weit entfernte Gegenstände scharf abgebildet werden.

Moderne Fotoapparate haben eine automatische Entfernungseinstellung. Die Entfernung wird dabei zumeist auf die Gegenstände eingestellt, die sich im Zentrum des Sucherbildes befinden.

Der Strahlenverlauf bei einem Fotoapparat ähnelt dem beim menschlichen **Auge:** Das Objektiv beim Fotoapparat entspricht dem Linsensystem beim Auge.

... und mehr

Informiere dich auch unter: *Lochkamera, Lupe, Mikroskop, Fernrohr und Fernglas, Auge, Diaprojektor, Ernst Abbe, Otto Schott, Carl Zeiss, Sammellinsen, Zerstreuungslinsen, ...*

Internet

gewusst · gekonnt

1. Begründe anhand von Zeichnungen die Abhängigkeit der Bildgröße an einer Lochkamera
   a) von der Gegenstandsweite,
   b) von der Bildweite!

2. Untersuche experimentell, wie sich bei einer Lochkamera die Eigenschaften des Bildes in Abhängigkeit von der Größe des Loches verändern!
   Beobachte dazu zunächst das Bild eines Gegenstandes bei einem größeren Loch!
   Klebe dann ein kleineres Loch davor und beobachte jetzt das Bild!
   Lasse Gegenstands- und Bildweite unverändert!
   Beschreibe deine Beobachtungen!

3. Begründe anhand von Zeichnungen, wie sich an einer Lochkamera Schärfe und Helligkeit des Bildes verändern, wenn die Größe des Loches verändert wird!

4. Worin besteht der Vorteil eines Fotoapparates mit Linsen gegenüber einer Lochkamera ohne Linsen?

5. Vergleiche die Bildentstehung bei einer Lochkamera mit der bei einem Fotoapparat!
   Nenne dabei Gemeinsamkeiten und Unterschiede!
   Fertige entsprechende Zeichnungen an!

6. Mit der Blende eines Fotoapparates wird ein Teil des Objektivs verdeckt. Trotzdem erhält man ein vollständiges Bild, auch wenn die Blendenöffnung sehr klein ist.
   a) Warum erhält man mit einem Fotoapparat auch dann ein vollständiges Bild, wenn ein Teil des Objektivs verdeckt ist?
   * b) Wie wirkt sich eine kleinere Blendenöffnung auf das Bild aus?

7. Beschreibe den Aufbau eines menschlichen Auges und erkläre die Bildentstehung in einem Auge!

8. Vergleiche die Bildentstehung in einem Auge mit der in einem Fotoapparat!
   Nenne Gemeinsamkeiten und Unterschiede!
   Gehe dabei insbesondere auf die Teile ein, die für die Bildentstehung notwendig sind!
   Fertige entsprechende Zeichnungen an!

9. Erläutere die unterschiedlichen Mechanismen der Scharfeinstellung beim Auge und beim Fotoapparat!

10. Beim Auge ist der Abstand zwischen Linse und Netzhaut immer gleich. Trotzdem kann man Gegenstände in unterschiedlicher Entfernung scharf sehen.
    Wie ist das zu erklären?

11. An einem Augenmodell kann man den Aufbau und die Bildentstehung beim menschlichen Auge untersuchen.

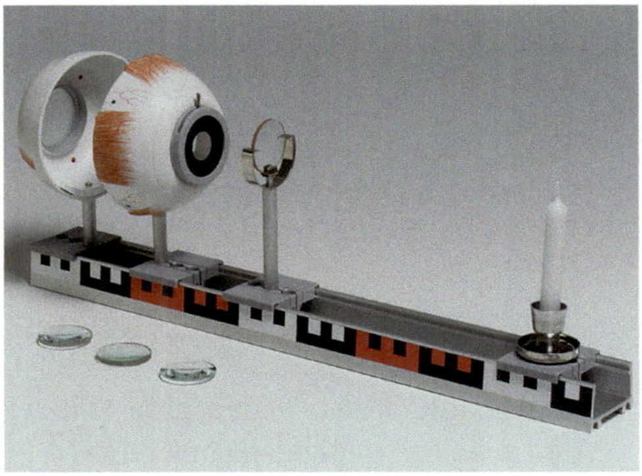

    Führe diese Untersuchungen durch!

12. Unter dem Nahpunkt des Auges versteht man die geringste Entfernung, bei der man z. B. Schrift gerade noch erkennen kann.
    Bestimme für jedes deiner Augen diesen Nahpunkt!
    Wenn du Brillenträger bist, dann führe diese Bestimmung ohne Brille durch!
    Beschreibe, wie du dabei vorgehst!

13. Überprüfe deine Sehschärfe für jedes Auge ohne Brille! Betrachte dazu aus einer Entfernung von 3 Metern die dargestellten Buchstaben und Zahlen!

A X 3 Z 2

K D 7 F O 2 C

W G 4 Y Z 2 H K 7

S R V 7 9 O U 3 Z E

Was kannst du noch erkennen? Bei welcher Größe treten Probleme auf?

14. Die normale Sehschärfe beträgt 100 %. Sie kann aber auch größer oder kleiner sein. Die nachfolgende Übersicht bezieht sich auf eine Entfernung von 5 Metern.

Höhe der Schrift	Sehschärfe
5 mm	145 %
6 mm	120 %
7 mm	100 %
9 mm	80 %
10 mm	70 %
15 mm	50 %
20 mm	35 %
30 mm	25 %

Fertige mit diesen Daten eine Sehtafel an und gehe dabei folgendermaßen vor:

- Schreibe mit dem Computer in jede Zeile einige Großbuchstaben und Zahlen!
- Formatiere die Zeilen so, dass die in der Tabelle genannten Schriftgrößen entstehen!

  Bestimme mithilfe der Sehtafel deine Sehschärfe!

15. Einige Menschen können bestimmte Farben nicht voneinander unterscheiden. Sie haben eine zumeist angeborene Farbschwäche.

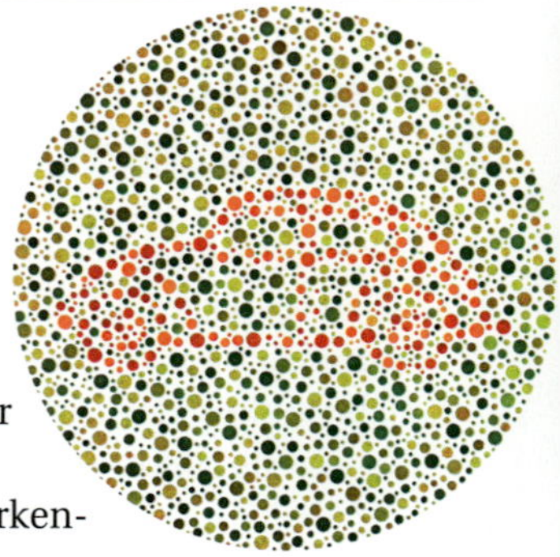

Ob eine solche Farbschwäche vorhanden ist, kann man mit speziellen Farbtafeln prüfen.

a) Was ist auf der abgebildeten Farbtafel zu erkennen?

* b) Am häufigsten tritt eine Rot-Grün-Schwäche auf. Das bedeutet: Die betreffende Person kann die Farben Rot und Grün nicht voneinander unterscheiden.
Wie könnte man eine solche Rot-Grün-Schwäche feststellen?
Fertige selbst eine entsprechende Farbtafel an!

16. Kurzsichtige Menschen können zwar nahe Gegenstände mühelos scharf sehen, aber ferne Gegenstände sehen sie verschwommen (s. Abb.). Der Augapfel dieser Menschen ist länger als gewöhnlich.

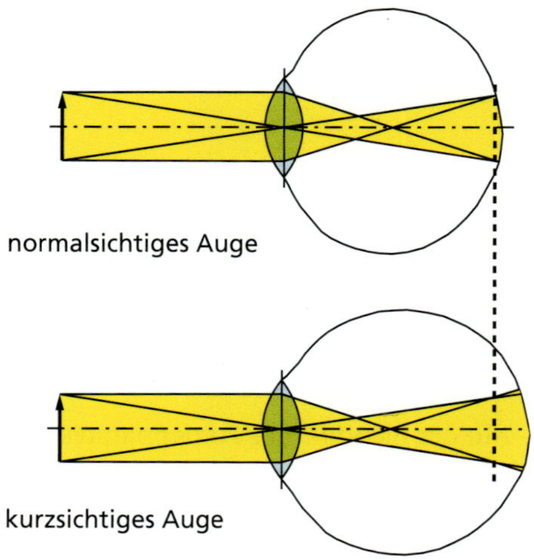

a) Was für ein Bild entsteht auf der Netzhaut des kurzsichtigen Auges von einem weit entfernten Gegenstand?

b) Wie kann mit einer Brille dieser Sehfehler behoben werden?

17. Bei weitsichtigen Menschen ist der Augapfel kürzer als bei normalsichtigen Menschen. Dieser Sehfehler führt dazu, dass weitsichtige Menschen zwar ferne Gegenstände mühelos scharf sehen können, nahe Gegenstände jedoch nur mit Mühe oder nur unscharf.

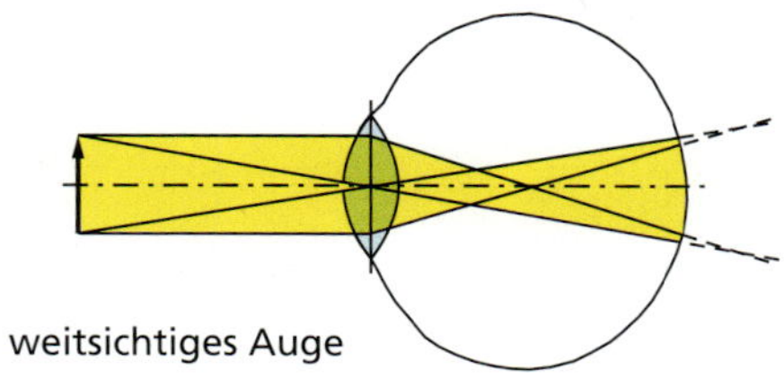

a) Was für ein Bild entsteht auf der Netzhaut des weitsichtigen Auges?
b) Wie kann mit einer Brille die Weitsichtigkeit korrigiert werden?

18. Ältere Menschen benutzen oft Brillen, die aus zwei oder drei verschiedenen Linsen zusammengesetzt sind.

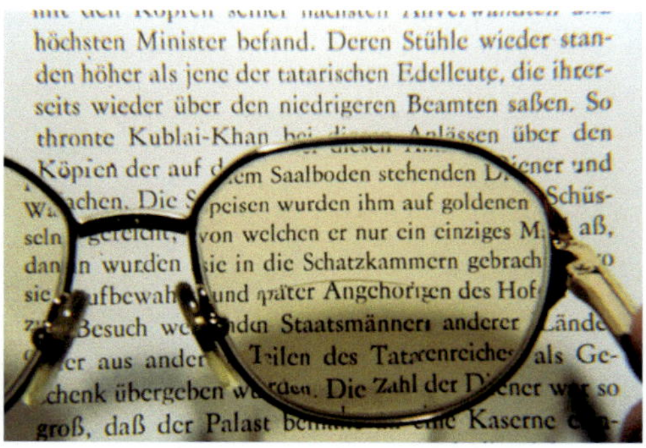

a) Warum benutzen gerade ältere Menschen solche Brillen?
b) Wozu dienen diese unterschiedlichen Teile der Brille?

19. Unser Auge hat eine Brennweite von etwa 20 mm, wenn die Linse auf sehr weit entfernte Gegenstände eingestellt ist. Wie groß ist in diesem Fall die Bildweite? Fertige dazu eine maßstäbliche Skizze an! Beachte dabei, dass sich Gegenstände meist weit außerhalb der doppelten Brennweite befinden.

20. Nimm eine Sammellinse, z. B. eine Lupe, und einen Gegenstand und blicke durch die Linse zum Gegenstand (s. Abb.).

a) Beschreibe die Eigenschaften des Bildes, das du siehst!
b) Verändere den Abstand zwischen Gegenstand und Linse! Beobachte die Bilder!
c) Beschreibe die Eigenschaften der Bilder und gib an, wo sich der Gegenstand in Bezug auf die Brennweite befinden muss! Fertige dazu eine Tabelle an!

21. Untersuche verschiedene Gegenstände mit einer Lupe!
a) Ermittle zunächst die Brennweite der Lupe!
b) Bringe den Gegenstand in eine Entfernung, die kleiner als die Brennweite ist! Betrachte ihn!
Beschreibe die Eigenschaften des Bildes!
c) Entferne die Lupe vom Gegenstand! Beobachte und beschreibe die Bilder!

22. Beschreibe den Aufbau eines Mikroskops und erläutere dabei die Funktion der einzelnen Teile!

23. Das Objektiv eines Mikroskops hat eine 30fache Vergrößerung, das Okular eine 4fache. Wie groß ist die Gesamtvergrößerung des Mikroskops?

24. Auf dem Objektiv eines Mikroskops steht 60x, auf dem Okular 8x. Was für eine Vergrößerung hat das Mikroskop?

Bilder durch Löcher und Linsen

Ein scharfes Bild eines Gegenstandes entsteht dann, wenn jedem Gegenstandspunkt genau ein Bildpunkt zugeordnet werden kann.

Bild durch ein Loch

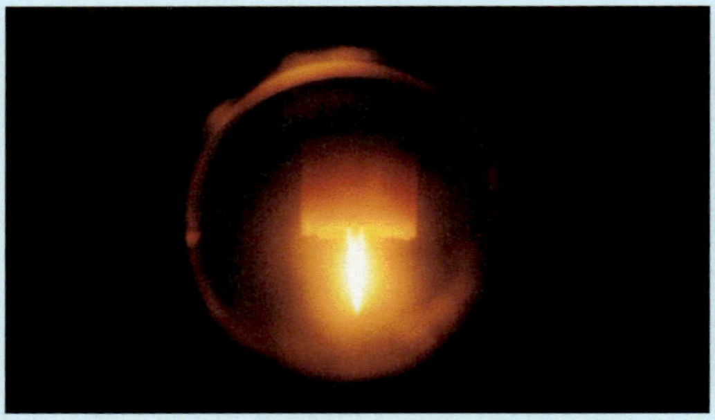

Bild durch eine Sammellinse

Bei der Abbildung mit Lochblenden und mit Linsen gilt der **Abbildungsmaßstab.**

$$\frac{B}{G} = \frac{b}{g}$$

B	Bildgröße	b	Bildweite
G	Gegenstandsgröße	g	Gegenstandsweite

Beim **Auge** und beim **Fotoapparat** befinden sich die Gegenstände weit außerhalb der doppelten Brennweite. Auf der Netzhaut bzw. auf dem Film entstehen verkleinerte, umgekehrte und seitenvertauschte Bilder.

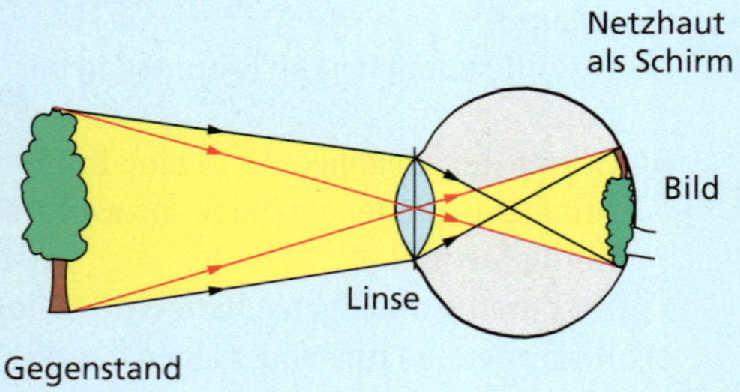

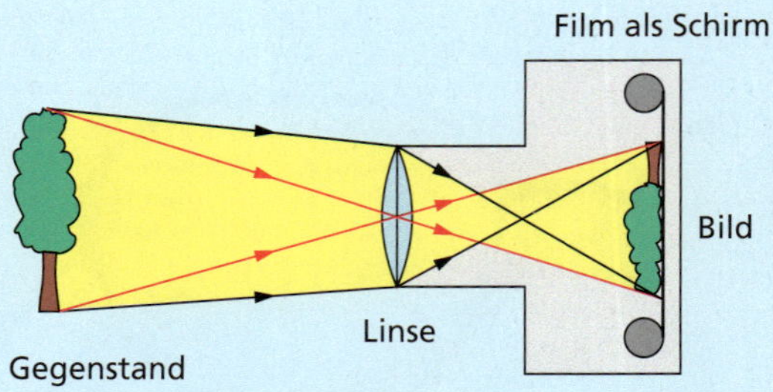

Bei einem **Mikroskop** entsteht ein stark vergrößertes Bild.

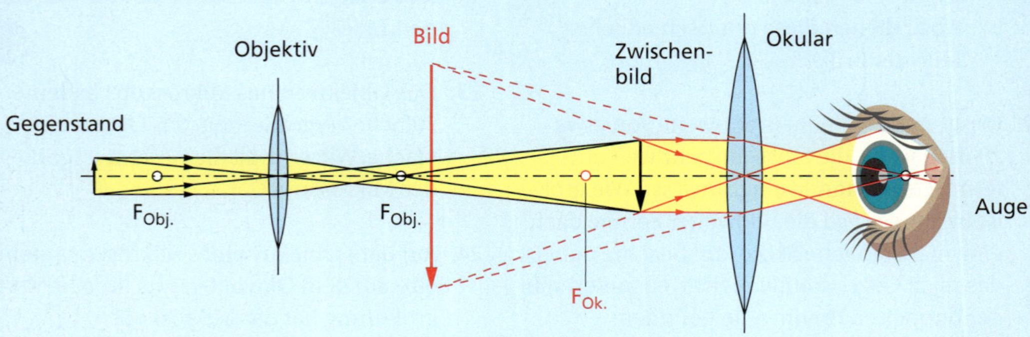

3 Körper – woraus sie bestehen und wie sie sich bewegen

3.1 Wir ermitteln das Volumen, die Masse und die Dichte von Körpern

Begrenzte Zuladung
Jedes Auto hat eine bestimmte, vom Hersteller festgelegte Tragfähigkeit. Diese Tragfähigkeit ist in den Fahrzeugpapieren eingetragen. Sie darf nicht überschritten werden. Die Zuladung von Personen und Gepäckstücken ist also begrenzt.
Was kann man tun um zu prüfen, ob die zulässige Beladung eines Pkw oder eines Wohnwagens eingehalten ist?

Proportionen helfen nicht immer weiter…
Das Foto zeigt unsere Erde und den Mond, aufgenommen von einem Raumschiff aus. Astronomen haben ermittelt, dass die Masse der Erde etwa 81-mal so groß ist wie die Masse des Mondes. Das Volumen der Erde ist aber nur 49-mal so groß wie das Volumen des Mondes.
Wie sind die Unterschiede zu erklären?

Groß = schwer und klein = leicht?
Das scheint nicht immer zu stimmen! So ist der Stein wesentlich schwerer als der leere Karton, obwohl er viel kleiner als dieser ist. Wie schwer ein Körper ist, hängt also nicht nur vom Volumen ab.
Wovon noch?

Aufbau der Körper aus Stoffen

Alle Gegenstände unserer Umgebung, mit denen sich die Physik beschäftigt, bezeichnet man als **Körper** (Abb. 1).
Manchmal kommt das auch schon in der Bezeichnung für den betreffenden Gegenstand zum Ausdruck. So spricht man von Himmelskörpern, Heizkörpern oder vom Körper eines Menschen. Jeder einzelne dieser Körper besteht aus einem oder mehreren **Stoffen.**
Das gilt auch für den menschlichen Körper (s. Tabelle unten).

Stoffe sind alle die Materialien, aus denen Körper bestehen.

Für die Einteilung der vielfältigen Stoffe, die es in Natur und Technik gibt, existieren verschiedene Möglichkeiten. Stoffe können z. B. nach ihren Eigenschaften, ihrer Verwendung oder ihrer Entstehung eingeteilt werden. Einige Eigenschaften von Stoffen sind auf S. 66 dargestellt.

In der Chemie und auch in der Physik ist es üblich, die Stoffe nach den kleinsten Teilchen einzuteilen, aus denen sie bestehen. Dabei wird zwischen **Reinstoffen** und **Stoffgemischen** unterschieden.

Reine Stoffe (Reinstoffe) bestehen aus gleichartigen Teilchen eines Stoffes.

Durchschnittliche Anteile der Stoffe, aus denen der menschliche Körper besteht

Stoff	Angaben in %
Sauerstoff	63,0
Kohlenstoff	20,0
Wasserstoff	10,0
Calcium	3,0
Phosphor	1,0
Kalium	0,29
Schwefel	0,20
Chlor	0,10
Natrium	0,10

1 Das Wasser im See, das Schiff und die Personen sind Körper. Sie bestehen aus verschiedenen Stoffen.

Beispiele für solche Reinstoffe sind destilliertes (reines) Wasser, das Gas Wasserstoff, Kohlenstoff, Eisen oder Aluminium (Abb. 2).
Reine Stoffe sind jedoch in der Natur und in der Technik kaum anzutreffen. Die meisten uns umgebenden Stoffe bestehen aus verschiedenen reinen Stoffen, sie bilden ein **Stoffgemisch.**

Stoffgemische bestehen aus Teilchen verschiedener reiner Stoffe.

Beispiele für solche Stoffgemische sind die Luft, Leitungswasser oder Mineralwasser, gezuckerter Tee, Teig und fast alle Nahrungsmittel. Die Eigenschaften von Stoffgemischen unterscheiden sich meist von denen der reinen Stoffe, aus denen sie bestehen. So hat z. B. Wasserstoff (Abb. 2a) als Gas völlig andere Eigenschaften als Wasser (Abb. 2b).

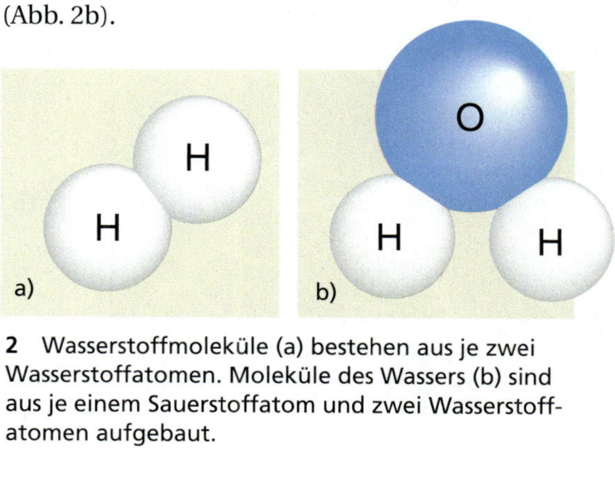

2 Wasserstoffmoleküle (a) bestehen aus je zwei Wasserstoffatomen. Moleküle des Wassers (b) sind aus je einem Sauerstoffatom und zwei Wasserstoffatomen aufgebaut.

Mosaik

Eigenschaften von Stoffen

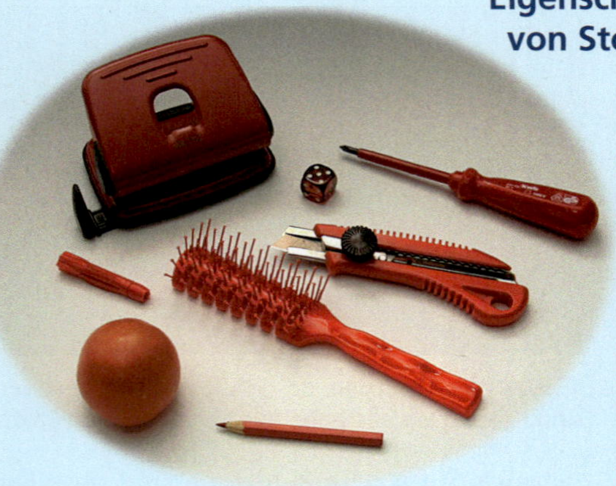

1 Viele Stoffe, aus denen die Körper bestehen, sind rot. Sie unterscheiden sich aber z. B. in ihrer Härte, ihrer Elastizität und ihrer elektrischen Leitfähigkeit.

Jeder einzelne Stoff hat viele verschiedene Eigenschaften. Solche Eigenschaften sind z. B. die **Farbe**, der **Geruch**, die **Härte**, die **Elastizität**, die **Leitfähigkeit für Wärme** und den **elektrischen Strom** oder der **Aggregatzustand**.
In manchen Eigenschaften stimmen verschiedene Stoffe überein, in anderen Eigenschaften unterscheiden sie sich (Abb. 1).
Es gilt:
Jeder Stoff hat eine für ihn typische Kombination von Eigenschaften.

Solche Eigenschaften, an denen ein Stoff zweifelsfrei erkannt werden kann, nennt man manchmal auch seine **charakteristischen Eigenschaften**. Charakteristische Eigenschaften sind z. B. für die Stoffe Essig oder Benzin der Geruch, für den Stoff Gold die Farbe oder für den Stoff Eisen die Eigenschaft, von Magneten angezogen zu werden. Liegt ein unbekannter Stoff vor, so kann man aus den Untersuchungen seiner Eigenschaften darauf schließen, um welchen Stoff es sich handelt. Dazu sind mitunter umfangreiche physikalische und chemische Untersuchungen erforderlich.
Wichtige Eigenschaften von Stoffen aus physikalischer Sicht sind ihr Aggregatzustand (fest, flüssig, gasförmig), ihre Wärmeleitfähigkeit, ihre elektrische Leitfähigkeit, die Schmelz- und die Siedetemperatur sowie die Dichte (S. 71).
Im Alltag spielt auch die **Härte von Stoffen** eine wichtige Rolle.
Der in Gernrode (Harz) geborene Physiker und Mineraloge CARL FRIEDRICH CHRISTIAN MOHS (1773–1839) hat die Methode des Ritzens um 1820 benutzt, um für Stoffe eine noch heute verwendete Härteskala (vgl. Tabelle) aufzustellen. Diamant als härtester Stoff erhielt darin den Härtegrad 10. Mit ihm kann man alle anderen natürlichen Stoffe ritzen. MOHS entwickelte eine Skala von 10 bis 1, wobei die Härte nach unten hin abnimmt, sehr weiche Stoffe also die Härte 1 haben.

mohssche Härteskala

man ritzt mit	einen Stoff bis Härte	z. B.
einem Fingernagel	2	Gips
einem Aluminiumstück	3	Marmor
einer Nähnadel	5	Apatit
einer Glasscherbe	7	Quarz
einem Diamant-Glasschneider	10	Diamant

In der Technik werden häufig Stoffe mit ganz bestimmten Eigenschaften benötigt. So müssen z. B. die Reifen eines Motorrades elastisch, zugleich aber auch stabil und rutschfest sein. Sie dürfen auch nicht zu schnell porös werden.

Übersicht über die Aggregatzustände			
	Feste Körper	**Flüssigkeiten**	**Gase**
Beispiele			
	Eis ist ein fester Körper.	Wasser ist eine Flüssigkeit.	Wasserdampf ist ein Gas.
Aufbau	Feste Körper bestehen aus Teilchen, die eng beieinander liegen und einen bestimmten Platz haben.	Flüssigkeiten bestehen aus Teilchen, die keinen bestimmten Platz haben, sondern gegeneinander verschiebbar sind. Ihr Abstand bleibt gleich.	Gase bestehen aus Teilchen, die sich in großem Abstand voneinander befinden. Sie haben keinen festen Platz.
	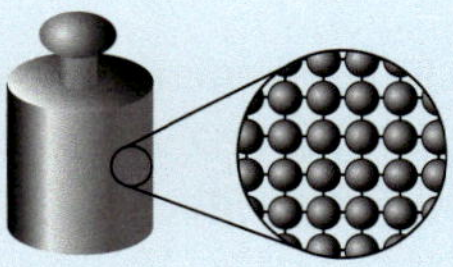	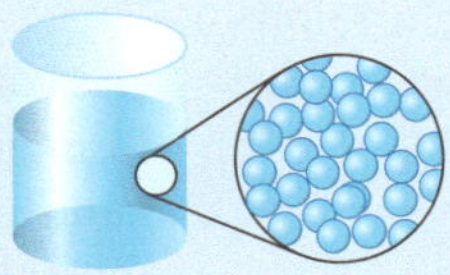	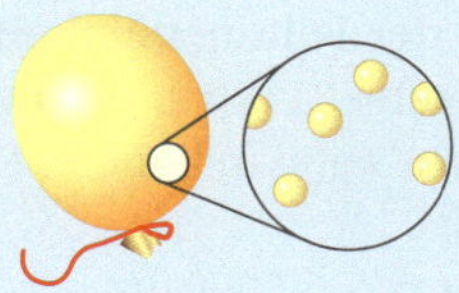
	Die Teilchen schwingen um ihren Platz hin und her.	Die Teilchen führen unregelmäßige Bewegungen aus.	Die Teilchen bewegen sich frei im gesamtem Raum.
Form	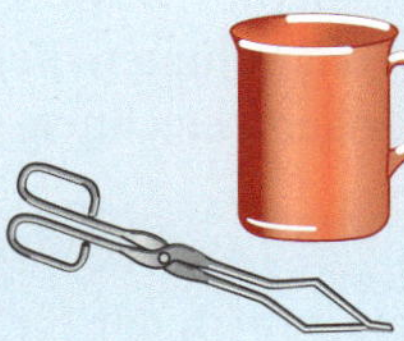		
	Feste Körper haben eine bestimmte Form. Sie können kompakt, kristallin oder pulverförmig vorliegen.	Flüssigkeiten passen sich der Form des Gefäßes an, in dem sie sich befinden.	Gase passen sich der Form des Gefäßes an, in dem sie sich befinden.
Volumen	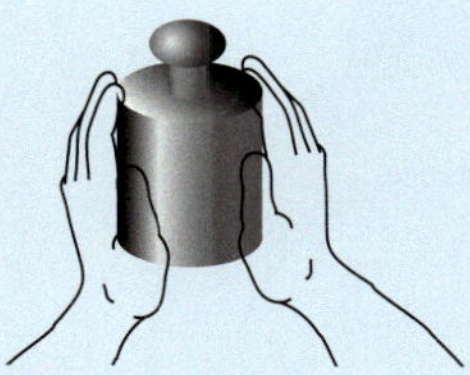	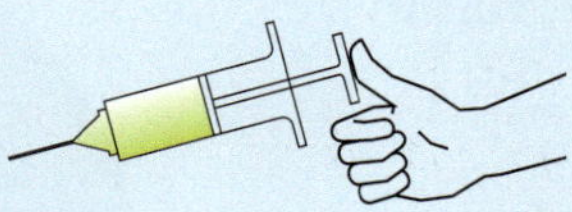	
	Feste Körper haben ein bestimmtes Volumen. Sie lassen sich nicht zusammendrücken.	Flüssigkeiten haben ein bestimmtes Volumen. Sie lassen sich nicht zusammendrücken.	Gase nehmen den gesamten Raum ein, der ihnen zur Verfügung steht. Sie lassen sich zusammendrücken und haben ein veränderliches Volumen.

Das Volumen von Körpern

Verschiedene Körper nehmen einen unterschiedlich großen Raum ein. Eine Erbse nimmt einen kleinen Raum, ein Apfel nimmt einen größeren Raum ein. Auch Flüssigkeiten und Gase nehmen einen Raum ein. Diese Eigenschaft wird durch die physikalische Größe **Volumen** beschrieben.

> **Das Volumen gibt an, wie viel Raum ein Körper einnimmt.**
>
> **Formelzeichen:** V
> **Einheiten:** **1 Kubikmeter (1 m³)**
> **1 Liter (1 l)**

Teile der Volumeneinheit 1 m³ sind ein Kubikdezimeter (1 dm³), ein Kubikzentimeter (1 cm³) und ein Kubikmillimeter (1 mm³).
Es gilt:

$1\ \text{m}^3 = 1\,000\ \text{dm}^3 = 1\,000\,000\ \text{cm}^3$
$1\ \text{dm}^3 = 1\,000\ \text{cm}^3 = 1\,000\,000\ \text{mm}^3$
$1\ \text{cm}^3 = 1\,000\ \text{mm}^3$

Vielfache und Teile der Einheit
1 l sind ein Hektoliter (1 hl) und ein Milliliter (1 ml):

$1\ \text{hl} = 100\ \text{l}$
$1\ \text{l} = 1\,000\ \text{ml}$

Dabei gilt:

$1\ \text{dm}^3 = 1\ \text{l}$
$1\ \text{cm}^3 = 1\ \text{ml}$

Volumen von Körpern in Natur und Technik	
Tischtennisball	25 cm³
Streichholzschachtel	28 cm³
Mauerziegel	2,2 dm³
Klassenzimmer	250 m³
große Tasse	0,25 l
Limonadenflasche	0,75 l
Wassereimer	10 l
Tank eines Pkw	45 l ... 65 l
Tankwagen	20 000 l

1 Mit Messbechern oder Messzylindern kann man das Volumen von Flüssigkeiten bestimmen.

Das Volumen von Flüssigkeiten sowie von pulverförmigen festen Körpern (Zucker, Salz, Mehl) kann mit Messzylindern oder Messbechern gemessen werden (Abb. 1). Das Volumen von strömenden Flüssigkeiten und Gasen lässt sich mit Wasser- oder Gasuhren bestimmen (Abb. 2).
Wenn ein Körper eine regelmäßige geometrische Form besitzt, z. B. die eines Würfels oder eines Quaders, kann man das Volumen dieses Körpers aus seinen Abmessungen berechnen.

> **Unter der Bedingung, dass ein Körper die Form eines Quaders besitzt, gilt für das Volumen des Körpers:**
>
> $V = a \cdot b \cdot c$ a **Länge**
> b **Breite**
> c **Höhe**

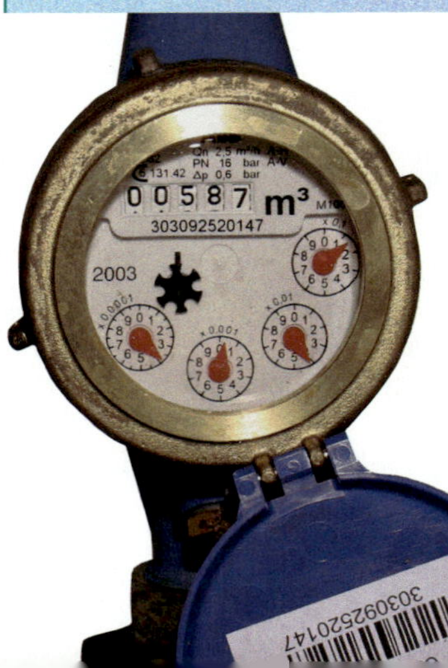

2 Der Wasserverbrauch wird mit einem Durchflusszähler (Wasseruhr) gemessen.

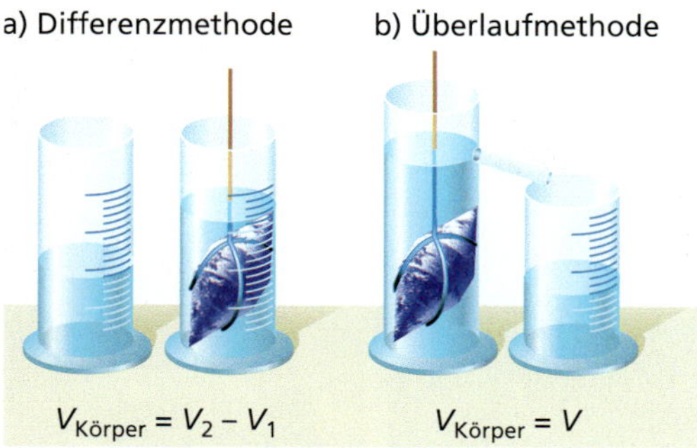

1 Bestimmung des Volumens unregelmäßiger fester Körper

Messzylinder benutzt man auch dann, wenn feste Körper eine so unregelmäßige Form haben, dass man ihr Volumen nicht berechnen kann. Abb. 1 zeigt zwei mögliche Methoden zur Bestimmung des Volumens fester Körper.

Messfehler vermeiden

Um Fehler beim Messen des Volumens zu vermeiden, sollte man Folgendes beachten:

1. Schätze zunächst das Volumen und wähle keinen zu großen oder zu kleinen Messzylinder aus!
2. Blicke beim Ablesen stets in Höhe der Flüssigkeitsoberfläche auf den Messzylinder!
3. Lies nicht an der Randkrümmung, sondern in der Mitte der Flüssigkeitsoberfläche ab!

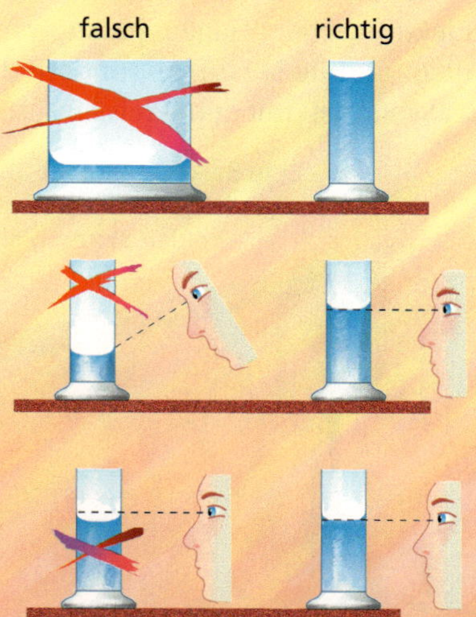

Die Masse von Körpern

Jeder von uns weiß aus Erfahrung: Verschiedene Körper sind unterschiedlich schwer.

Ein Ball ist leicht. Man kann ihn bequem hochheben. Ein gleich großer Stein ist sehr viel schwerer. Die Ursache für die Schwere der Körper sind Anziehungskräfte zwischen den Körpern aufgrund ihrer Masse.

Auf der Erde werden alle Körper von der Erde angezogen, die eine sehr große Masse besitzt. Die einzelnen Körper, z. B. ein Ball oder ein Stein, werden aufgrund ihrer unterschiedlichen Masse unterschiedlich stark von der Erde angezogen. Sie sind unterschiedlich schwer (Abb. 2).

Die Masse beschreibt aber noch eine weitere Eigenschaft von Körpern, wie die Abb. 1, S. 70 zeigt. So ist es leichter, eine leere Schubkarre anzuschieben als eine voll beladene. Beide „widersetzen“ sich einer Änderung ihrer Bewegung. Weil aber die beladene Schubkarre eine größere Masse als die leere hat, „widersetzt“ sie sich mehr. Man nennt diese Eigenschaft von Körpern **Trägheit.** Körper mit großer Masse sind träger als Körper mit kleiner Masse. Deshalb ist z. B. ein Medizinball träger als ein Fußball. Das bemerkt man nicht nur beim Abwerfen, sondern auch beim Auffangen.

2 Verschiedene Körper werden von der Erde unterschiedlich stark angezogen.

Die Eigenschaft eines Körpers, schwer und träge zu sein, wird durch die physikalische Größe Masse beschrieben. Die Masse einiger Körper ist in der Tabelle S. 70 angegeben.

1 Je schwerer ein Körper ist desto träger ist er.

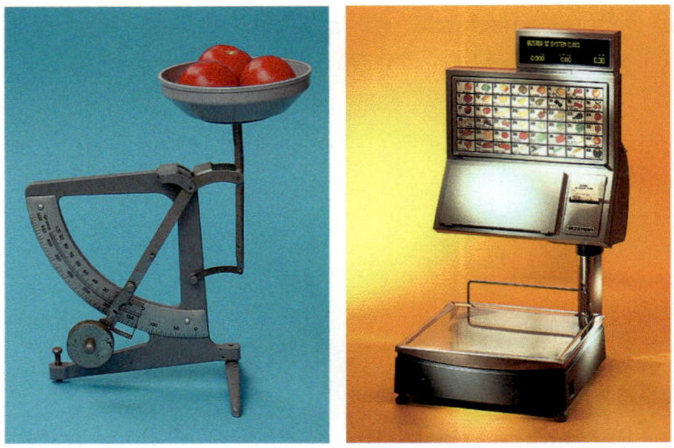

2 Einschalenwaage (a) und elektronische Waage (b)

Masse von Körpern in Natur und Technik	
Haar	ca. 0,1 mg
1 Liter Luft	1,3 g
Tischtennisball	2 g
1 Cent (Euro)	2,3 g
1 Tafel Schokolade	100 g
1 Liter Wasser	1 kg
1 Liter Milch	1 kg
Gehirn eines Menschen	ca. 1,4 kg
Mauerziegel	3,5 kg
Mensch	ca. 70 kg
Pkw	ca. 1 t
Elefant	ca. 3 t
Lkw	bis 40 t
Lokomotive	ca. 100 t
Blauwal	bis 150 t
Jumbo-Jet (voll beladen)	ca. 320 t
Intercity Express (ICE)	ca. 500 t
Rakete beim Start	ca. 2 000 t

Die Masse gibt an, wie schwer und wie träge ein Körper ist.

Formelzeichen: m
Einheiten: **1 Kilogramm (1 kg)**
1 Gramm (1 g)

Gebräuchlich sind auch die Einheiten 1 Milligramm (1 mg) und 1 Tonne (1 t).

Es gilt:
1 t = 1 000 kg
1 kg = 1 000 g
1 g = 1 000 mg

Im Alltag werden auch die Einheiten ein Pfund (500 g) und ein Zentner (50 kg) verwendet.

Die Masse als Eigenschaft eines Körpers ist unabhängig davon, wo sich dieser Körper gerade befindet. Es gilt:

Die Masse eines Körpers ist überall gleich groß.

Die Masse eines Körpers kann mit einer **Waage** gemessen werden.

Bei einer Balkenwaage (Abb. 3) oder einer Einschalenwaage (Abb. 2a) wird die unbekannte Masse eines Körpers mit der bekannten Masse von Wägestücken verglichen. Wenn sich die Waage im Gleichgewicht befindet, braucht man nur noch die Massen der einzelnen Wägestücke zu addieren oder man kann die Masse direkt ablesen. Elektronische Waagen in Supermärkten zeigen nicht nur die Masse an, sondern drucken sie auch zusammen mit dem Preis aus (Abb. 2b).

3 Eine Balkenwaage ist im Gleichgewicht, wenn die Massen auf beiden Seiten gleich groß sind.

Zusammenhang zwischen Masse und Volumen – die Dichte von Stoffen

Verändert man das Volumen eines festen Körpers oder einer Flüssigkeit, so verändert sich auch die Masse des Körpers (Abb. 1). Bei einem bestimmten Stoff hat jeder Kubikzentimeter dieses Stoffes dieselbe Masse. Zwischen der Masse und dem Volumen von Körpern aus ein und demselben Stoff besteht direkte Proportionalität.

> **Für alle Körper aus ein und demselben Stoff gilt:**
>
> $$m \sim V$$

Direkte Proportionalität bedeutet auch, dass der Quotient aus Masse m und Volumen V für einen bestimmten Stoff einen festen Wert hat, unabhängig davon, wie groß das Volumen bzw. die Masse ist. Der Quotient ist deshalb dafür geeignet, den Stoff zu kennzeichnen, aus dem ein Körper besteht. Bei Körpern aus verschiedenen Stoffen kann die Masse bei gleichem Volumen unterschiedlich sein (Abb. 2). Bei unterschiedlichem Volumen dieser Körper kann aber die Masse gleich sein (Abb. 3).

Welche Masse ein Körper mit bestimmtem Volumen hat, ist abhängig von dem Stoff, aus dem er besteht. Die Eigenschaft eines Stoffes, bei einem bestimmten Volumen eine bestimmte Masse zu haben, wird durch die physikalische Größe **Dichte** beschrieben. Die Dichte ist eine für jeden Stoff charakteristische Konstante.

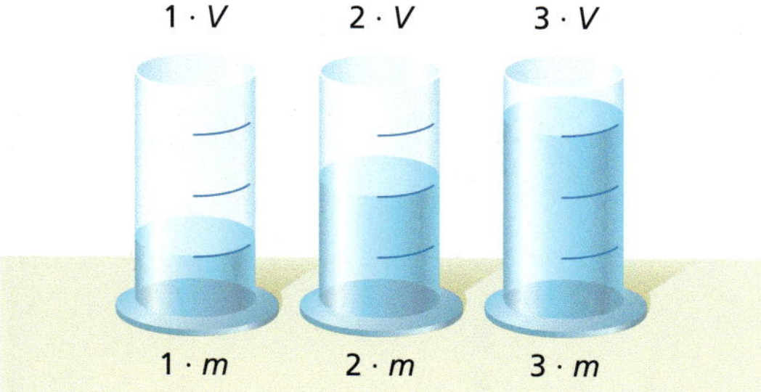

1 Verdoppelt man das Volumen des Wassers, so verdoppelt sich auch seine Masse. Verdreifacht man das Volumen, so verdreifacht sich seine Masse.

2 Die dargestellten Wasser- und Benzinmengen haben dasselbe Volumen, jedoch ist die Masse des Wassers größer als die des Benzins.

> **Die Dichte gibt an, welche Masse jeder Kubikzentimeter (cm³) Volumen eines Stoffes hat.**
>
> **Formelzeichen:** ρ **(griechischer Buchstabe, sprich: rho)**
>
> **Einheit:** **1 Gramm je Kubikzentimeter** $\left(1\,\frac{g}{cm^3}\right)$
>
> **1 Kilogramm je Kubikmeter** $\left(1\,\frac{kg}{m^3}\right)$

Bei Körpern gleichen Volumens hat derjenige die größere Masse, der aus dem Stoff mit der größeren Dichte besteht (Abb. 2). Bei Körpern gleicher Masse hat derjenige das kleinere Volumen, der aus dem Stoff mit der größeren Dichte besteht (Abb. 3). Im Alltag werden Stoffe mit großer Dichte, wie Kupfer oder Blei, als „schwere" Stoffe bezeichnet.

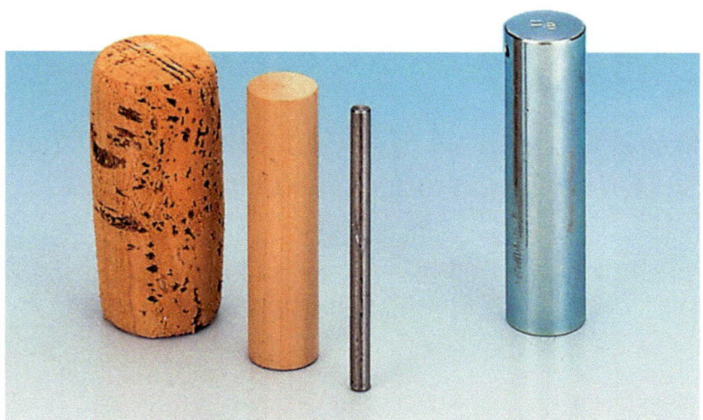

3 Die abgebildeten Körper aus verschiedenen Stoffen haben dieselbe Masse. Ihr Volumen ist jedoch sehr unterschiedlich.

Für die Einheiten der Dichte gilt:

$1\,\frac{g}{cm^3} = 1\,000\,\frac{kg}{m^3}$ $\qquad$ $1\,\frac{kg}{m^3} = 0{,}001\,\frac{g}{cm^3}$

Die Dichte von Gasen wird manchmal auch in der Einheit Gramm je Liter angegeben. Es gilt:

$1\,\frac{g}{l} = 1\,\frac{kg}{m^3} = 0{,}001\,\frac{g}{cm^3}$

Kennt man die Masse und das Volumen eines Körpers, so kann man die Dichte des Stoffes ermitteln, aus dem der Körper besteht.

Die Dichte kann berechnet werden mit der Gleichung:

$\rho = \frac{m}{V}$ $\qquad$ m **Masse des Körpers**
V **Volumen des Körpers**

Die Dichte von Stoffen kann man folgerdermaßen veranschaulichen:
Man überlegt, was z. B. der Wert $\rho = 2{,}7\ g/cm^3$ (Dichte von Aluminium) bedeutet.
Er bedeutet, dass ein Würfel von 1 cm Kantenlänge ($V = 1\ cm^3$) eine Masse von 2,7 g hat. Bei anderen Stoffen ist die Masse bei dem gleichen Volumen von 1 cm^3 eine andere.
Körper mit gleichem Volumen aus verschiedenen Stoffen haben eine unterschiedliche Masse.

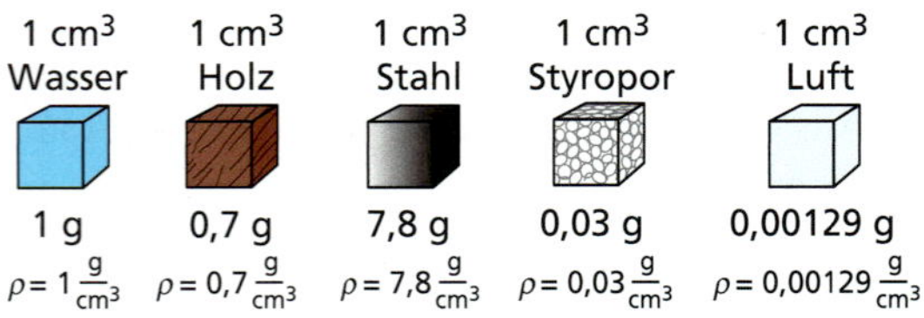

Körper mit gleicher Masse aus unterschiedlichen Stoffen haben ein unterschiedliches Volumen.

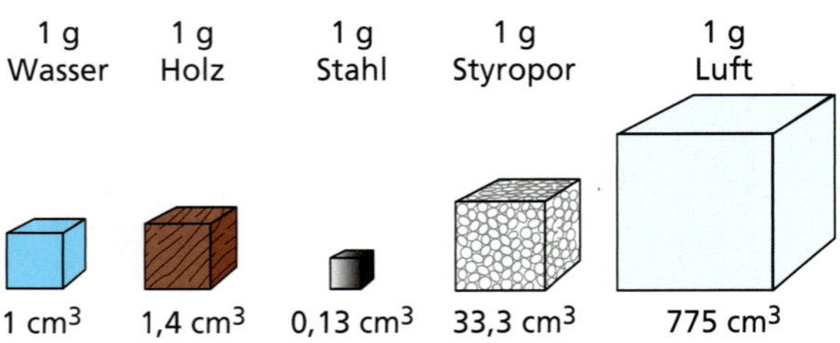

Mosaik

Das Aräometer – ein Dichtemesser

Die Dichte von Flüssigkeiten kann man direkt mit einem **Aräometer** messen. Es wird auch als **Senkwaage** bezeichnet. Abb. 1 zeigt verschiedene Bauformen. Das Prinzip der Messung beruht darauf, dass ein fester Körper bekannter Masse in einer Flüssigkeit schwimmt. Wie tief er dabei eintaucht, ist ein Maß für die Dichte der Flüssigkeit.

Im einfachsten Fall besteht ein Aräometer aus einem beidseitig verschlossenen Glasrohr, in das zuvor etwas Bleischrot gefüllt wurde (Abb. 1a). Dadurch wird erreicht, dass es gut in der Flüssigkeit „steht". An einer Skala kann man die Dichte der Flüssigkeit ablesen. Sinkt das Glasrohr tief in die Flüssigkeit ein, so hat sie eine kleine Dichte. Geringere Eintauchtiefe in einer anderen Flüssigkeit bedeutet größere Dichte.

Für genaue Messungen werden Aräometer mit verschiedenen Messbereichen verwendet.
Bei ätzenden Flüssigkeiten, z. B. Säuren, verwendet man eine etwas andere Bauform (Abb. 1b). Die zu untersuchende Flüssigkeit wird zunächst mit einem Gummiball angesaugt. In dieser Flüssigkeit schwimmt dann das Aräometer. Seine Eintauchtiefe ist auch hier ein Maß für die Dichte der Flüssigkeit. Solche Aräometer werden z. B. zur Prüfung der Flüssigkeit in Autobatterien verwendet.

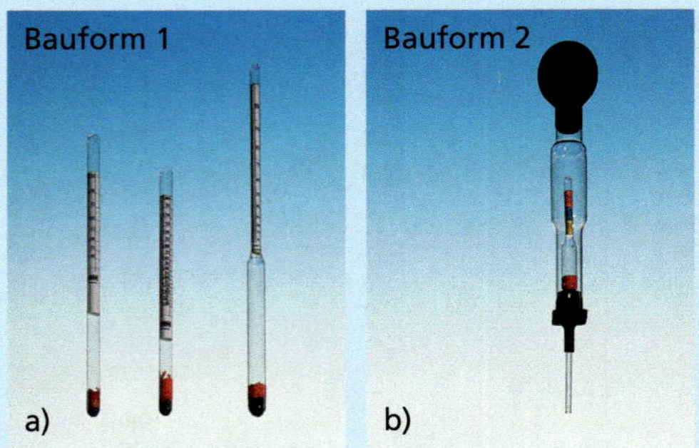

1 Verschiedene Aräometer

Aufbau der Stoffe aus Teilchen

Die Frage, woraus Stoffe bestehen, hat Naturwissenschaftler lange Zeit beschäftigt.
Körper kann man durch verschiedene Trennverfahren (z. B. Sägen, Schneiden, Feilen) in Teile zerlegen. Bei einem Stück Kreide geht das z. B. sehr leicht schon mithilfe der Finger. Dabei erhält man immer kleinere Teilchen. Bei sehr feinem Kreidestaub sind die einzelnen Teilchen mit bloßem Auge nicht mehr zu erkennen (Abb. 1).
Wenn wir Zucker in Tee lösen, dann schmecken wir zwar den Zucker in diesem Tee, sehen können wir ihn aber nicht mehr. Der Zucker hat sich im Tee in sehr kleine Teilchen zerteilt, die aber untereinander gleich sind.
Luft ist überall vorhanden. Bei Wind spüren wir sie auch. Luft ist aber nicht sichtbar. Sie besteht ebenso aus sehr kleinen Teilchen, die wiederum untereinander gleich, aber verschieden von anderen Stoffen sind. Allgemein gilt:

Alle Stoffe bestehen aus Teilchen.

Physiker und Chemiker bezeichnen diese Teilchen auch als **Atome** bzw. **Moleküle.** Mithilfe spezieller Methoden kann man z. B. Atome sichtbar machen (Abb. 2).
Wenn man einige Tropfen Tinte in ein Glas mit kaltem bzw. warmem Wasser gibt, so verteilt sich die Tinte jeweils im gesamten Wasser. Im warmen Wasser erfolgt die Durchmischung jedoch schneller als im kalten Wasser (Abb. 3).

1 Kreide kann man immer weiter zerteilen. Letztendlich entsteht Kreidestaub.

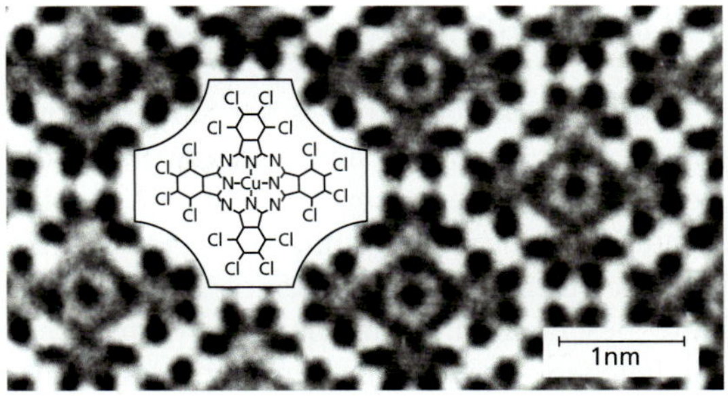

2 Elektronenmikroskopische Aufnahme von regelmäßig angeordneten Atomen

Das geschieht, weil sich die Teilchen der Tinte und des Wassers bewegen. Allgemein gilt:

Die Teilchen der Stoffe befinden sich in ständiger Bewegung.

Den Rauch einer Zigarette kann man nach einiger Zeit im gesamten Raum wahrnehmen. Die Luftteilchen des Raumes vermischen sich mit den Rauchteilchen der Zigarette. Man sagt auch: Sie durchmischen sich.

Die Diffusion ist das selbstständige Durchmischen von Teilchen verschiedener Stoffe.

Die Beweglichkeit der Teilchen ist bei festen Stoffen, Flüssigkeiten und Gasen unterschiedlich und erhöht sich auch mit der Temperatur. Allgemein gilt: Die Teilchen von Gasen bewegen sich schneller als die von Flüssigkeiten und diese wiederum schneller als bei festen Stoffen.

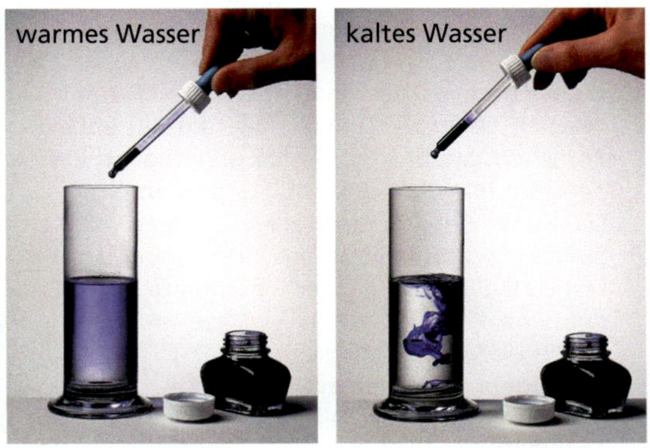

3 Tinte verteilt sich in Wasser, weil die Teilchen von Wasser und Tinte in ständiger Bewegung sind.

Das Teilchenmodell

Das Wissen über den Aufbau der Stoffe können wir zu einer anschaulichen, vereinfachten Vorstellung zusammenfassen. Eine solche vereinfachte Vorstellung bezeichnet der Physiker als **Modell.** Mit einem Modell kann man Sachverhalte beschreiben, erklären oder voraussagen. Die Teilchen eines Stoffes können wir uns vereinfacht als kleine Kugeln vorstellen, zwischen denen Kräfte wirken.

Das Teilchenmodell:

1. **Alle Stoffe bestehen aus Teilchen.**
2. **Die Teilchen befinden sich in ständiger Bewegung.**
3. **Zwischen den Teilchen wirken Kräfte.**

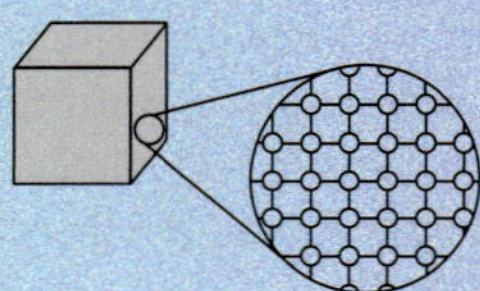

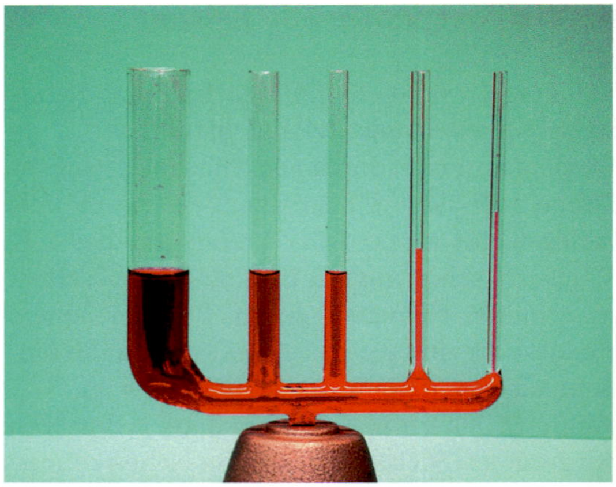

1 In engen Röhren steigt das Wasser am höchsten. Diese Erscheinung wird als Kapillarität bezeichnet.

Kräfte wirken nicht nur zwischen den Teilchen eines Stoffes, sondern auch zwischen den Teilchen verschiedener Stoffe, etwa zwischen Glas und Wasser (Abb. 1). Diese Kräfte bewirken das Aufsteigen von Wasser in dünnen Röhren, den Kapillaren. Auf diesem Prinzip basiert der Wasser- und Nährstofftransport in Pflanzen.

Mosaik

Die brownsche Bewegung

Der schottische Mediziner und Biologe Robert Brown (1773 bis 1858) untersuchte im Jahre 1827 Blütenstaub unter einem Mikroskop. Er hatte dem Blütenstaub einen Tropfen Wasser beigemischt. Dabei fiel ihm eine unruhige Bewegung der Staubkörnchen auf.
Brown nahm zunächst an, dass die Körnchen lebendige Körper seien, die sich von selbst im Wasser bewegen. Aber bei weiteren Versuchen beobachtete er, dass sich „tote" Staub- und Rußteilchen ebenso verhielten wie die Blütenstaubkörnchen. Sie bewegten sich unaufhaltsam zickzackförmig, wie in der Abb. dargestellt.
Die Punkte zeigen die Stellen, an denen sich ein Staubkörnchen nach jeweils 30 Sekunden aufhält.
Erst 1905 konnte der berühmte deutsche Physiker Albert Einstein (1879–1955) eine Begründung dafür geben: Die winzig kleinen, nicht sichtbaren Teilchen der Flüssigkeit, die Moleküle, befinden sich in ständiger Bewegung. Sie stoßen dabei an die viel größeren, im Mikroskop sichtbaren Blütenstaubkörnchen und schieben diese unregelmäßig hin und her.
Nach ihrem Entdecker wird diese unregelmäßige Bewegung sichtbarer Staubkörnchen als **brownsche Bewegung** bezeichnet. Die brownsche Bewegung ist ein Beleg für die Existenz kleinster, nicht sichtbarer Teilchen.
Bereits im Altertum nahmen einige Gelehrte an, dass alle Stoffe aus kleinsten Teilchen bestehen, die nicht mehr zerteilt werden können. Diese Teilchen nannten sie **Atome** (vom griechischen Wort atomos: das Unteilbare). Diese Idee geriet später in Vergessenheit. Die Untersuchung solcher Erscheinungen wie der Diffusion und der brownschen Bewegung bestätigten später die Richtigkeit der Teilchenvorstellung. Dass Atome und Moleküle tatsächlich existieren, konnte erst Anfang des 20. Jahrhunderts durch verschiedene Experimente bestätigt werden.

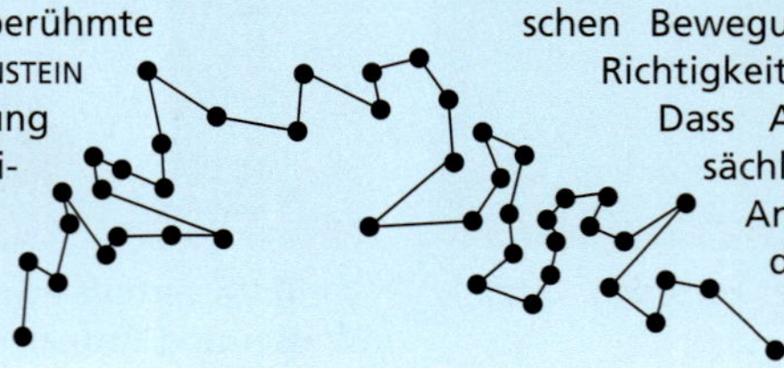

Physik in Natur und Technik

Es ist nicht alles Gold, was glänzt

König HIERON VON SYRAKUS auf Sizilien lebte von 306 v. Chr. bis 215 v. Chr. Die Sage berichtet, dass er sich von einem Goldschmied eine neue Krone anfertigen ließ, die aus reinem Gold sein sollte. Die neue Krone war wunderschön, aber war sie tatsächlich aus reinem Gold? Da König HIERON Zweifel daran hatte, beauftragte er den berühmten Gelehrten ARCHIMEDES, dies herauszufinden, ohne die Krone zu beschädigen. ARCHIMEDES ermittelte, dass die Krone eine Masse von 9 kg und ein Volumen von 500 cm^3 hatte.
Kann die Krone aus reinem Gold bestanden haben?

Analyse:
Wenn die Krone aus reinem Gold bestanden haben soll, so muss ihre Dichte genau so groß sein wie die von Gold. Die Dichte kann man aus Masse und Volumen berechnen.

Gesucht: ρ_{Krone}

Gegeben: $m = 9\ kg = 9000\ g$
$V = 500\ cm^3$
$\rho_{Gold} = 19{,}3\ \frac{g}{cm^3}$

Lösung: $\rho_{Krone} = \frac{m}{V}$

$\rho_{Krone} = \frac{9\,000\ g}{500\ cm^3}$

$\underline{\rho_{Krone} = 18\ \frac{g}{cm^3}}$

Ergebnis:
Die Dichte des Materials der Krone ist kleiner als die von Gold. Die Krone kann deshalb nicht vollständig aus Gold bestanden haben. Der Goldschmied war ein Betrüger. Der Legende nach hat ARCHIMEDES noch eine andere Lösung des Problemes gefunden. Erkunde!

Aus dem Alltag eines Bauleiters

Eine Baufirma benötigt für eine Deckenkonstruktion 25 Stahlträger, die aus einem 170 km entfernten Betrieb zu holen sind. Der Bauleiter kennt die Abmessungen und damit das Volumen eines Trägers. Es sind 0,03 m^3. Außerdem weiß er, dass der firmeneigene Lkw höchstens mit einer Masse von 5,0 t beladen werden darf.
Wie oft muss der Lkw fahren, um die 25 Stahlträger zu transportieren?
Gibt es eine günstigere Variante für den Transport?

Analyse:
Aus dem Vergleich der Masse aller Stahlträger und der Masse von 5,0 t (höchste Belastung des Lkw) ergibt sich, wie oft der Lkw fahren muss. Dazu ist zunächst die Masse eines einzelnen Stahlträgers zu ermitteln. Daraus ergibt sich dann die Gesamtmasse der 25 Stahlträger.

Gesucht: m_{Stahl} aller Träger
Gegeben: $V_{Stahl} = 0{,}03\ m^3$
$m_{max} = 5\ t = 5\,000\ kg$

$\rho_{Stahl} = 7{,}8\ \frac{g}{cm^3} = 7\,800\ \frac{kg}{m^3}$

Lösung:
Die Masse von 0,03 m^3 Stahl ergibt sich aus der Dichte von Stahl. $\rho_{stahl} = 7\,800\ kg/m^3$ bedeutet:
1 m^3 Stahl hat eine Masse von 7 800 kg.
Damit haben 0,03 m^3 eine Masse von
$m = 7\,800 \cdot 0{,}03\ kg$
$m = 234\ kg$
25 Stahlträger haben dann eine Masse von
$m_{Stahl} = 234 \cdot 25\ kg$
$\underline{m_{Stahl} = 5\,850\ kg}$

Ergebnis:
Der Lkw muss zweimal fahren, weil die Masse von 25 Stahlträgern mit 5 850 kg = 5,85 t größer als seine zulässige Beladung ist. Damit müsste der Lkw einmal voll beladen und einmal fast leer fahren. Effektiver wäre es, einen Lkw mit größerer Tragfähigkeit zu schicken, der die Stahlträger mit einer Fahrt transportieren kann.

Auch Flüssigkeiten mit gleichem Volumen sind unterschiedlich schwer

Der Vater bittet Petra und Klaus darum, je einen 5 l-Kanister Wasser und Benzin von der Tankstelle zu holen.

Petra möchte aber den leichteren Kanister tragen. Sie überlegt kurz und sagt dann: „Ich hole das Benzin!“
Warum will Petra den Kanister mit Benzin tragen? Wie schwer ist der 5-l-Kanister mit Benzin und wie schwer ist der Kanister mit dem Wasser?

Analyse:
Ein Körper ist umso schwerer, je größer seine Masse ist. Es muss also festgestellt werden, welcher gefüllte Kanister die größere Masse hat. Die Masse der leeren Kanister bleibt unberücksichtigt. Wir gehen davon aus, dass beide leeren Kanister gleich schwer sind.

Gesucht: m_{Wasser}
m_{Benzin}

Gegeben: $V_{\text{Wasser}} = 5\,\text{l} = 5\,000\ \text{cm}^3$
$V_{\text{Benzin}} = 5\,\text{l} = 5\,000\ \text{cm}^3$
$\rho_{\text{Wasser}} = 1{,}0\ \frac{\text{g}}{\text{cm}^3}$
$\rho_{\text{Benzin}} = 0{,}70\ \frac{\text{g}}{\text{cm}^3}$

Lösung:
Bei gleichem Volumen (V = konstant) gilt:
$$\rho \sim m$$

Da die Dichte von Benzin kleiner ist als die von Wasser, folgt daraus, dass auch die Masse von Benzin kleiner ist als die von Wasser. Um die Masse von 5 l Wasser zu berechnen, kann man von der Dichte des Wassers ausgehen.
$\rho_{\text{Wasser}} = 1{,}0\ \text{g/cm}^3$ bedeutet:
1 cm^3 Wasser hat eine Masse von 1 g. Also haben 5 l Wasser, das sind 5 000 cm^3, eine Masse von
$$m = 5\,000 \cdot 1\,\text{g}$$
$$\underline{m = 5\ \text{kg}}$$

Für Benzin mit $\rho_{\text{Benzin}} = 0{,}70\ \text{g/cm}^3$ ergibt sich:
$$m = 5\,000 \cdot 0{,}70\ \text{g}$$
$$\underline{m = 3{,}5\ \text{kg}}$$

Ergebnis:
Petra wählt deshalb den Benzinkanister, weil 5 l Benzin leichter sind als 5 l Wasser.
5 l Benzin haben eine Masse von 3,5 kg, 5 l Wasser dagegen eine Masse von 5 kg.

Die Dichte der meisten flüssigen Stoffe ist wesentlich größer als die von Gasen, aber kleiner als die von vielen festen Stoffen. So hat z. B. Wasser eine Dichte von 1 g/cm^3, Luft bei normalem Druck aber nur eine Dichte von 0,00129 g/cm^3, Eisen dagegen eine Dichte von 7,86 g/cm^3. Eine Ausnahme bei den Flüssigkeiten ist Quecksilber mit 13,53 g/cm^3. Das bedeutet: Ein Liter Quecksilber ist über 13-mal so schwer wie ein Liter Wasser. Noch größere Dichten haben Gold mit 19,3 g/cm^3, Platin mit 21,5 g/cm^3 und Osmium mit 22,5 g/cm^3.

Lösen von Aufgaben durch inhaltlich-logisches Schließen

Um physikalisch-mathematische Aufgaben durch inhaltlich-logisches Schließen zu lösen, solltest du dir folgende Fragen überlegen:

1. Wie kann man den Wert einer physikalischen Größe interpretieren?
2. Was für ein Zusammenhang besteht zwischen jeweils zwei Größen im Sachverhalt der Aufgabe?
3. Was folgt aus der Art des Zusammenhangs für die eine Größe, wenn von der anderen Größe Vielfache oder Teile gebildet werden?
4. Auf das Wievielfache bzw. den wievielten Teil ändert sich der Wert einer Größe?
5. Was folgt daraus für die andere Größe?

gewusst · gekonnt

1. Auf den Fotos sind verschiedene Gegenstände zu sehen.

a) Aus welchen Stoffen bestehen die abgebildeten Gegenstände?
b) Welche Eigenschaften der Stoffe werden bei den Gegenständen jeweils genutzt?

2. Erkunde, welches die Hauptbestandteile der Luft sind! Fertige eine Tabelle an!

3. Nach ihrer Entstehung kann man zwischen Naturstoffen und Kunststoffen unterscheiden. Gib für jede Art der Stoffe mindestens drei Beispiele an!

4. Stoffe können nach dem Aggregatzustand eingeteilt werden. Nenne je drei Beispiele für feste Stoffe, Flüssigkeiten und Gase!

5. Die Einteilung von Stoffen kann auch nach ihrer Verwendung erfolgen.
Überlege und notiere dir Möglichkeiten, wie man Stoffe nach ihrer Verwendung einteilen könnte!

6. Nenne typische Eigenschaften für folgende Stoffe:
a) Glas, b) Aluminium, c) Stahl!

7. Bestimme das Volumen der Flüssigkeit in jedem der Messzylinder (s. Abb.)!
Gib das Ergebnis jeweils in Milliliter, Liter, Kubikzentimeter und Kubikdezimeter an!

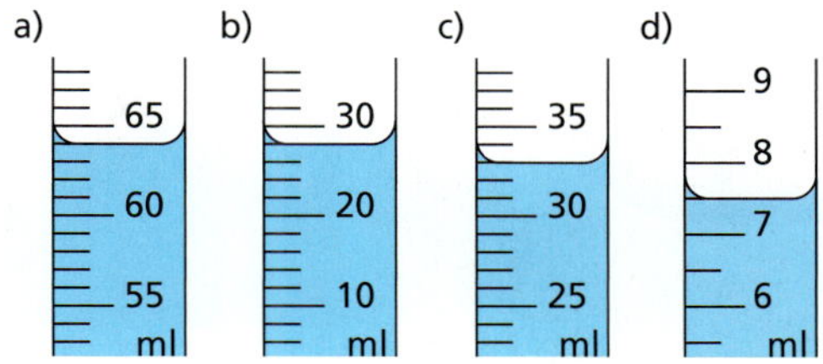

8. Gib an, welches Volumen in Liter, Milliliter und Kubikzentimeter die Flüssigkeit in der jeweiligen Verpackung (s. Abb.) hat!

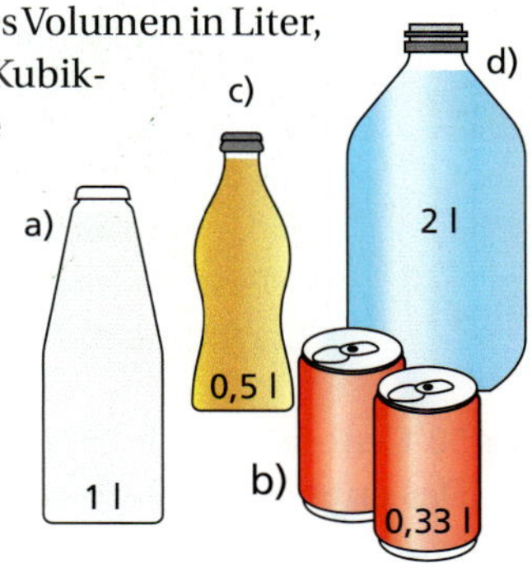

9. Es soll bestimmt werden, wie viel Flüssigkeit ein Teelöffel bzw. ein Esslöffel fasst.
a) Beschreibe, wie du möglichst genau das Fassungsvermögen eines Löffels bestimmen kannst!
b) Bestimme das Fassungsvermögen eines Teelöffels und eines Esslöffels!

10. Ein Wasserhahn tropft.
a) Beschreibe, wie man das Volumen eines Wassertropfens bestimmen kann!
b) Bestimme experimentell das Volumen eines Wassertropfens!

***11.** Überlege, wie du mithilfe einer Badewanne annähernd das Volumen deines Körpers bestimmen könntest!
Führe diese Bestimmung durch!

12. Es soll ein Betonsockel vom 10 m Länge, 30 cm Höhe und 20 cm Dicke gebaut werden. Wie viel Beton braucht man?

13. Welcher der beiden auf dem jeweiligen Foto abgebildeten Körper hat eine größere Masse? Begründe!

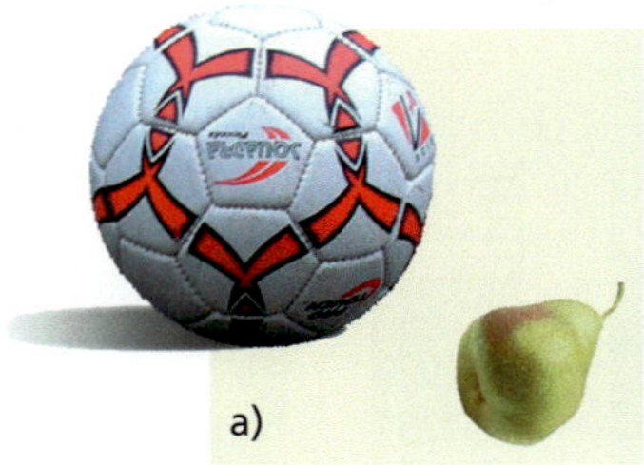

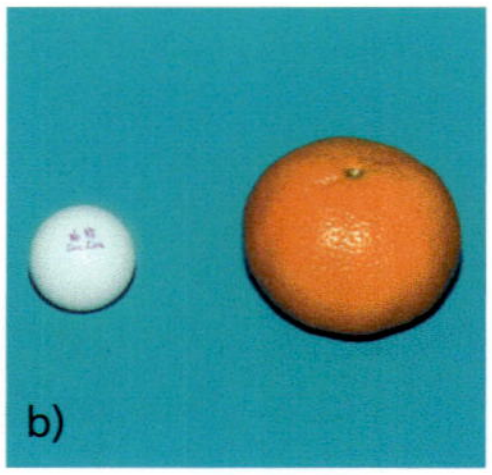

14. Führe folgenden Versuch durch: Auf ein Glas wird ein Blatt Papier gelegt und auf dieses Papier eine Münze. Halte das Glas gut fest, und ziehe das Papier langsam bzw. sehr schnell weg! Beschreibe und erkläre das Ergebnis deines Versuchs!

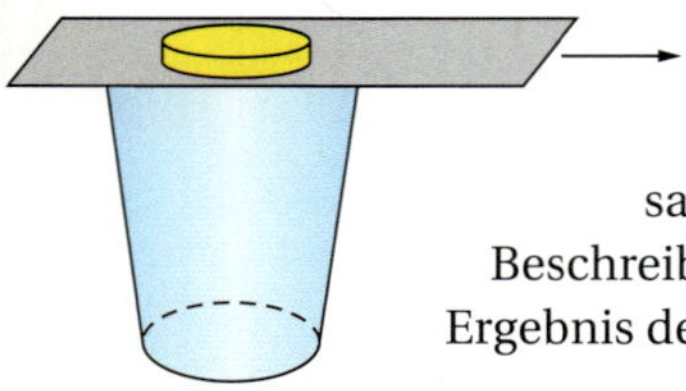

15. 50-Cent-Stücke sind übereinander gestapelt. Das unterste 50-Cent-Stück soll entfernt werden, ohne dass man den Stapel umkippt oder anhebt.

Überlege dir eine Möglichkeit! Probiere sie aus! Begründe dein Vorgehen!

16. a) Erkläre, warum in einem Pkw der Sanitätskasten, Regenschirme und andere Gegenstände nicht ungesichert auf die hintere Ablage gelegt werden sollten!

b) Suche und erläutere weitere Beispiele aus dem Alltag, wo die Trägheit von Körpern genutzt wird oder beachtet werden muss!

17. Auf Verpackungen findest du folgende Angaben:

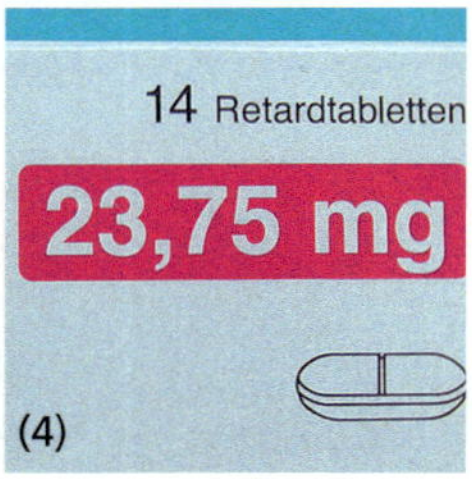

a) Gib die Masse jeweils in g, kg und mg an!

b) Ordne die Körper nach ihrer Masse!

***18.** Katrin kann sich nicht vorstellen, dass auch Luft eine Masse hat. Um sie zu überzeugen, hat sich Frank folgendes ausgedacht: Er befestigt zwei Luftballons so wie in der Skizze. Die Waage befindet sich im Gleichgewicht. Dann sticht er in einen hinein. Was wird wohl passieren? Was kann Katrin aus dem Versuchsergebnis schlussfolgern?

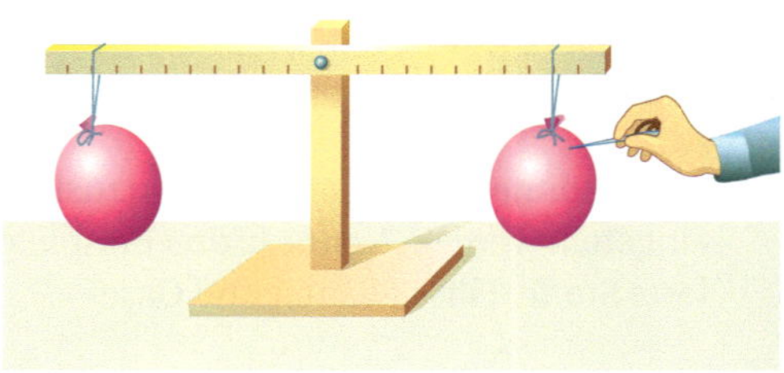

19. Thomas hat eine Idee, wie er die Masse von Luft ermitteln kann. Er braucht nur einen Fußball und eine Waage. Wie geht er wohl vor?

20. Sven behauptet: „Zucker wiegt mehr als Mehl." Hat er Recht? Prüfe das in einem Versuch!

21. Ein Körper aus Holz und ein Körper aus Stahl haben das gleiche Volumen.
Welcher der beiden Körper hat die kleinere Masse? Begründe!

22. Vergleiche die Masse von 1 dm^3 Blei und 1 dm^3 Wasser!

23. Ordne folgende Körper nach der Dichte der Stoffe, aus denen sie bestehen: Kupfermünze, Aluminiumtopf, Holzlöffel, Heft, Bleiklotz, Benzin im Tank!

24. In drei gleiche Messzylinder werden je 100 g Wasser, Benzin und Spiritus gefüllt. Warum haben die Flüssigkeitsspiegel eine unterschiedliche Höhe? In welchem Messzylinder steht die Flüssigkeit am höchsten, in welchem am niedrigsten? Begründe!

25. Wie groß ist die Masse der Flüssigkeit im jeweiligen Messzylinder?

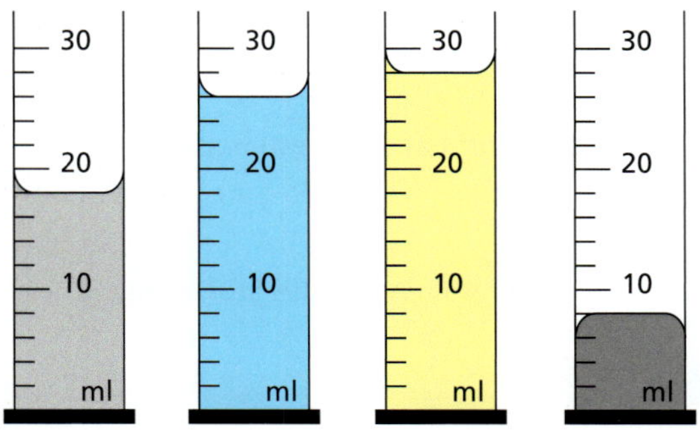

a) Spiritus b) Wasser c) Benzin d) Quecksilber

26. Luft ist eigentlich leicht: Ein Kubikmeter hat nur eine Masse von etwa 1,3 kg.
Ermittle die Masse der Luft in einem Klassenraum von 10 m Länge, 7 m Breite und 3,7 m Höhe!

27. Kartoffeln enthalten neben Stärke viel Wasser. Deshalb müsste ihre Dichte mit der von Wasser vergleichbar sein. Stimmt das? Führe einen Versuch durch, um die Dichte einer Kartoffel zu bestimmen!

28. Sabrina verblüfft ihren Bruder. Sie zeigt ihm zwei Kugeln aus Knetmasse, von der die eine ein deutlich größeres Volumen hat. Als sie aber beide nacheinander auf eine Briefwaage legt, stellt sich heraus, dass beide die gleiche Masse haben.
Was könnte Sabrina mit den Kugeln gemacht haben?

29. Wie ändert sich der Wasserstand in einem Becher, wenn Claudia nacheinander zwei Kugeln aus Knetmasse mit unterschiedlichen Durchmessern eintaucht? Begründe!

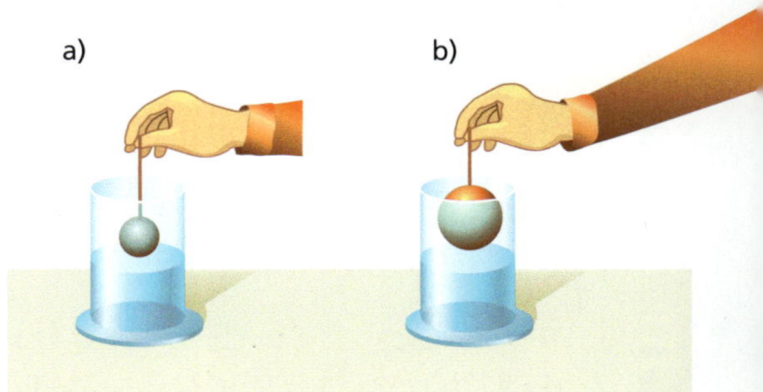

30. Aus der Erfahrung weißt du, dass Holz und Öl auf Wasser schwimmen, eine Stahlschraube aber untergeht. Vergleiche die Dichten der vier Stoffe! Was kannst du daraus schlussfolgern?

31. Bereite einen Kurzvortrag zu dem Thema „Die Dichte der Stoffe“ vor! Erarbeite dir zunächst eine Gliederung! Benutze für deine Vorbereitung das Lehrbuch und die Adresse **www.schuelerlexikon.de** im Internet!

32. Ein Reagenzglas kann man als Dichtemesser nutzen. Fülle dazu Sand in das Reagenzglas, sodass es in Wasser zu 2/3 eintaucht! Markiere die Eintauchtiefe! Untersuche, wie tief es in andere Flüssigkeiten eintaucht! Formuliere einen Zusammenhang zwischen Eintauchtiefe und Dichte!

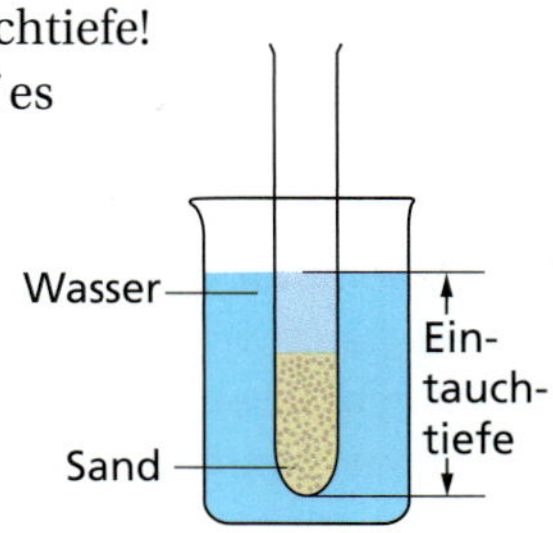

Volumen, Masse und Dichte

Jeder Körper nimmt ein bestimmtes **Volumen** ein und hat eine bestimmte **Masse.**

Das Volumen *V*
eines Körpers gibt an, welchen Raum er einnimmt.
Es wird meist in Kubikzentimeter (cm^3) oder in Liter (l) gemessen.

Die Masse *m*
eines Körpers gibt an, wie schwer und träge er ist.
Sie wird meist in Gramm (g) oder Kilogramm (kg) gemessen.

Das **Volumen** kann durch Berechnung oder Messung mit einem **Messzylinder** bestimmt werden.

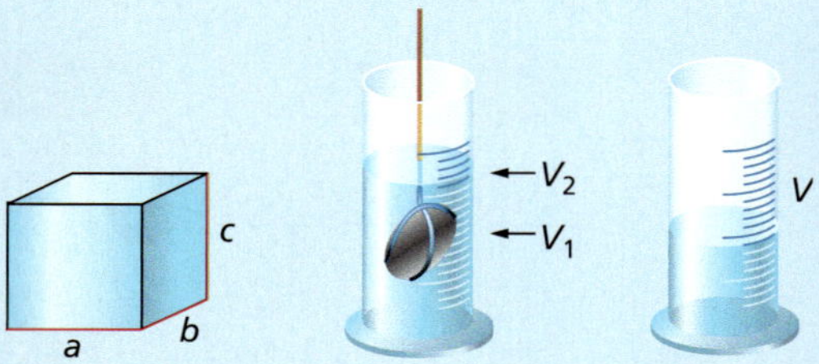

$V = a \cdot b \cdot c$ $\quad$ $V = V_2 - V_1$ $\quad$ *V* direkt ablesbar

Die **Masse** kann durch Wägung mit einer **Waage** bestimmt werden.

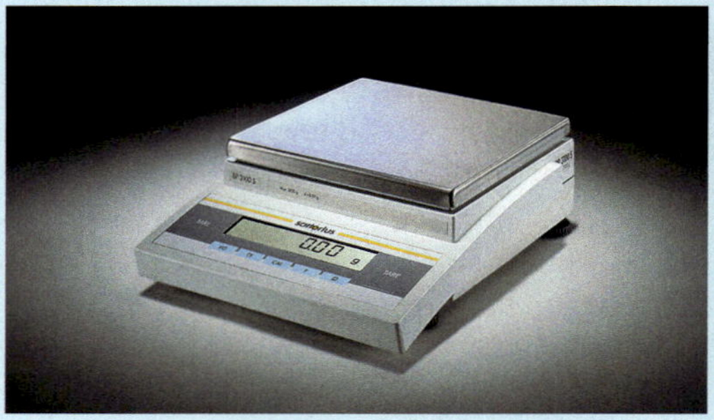

Jeder Körper besteht aus einem oder mehreren Stoffen. Jeder Stoff hat eine bestimmte **Dichte**.

Die Dichte ρ gibt an, welche Masse jeder Kubikzentimeter Volumen eines Stoffes hat.

Die Dichte kann aus der Masse *m* und dem Volumen *V* berechnet werden mit der Gleichung:

$$\rho = \frac{m}{V}$$

Für ein und denselben Stoff gilt: $m \sim V$

Die Dichte von Flüssigkeiten kann mit einem **Aräometer** direkt gemessen werden.
Sie kann wie bei anderen Stoffen auch indirekt durch Messen der Masse und des Volumens bestimmt werden.

Die Einheiten der Dichte sind:

$$1\,\frac{g}{cm^3} = 1\,\frac{kg}{dm^3} = 1\,000\,\frac{kg}{m^3}$$

$$1\,\frac{g}{l} = 1\,\frac{kg}{m^3}$$

3.2 Wie schnell sind Tiere, Menschen, Autos und Raketen?

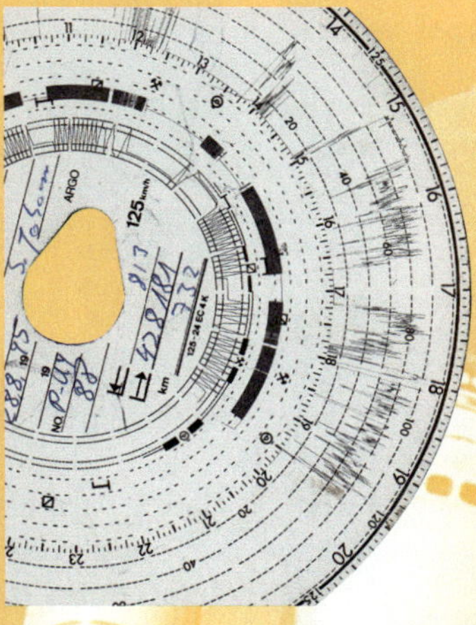

Fahren mit Fahrtenschreiber

Für Lkw und Busse ist vorgeschrieben, dass sie einen Fahrtenschreiber benutzen müssen, der die Geschwindigkeit zu jedem Zeitpunkt aufzeichnet.
Welche Aussagen kann man aus dem nebenstehenden Fahrtenschreiberdiagramm ableiten? Warum sind Fahrtenschreiber für Lkw und Busse vorgeschrieben?

Vorsicht, Geschwindigkeitskontrollen!

Trotz vorgeschriebener Höchstgeschwindigkeiten halten sich einige Autofahrer nicht daran. Deshalb nimmt die Polizei regelmäßig Geschwindigkeitskontrollen vor. Mit einem Radargerät kann die Polizei die augenblickliche Geschwindigkeit eines Fahrzeuges feststellen.
An manchen Stellen sind solche Geräte auch fest eingebaut.
Warum muss man mit der augenblicklichen Geschwindigkeit unter der Höchstgeschwindigkeit bleiben und kann nicht eine zu schnelle Fahrt durch eine wesentlich langsamere Fahrt ausgleichen?

Bahn frei beim Abfahrtslauf

Beim Abfahrtslauf versuchen die Läufer, auf einer möglichst kurzen Strecke schnell zum Ziel zu gelangen. Das gelingt jedoch nicht immer.
Auf welcher Bahn sollte sich ein Abfahrtsläufer bewegen? Wie hängt seine Laufzeit von der Länge der Bahn und der Geschwindigkeit ab?

Bewegung und Ruhe

In der Physik ist eine **Bewegung** die Ortsveränderung eines Körpers gegenüber einem anderen Körper, dem Bezugskörper.

> **Ein Körper ist in Bewegung, wenn er seine Lage gegenüber einem Bezugskörper verändert.**
> **Ein Körper ist in Ruhe, wenn er seine Lage gegenüber einem Bezugskörper nicht verändert.**

1 Der stehende Gepard ist in Ruhe. Er ist auf kurzen Strecken das schnellste Säugetier und erreicht bis 120 km/h.

2 Rennautos sind gegenüber ihrer Umgebung in Bewegung.

Häufig wird als Bezugskörper die Erdoberfläche genommen. Es kann aber auch ein beliebiger anderer Bezugskörper gewählt werden, z. B. ein Auto oder ein Eisenbahnwaggon.
Sitzt ein Rennfahrer in seinem Auto still, so ist er gegenüber dem Bezugskörper Auto in Ruhe.
Gegenüber der Erdoberfläche sowie gegenüber der Straße, Häusern und Bäumen ist der Rennfahrer bei seiner rasant schnellen Fahrt natürlich in Bewegung (Abb. 2).

Mosaik

Jede Bewegung ist relativ

Du sitzt im fahrenden Zug und beobachtest deine Umgebung. Befindest du dich in Ruhe oder in Bewegung? Bezüglich des Zuges bist du in Ruhe, denn du änderst deine Lage gegenüber dem Zug nicht. Gleichzeitig fährt aber der Zug mit hoher Geschwindigkeit auf den Gleisen entlang. Und gemeinsam mit dem Zug bewegst du dich auch gegenüber der Umgebung. Du kannst also gegenüber dem einen Körper (dem Zug) in Ruhe sein und gleichzeitig gegenüber anderen Körpern (z.B. Häusern an der Bahnstrecke) in Bewegung.
Wenn man in der Physik von Ruhe und Bewegung spricht, dann ist es oft erforderlich festzulegen, worauf man diese Begriffe bezieht.

Als Bezugskörper wird häufig die Erdoberfläche genommen, ohne das besonders hervorzuheben.

Bahnformen und Bewegungsarten

Körper bewegen sich entlang einer Bahn. Nach der Form der Bahn kann man zwischen **geradlinigen Bewegungen, Kreisbewegungen** und **Drehbewegungen** sowie **Pendelbewegungen** unterscheiden (vgl. Übersicht unten). Eine Kreis- oder Pendelbewegung ist eine krummlinige Bewegung.

Körper können auf ihrer Bahn schneller oder langsamer werden.
Eine Straßenbahn (Abb. 1) muss bei der Abfahrt von einer Haltestelle zunächst schneller werden. Sie beschleunigt. Dann fährt sie eine Strecke gleich schnell, bis sie wieder bremst, langsamer wird und anhält. Auch Tiere, Menschen und Autos bewegen sich in verschiedener Weise.

Nach der **Bewegungart** unterscheidet man Bewegungen, bei denen sich die Geschwindigkeit nicht ändert, und Bewegungen mit veränderlicher Geschwindigkeit.

1 Eine anfahrende Straßenbahn beschleunigt.

Eine Bewegung, bei der die Geschwindigkeit eines Körpers immer gleich bleibt, nennt man gleichförmige Bewegung.

Beispiele für solche gleichförmigen Bewegungen sind ein Radfahrer, ein Auto oder ein Zug, die mit bestimmter Geschwindigkeit eine Strecke entlangfahren.
Bewegungen, bei denen sich die Geschwindigkeit ändert, sind **ungleichförmig.**

Geradlinige Bewegung	Kreis- und Drehbewegung	Pendelbewegung

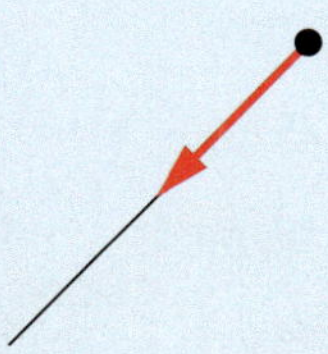	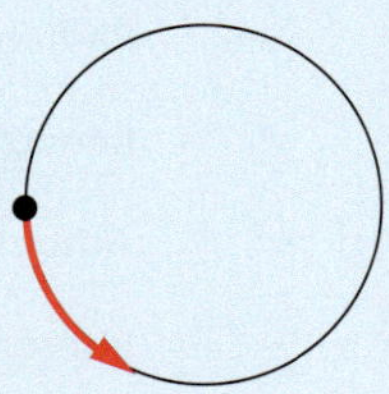	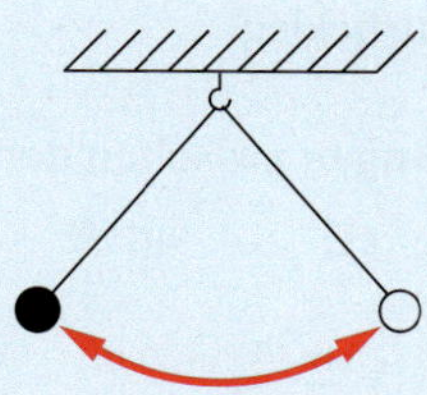
Der Zug bewegt sich auf den Schienen auf einer geraden Bahn. Er führt eine **geradlinige Bewegung** aus.	Die Gondeln des Riesenrades bewegen sich auf einer Kreisbahn. Sie führen eine **Kreisbewegung** aus. Das Riesenrad als Ganzes führt eine **Drehbewegung** aus.	Das Mädchen bewegt sich ständig zwischen zwei Punkten hin und her. Es führt eine **Pendelbewegung (Schwingung)** aus.

Gleichförmige Bewegungen

Körper können sich unterschiedlich schnell bewegen.

Paul kann eine 100-m-Strecke in 180 s schwimmen. Matthias braucht für dieselbe Strecke dagegen 220 s (Abb. 1). Paul ist schneller, da er eine bestimmte Strecke in einer kürzeren Zeit zurücklegt.

Ein Pkw legt in einer Minute eine Strecke von 800 m zurück. Ein Radfahrer schafft in derselben Zeit 250 m. Der Pkw ist schneller, da er in einer bestimmten Zeit eine größere Strecke zurücklegt (Abb. 2).

Wie schnell oder wie langsam sich ein Körper bewegt, wird durch die physikalische Größe **Geschwindigkeit** beschrieben.

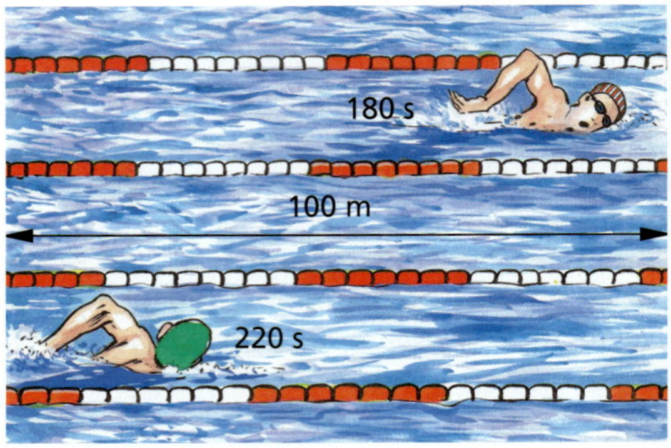

1 Die Schwimmer legen den gleichen Weg in unterschiedlichen Zeiten zurück.

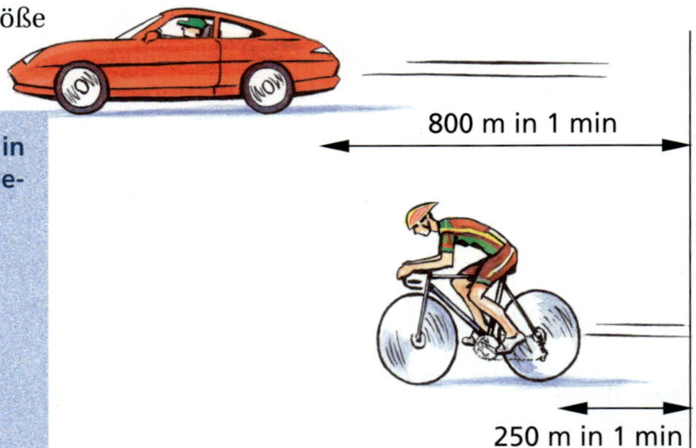

2 Gleiche Zeiten – unterschiedliche Wege

Die Geschwindigkeit gibt an, welcher Weg in jeder Sekunde bzw. in jeder Stunde zurückgelegt wird.

Formelzeichen: v

Einheiten: **1 Meter je Sekunde** $\left(1\frac{\text{m}}{\text{s}}\right)$

1 Kilometer je Stunde $\left(1\frac{\text{km}}{\text{h}}\right)$

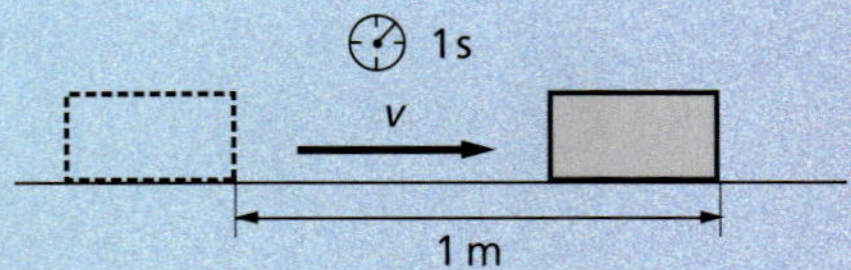

Ein Körper hat eine Geschwindigkeit von 1 m/s, wenn er in einer Sekunde einen Weg von einem Meter zurücklegt.

Beziehungen zwischen den Einheiten:

$$1\frac{\text{m}}{\text{s}} = 3{,}6\frac{\text{km}}{\text{h}}$$

$$1\frac{\text{km}}{\text{h}} = \frac{10\text{ m}}{36\text{ s}} \approx 0{,}28\frac{\text{m}}{\text{s}}$$

In der Schifffahrt ist auch die Einheit 1 Knoten üblich. Ein Schiff hat die Geschwindigkeit 1 Knoten (1 kn), wenn es in einer Stunde eine Seemeile (1 852 m) zurücklegt:

$$1\text{ kn} = \frac{1\,852\text{ m}}{1\text{ h}} \approx 1{,}85\frac{\text{km}}{\text{h}}$$

Geschwindigkeiten in Natur und Technik		
Schnecke	0,01 m/s	0,04 km/h
Fußgänger	1,4 m/s	5 km/h
Radfahrer	4,2 m/s	15 km/h
Rennpferd	25 m/s	90 km/h
Auto	36 m/s	130 km/h
Intercity (IC)	44 m/s	160 km/h
Flugzeug	250 m/s	900 km/h
Schall in Luft	340 m/s	1 224 km/h
Mond um Erde	1 000 m/s	3 600 km/h
Licht	300 Mio. m/s	1080 Mio. km/h

Messen und Berechnen der Geschwindigkeit von Körpern

Die Geschwindigkeit eines Körpers kann mit einem **Tachometer** (Abb. 1) gemessen werden. Das Tachometer zeigt die augenblickliche Geschwindigkeit an. Auch bei einem Fahrradcomputer wird die Augenblicksgeschwindigkeit angezeigt. Man kann die Geschwindigkeit eines Körpers ebenfalls ermitteln, wenn man weiß, welcher Weg in einer bestimmten Zeit zurückgelegt wird.

Die Geschwindigkeit eines Körpers kann berechnet werden mit der Gleichung:

$v = \frac{s}{t}$ **s zurückgelegter Weg**
t benötigte Zeit

Bei einer **gleichförmigen** Bewegung ist die Geschwindigkeit konstant. Die berechnete Geschwindigkeit gilt dann für jeden Ort der Bewegung.
Ist die Bewegung **ungleichförmig** ($v \neq$ konstant), so kann mit der Gleichung nur eine mittlere Geschwindigkeit, auch **Durchschnittsgeschwindigkeit** genannt, berechnet werden. Manchmal kennzeichnet man eine Durchschnittsgeschwindigkeit mit einem Strich über dem Formelzeichen. Es gilt:

$$\bar{v} = \frac{s}{t},$$

wobei s der Gesamtweg und t die Gesamtzeit sind.

Weg-Zeit-Diagramme

Ein Körper bewegt sich gleichförmig, wenn seine Geschwindigkeit immer gleich groß ist.

Für die gleichförmige Bewegung eines Körpers (v = konstant) gilt:

$$s \sim t$$

Eine gleichförmige Bewegung liegt vor, wenn
- ein Körper in gleichen Zeiten gleiche Wege zurücklegt,

1 Mit dem Tachometer eines Pkw wird die augenblickliche Geschwindigkeit gemessen.

- der Quotient aus Weg und Zeit immer konstant ist sowie
- die in einem Weg-Zeit-Diagramm dargestellten Messwertepaare auf einer Geraden liegen, die durch den Ursprung des Koordinatensystems geht (Abb. 2).

Für eine Spielzeugeisenbahn wurden folgende Werte gemessen:

Weg s in cm	Zeit t in s
0	0
50	5
100	10
150	15
200	20
250	25

Damit erhält man folgendes s-t-Diagramm:

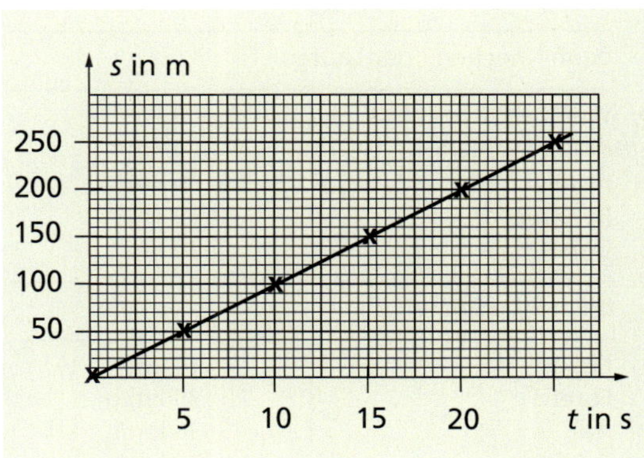

2 Weg-Zeit-Diagramm für eine gleichförmige Bewegung

Die Kurve im Diagramm nennt man auch **Graph**. Bei einer gleichförmigen Bewegung ist der Graph immer eine Gerade.

Der Quotient *s*/*t*, die Geschwindigkeit, ist zugleich der Anstieg dieses Graphen im *s*-*t*-Diagramm. Damit gilt: Je größer die Geschwindigkeit eines Körpers ist, desto größer ist im *s*-*t*-Diagramm der Anstieg des Graphen (Abb. 1).

Je größer die Geschwindigkeit ist, desto steiler verläuft der Graph im s-*t*-Diagramm einer gleichförmigen Bewegung.

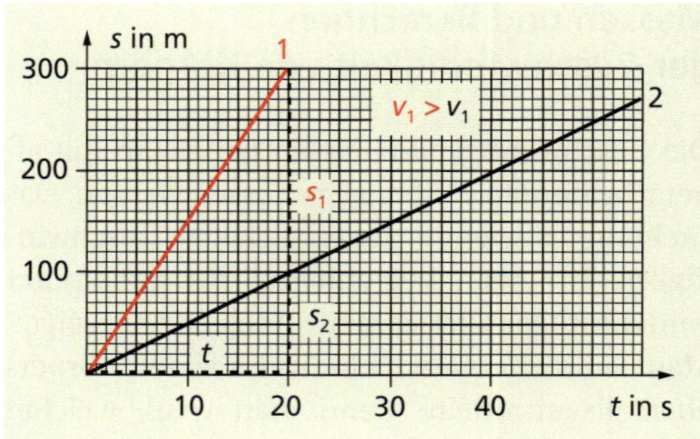

1 Geschwindigkeit und Anstieg des Graphen im Weg-Zeit-Diagramm

Mosaik

So schnell sind Tiere, Menschen, Autos und Raketen

In Natur und Technik treten sehr unterschiedliche Geschwindigkeiten auf, wobei man zwischen Durchschnittsgeschwindigkeiten und Höchstgeschwindigkeiten unterscheiden muss. Die Durchschnittsgeschwindigkeiten liegen meist weit unter den Höchstgeschwindigkeiten. Bei **Tieren** erreichen Vögel die größten Geschwindigkeiten. Die Tabelle gibt dazu einen Überblick.

Höchstgeschwindigkeiten einiger Tiere

beim Fliegen	
Stubenfliege	8 km/h
Biene	29 km/h
Sperling	45 km/h
Mauersegler	180 km/h
Wanderfalke (Sturzflug)	280 km/h
beim Kriechen oder Laufen	
Weinbergschnecke	0,003 km/h
Klapperschlange	4 km/h
Hase	65 km/h
Rennpferd	69 km/h
Gepard	120 km/h
beim Schwimmen	
Eisbär	10 km/h
Forelle	35 km/h
Hai	36 km/h
Tunfisch	75 km/h
Schwertfisch	90 km/h

Auch der Mensch erreicht sehr unterschiedliche Geschwindigkeiten. Einige Beispiele sind in der Tabelle angegeben.

Geschwindigkeiten des Menschen

normales Gehen	5 km/h
100 m Freistil	7 km/h
Radwandern	15 km/h
800-m-Lauf	27 km/h
100-m-Lauf	36 km/h
Radrennen	40–60 km/h
Skispringer beim Absprung	100 km/h
frei fallender Fallschirmspringer	180 km/h

Mit technischen Hilfsmitteln können noch wesentlich größere Geschwindigkeiten erzielt werden. Nachfolgend sind einige Beispiele für Geschwindigkeiten in Natur und Technik genannt

Geschwindigkeiten in Natur und Technik

Wachstum eines Haares	0,3 mm/Tag
Regentropfen	25 km/h
Orkan Windstärke 12	120 km/h
Passagierflugzeug	900 km/h
Schall in Luft	1 200 km/h
größte mit einem Raketenauto erreichte Geschwindigkeit (1997)	1 228 km/h
Geschoss eines Gewehres	2 800 km/h
Rakete in Erdumlaufbahn	28 440 km/h

Physik in Natur und Technik

Eine interessante Wanderung

Wanderer treffen sich um 9.00 Uhr zu einer Wanderung. Um 12.00 Uhr hat man in einer 10 km entfernten Raststätte Mittagessen bestellt.
Können die Wanderer rechtzeitig zum Mittagessen an der Raststätte sein, wenn sie mit einer Geschwindigkeit von 4 km/h wandern?

Analyse:
Die Wanderer werden physikalisch als Körper betrachtet, die sich mit einer konstanten Geschwindigkeit von 4 km/h bewegen. Um die Frage zu beantworten, kann der Weg ermittelt werden, den der Körper von 9.00 Uhr bis 12.00 Uhr, also in 3 Stunden, zurücklegt.

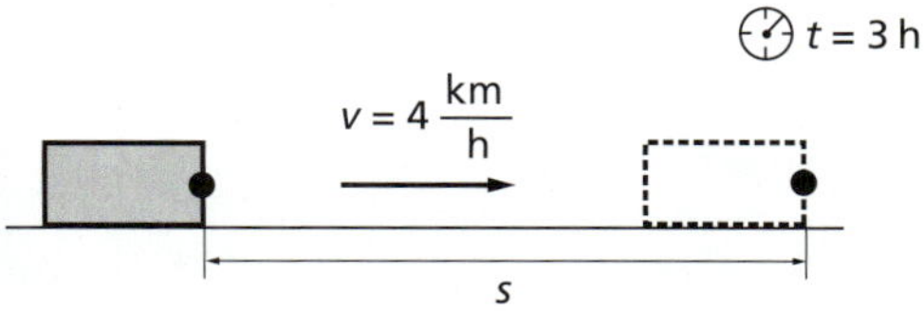

Gesucht: s
Gegeben: $t = 3\,\text{h}$
$v = 4\,\text{km/h}$

Lösung:
Eine Geschwindigkeit von 4 km/h bedeutet, dass der Körper in jeder Stunde einen Weg von 4 km zurücklegt. In 3 Stunden kann die Gruppe einen Weg von

$$s = 3 \cdot 4\ \text{km}$$
$$s = 12\ \text{km}$$

zurücklegen, denn $s \sim t$.

Ergebnis:
Die Wanderer können rechtzeitig zum Mittagessen die Raststätte erreichen, denn mit einer Geschwindigkeit von 4 km/h können sie in den zur Verfügung stehenden 3 Stunden einen Weg von 12 km zurücklegen.

1 Der Transrapid auf der Teststrecke: Dieser Zug ohne Räder schwebt über Magneten.

Bei hohen Geschwindigkeiten schweben

Die Magnetschwebebahn „Transrapid" kann mit einer Geschwindigkeit von bis zu 420 km/h über die 31,5 km lange Teststrecke im Emsland fahren (Abb. 1). Die Höchstgeschwindigkeit erreicht sie nur auf Teilstrecken.
Auf einem 12 km langen geraden Teil der Strecke wird alle 2 km die Zeit gemessen und in einer Messwertetabelle erfasst.

Weg *s* in km	2	4	6	8	10	12
Zeit *t* in s	17,2	34,5	50,9	68,6	85,8	103,1

Führt der Transrapid auf dieser Strecke eine gleichförmige Bewegung aus?

Der Transrapid führt eine gleichförmige Bewegung aus, wenn $s \sim t$.
Ob zwischen dem Weg und der Zeit direkte Proportionalität besteht, kann man z. B. prüfen, indem man die Messwertepaare in einem s-t-Diagramm darstellt. Liegen die Messwertepaare auf einer Geraden, die durch den Ursprung des Koordinatensystems verläuft, so liegt eine gleichförmige Bewegung vor.

Es ergibt sich folgendes s-t-Diagramm:

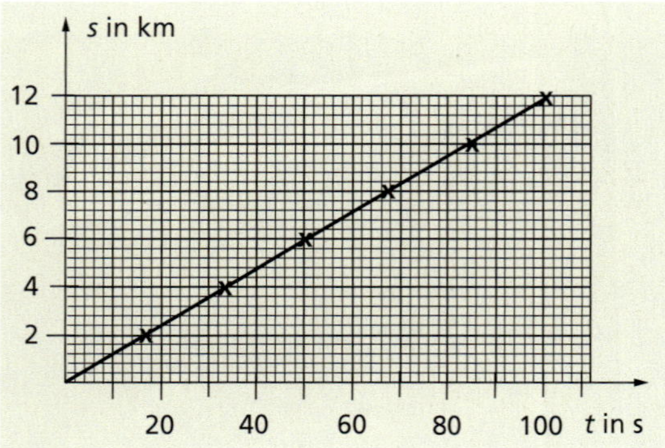

Aus dem Weg-Zeit-Diagramm ist erkennbar:
Der Transrapid führt auf der 12 km langen Strecke eine näherungsweise gleichförmige Bewegung aus.

Lösen physikalisch-mathematischer Aufgaben

Beim Lösen physikalischer Aufgaben mit mathematischen Mitteln solltest du folgendermaßen vorgehen:

1. Versuche, dir den Sachverhalt der Aufgabe vorzustellen!
   Fertige, wenn notwendig, eine anschauliche Skizze an!
2. Vereinfache den Sachverhalt aus der Sicht der Physik! Lasse Unwesentliches weg! Fertige eine vereinfachte, schematische Skizze zum Sachverhalt an!
3. Stelle die gesuchten und die gegebenen Größen der Aufgabe zusammen!
4. Gib eine Gleichung für die gesuchte und die gegebenen Größen an, die unter den gegebenen Bedingungen gilt!
5. Setze die Werte für die gegebenen Größen in die Gleichung ein und berechne die gesuchte Größe!
   Mitunter müssen noch Einheiten gegebener oder gesuchter Größen umgerechnet werden.
6. Formuliere das Ergebnis der Aufgabe! Beantworte dabei die Fragen im Aufgabentext!

Eine bewegte Verkehrssituation

Ein Fußgängerüberweg ist in einem Abstand von einigen Sekunden fotografiert worden (Abb. 1, 2). Die Fotos zeigen, wo sich die verschiedenen Körper (Personen, Fahrzeuge) zum jeweiligen Zeitpunkt befinden.
Welche der Personen und Fahrzeuge an dem Fußgängerüberweg sind in Ruhe und welche in Bewegung?

Ob sich ein Körper in Ruhe oder in Bewegung befindet, kann man nur gegenüber einem Bezugskörper angeben, denn Ruhe und Bewegung sind relativ.
Um eindeutige Aussagen über Ruhe und Bewegung von Körpern treffen zu können, muss man zuerst einen Bezugskörper festlegen. Die Wahl des Bezugskörpers ist willkürlich.
Wir wählen zunächst die Erdoberfläche bzw. die mit ihr verbundenen Häuser und Bäume als Be-

1 Verkehrssituation an einem Fußgängerüberweg

2 Der gleiche Fußgängerüberweg 10 s später

zugskörper und betrachten einige ausgewählte Personen und Fahrzeuge. Da auch die Straße fest mit der Erde verbunden ist, kann auch diese als Bezugskörper genutzt werden.
An dem Fußgängerüberweg befinden sich das grüne Auto und die parkenden Autos im Hintergrund in Ruhe, denn sie ändern ihre Lage gegenüber der Straße oder den Häusern nicht.
Die Radfahrerin und fast alle Personen dagegen befinden sich in Bewegung, denn sie verändern ihre Lage gegenüber der Straße innerhalb der Zeit zwischen den zwei Fotos.
Aus den Fotos ist auch erkennbar, dass die Radfahrerin sich zwar gegenüber der Straße bewegt, aber gegenüber dem Rad nicht. Sie bewegt sich gemeinsam mit ihrem Fahrrad.
Ähnlich ist das bei der Frau mit dem Kinderwagen und bei der Person im Rollstuhl.
Wählt man also einen dieser beiden sich bewegenden Körper als Bezugskörper, so befindet sich der andere Körper in Ruhe. Man sagt auch, dass sich beide Körper zueinander in Ruhe befinden.

Wie genau ist der Tachometer?

Thomas möchte die Genauigkeit der Geschwindigkeitsanzeige seines Fahrradcomputers überprüfen. Dabei geht er mit seinen Freunden folgendermaßen vor: Zwei Freunde messen mit einer Stoppuhr die Zeit, die er mit dem Fahrrad für eine Strecke von 100 m benötigt. Thomas braucht für die Strecke genau 18 s. Sein Tachometer zeigt auf der Messstrecke konstant 23 km/h an.
Zeigt der Tachometer des Fahrradcomputers die tatsächliche Geschwindigkeit?
Was kann man tun, um die Genauigkeit der Anzeige zu verbessern?

Analyse:
Es wird davon ausgegangen, dass der Radfahrer auf der Messstrecke eine gleichförmige Bewegung ausführt. Dann kann aus den Messwerten für Weg und Zeit die tatsächliche Geschwindigkeit berechnet und mit der Tachometeranzeige verglichen werden.

1 Fahrradcomputer können die augenblickliche Geschwindigkeit, aber auch den zurückgelegten Weg und die Fahrzeit anzeigen.

Gesucht: v_{Messung} in km/h

Gegeben: $s = 100\ \text{m}$
$t = 18\ \text{s}$
$v_{\text{Tacho}} = 23\ \frac{\text{km}}{\text{h}}$

Lösung:
Die Geschwindigkeit v_{Messung} kann wie folgt berechnet werden:

$$v_{\text{Messung}} = \frac{s}{t}$$

$$v_{\text{Messung}} = \frac{100\ \text{m}}{18\ \text{s}}$$

$$v_{\text{Messung}} = 5{,}6\ \frac{\text{m}}{\text{s}} = 5{,}6 \cdot 3{,}6\ \frac{\text{km}}{\text{h}}$$

$$\underline{v_{\text{Messung}} \approx 20\ \frac{\text{km}}{\text{h}}}$$

$$\underline{v_{\text{Messung}} \neq v_{\text{Tacho}}}$$

Ergebnis:
Der Tachometer des Fahrradcomputers geht nicht genau. Er zeigt eine größere Geschwindigkeit an, als das Fahrrad in Wirklichkeit fährt. Die Abweichung beträgt etwa 15 %.
Der Fahrradcomputer muss neu programmiert werden, damit er die tatsächliche Geschwindigkeit anzeigt. Aber auch dann hat er – wie jedes Messinstrument – noch einen bestimmten Messfehler.

Ein etwas anderer Fahrplan

Als Grundlage aller anderen Zugfahrpläne nutzt man einen grafischen Fahrplan (Abb. 1). Bei einem solchen Fahrplan werden in einem Netz von waagerechten Zeitlinien und senkrechten Weglinien die Zugfahrten als Zeit-Weg-Linien (Zuglinien) vereinfacht dargestellt.

Welche Informationen kann man einem solchen grafischen Fahrplan entnehmen?

2 Der ICE ist ein moderner Hochgeschwindigkeitszug.

In einem grafischen Fahrplan ist dargestellt, zu welcher Zeit sich jeder einzelne Zug an welchem Ort befindet. So befindet sich z. B. der IR 623 um 10.10 Uhr am Bahnhof A und 10.40 Uhr am Bahnhof C.

Erkennbar sind auch die Haltepunkte und die Haltezeiten. So steht beispielsweise der P 3618 von 10.00 Uhr bis 10.10 Uhr auf dem Bahnhof C.

Die Schnittpunkte der Zuglinien mit den senkrechten Linien der Bahnhöfe stellen die Durchfahrtszeiten bzw. die Ankunfts- und Abfahrtszeiten dar. So durchfährt z.B. der IC 76 um 10.00 Uhr den Bahnhof D, um 10.20 Uhr den Bahnhof B und um 10.30 Uhr den Bahnhof A.

Der Schnittpunkt zweier Zuglinien gibt den Ort und die Zeit für die Begegnung der betreffenden beiden Züge an. So treffen sich z.B. der IC 76 und der IR 623 um etwa 10.23 Uhr ca. 17 km vom Bahnhof A entfernt.

Der grafische Fahrplan ermöglicht auch Aussagen über die Fahrtrichtung und über die Geschwindigkeit der Züge. Der IR 623 fährt von Bahnhof A in Richtung D, die anderen beiden Züge fahren in der entgegengesetzten Richtung.

Im Unterschied zu einem s-t-Diagramm ist bei einem grafischen Fahrplan die Geschwindigkeit eines Zuges umso größer, je flacher der Graph verläuft. So braucht z. B. der IC 76 von C nach B (15 km) 10 min, was einer Geschwindigkeit von 90 km/h entspricht. Der P 3618 dagegen braucht von C nach B (15 km) 30 min. Daraus ergibt sich eine Geschwindigkeit von 30 km/h.

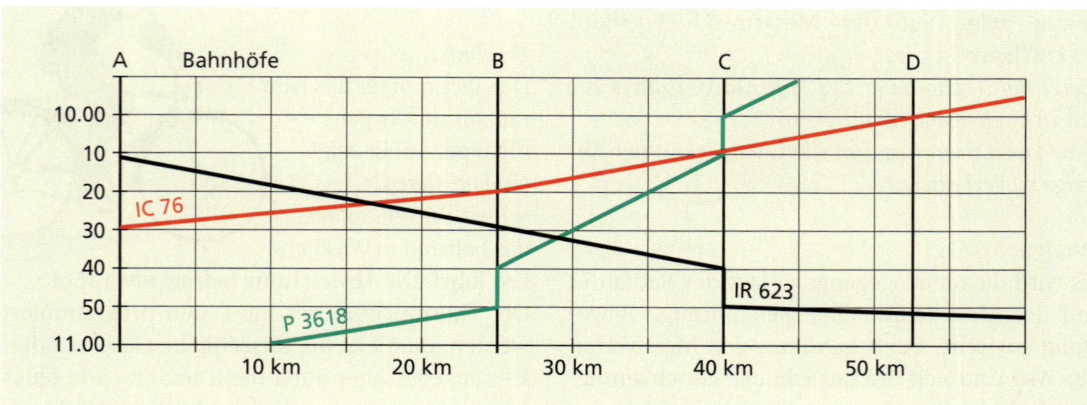

1 Ausschnitt aus einem grafischen Fahrplan: Eingezeichnet sind drei Züge.

gewusst · gekonnt

1. In einem Kaufhaus steht ein Junge auf einer Rolltreppe.

   a) Ist dieser Junge in Ruhe oder in Bewegung oder trifft sogar beides zu? Begründe!
   b) Ein Mädchen läuft auf einer fahrenden Rolltreppe. Ist es in Ruhe oder in Bewegung oder ist beides zutreffend? Begründe!

2. Auf Spielplätzen gibt es Laufräder für Kinder. Das Kind auf dem Rad muss kräftig treten, um nicht herunterzufallen.

   Ist das Kind in Ruhe oder in Bewegung? Begründe!

3. Hamster haben als Haustiere in ihrem Käfig meistens ein Laufrad. Befinden sie sich beim Laufen im Laufrad in Ruhe oder in Bewegung? Begründe!

4. Auf den Fotos sind Körper in Bewegung abgebildet.
   Welche Bahnformen haben die Bewegungen der entsprechenden Körper?

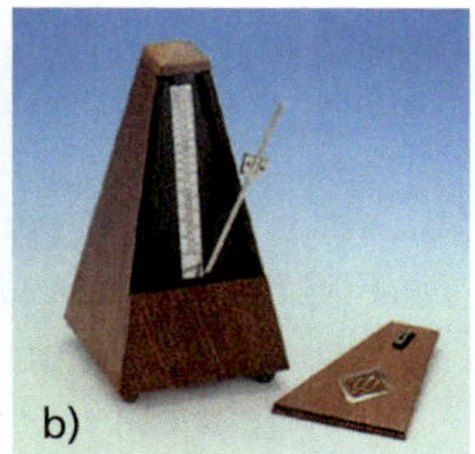

5. Welche Abschnitte der folgenden Bewegung laufen gleichförmig?
   a) Du fährst mit dem Aufzug vom Erdgeschoss in den 7. Stock eines Gebäudes.
   b) Ein Flugzeug startet und fliegt dann ruhig über dem Meer.
   c) Ein Fallschirmspringer springt aus dem Flugzeug und fällt dann frei.
   d) Eine Betonplatte wird von einem Kran gehoben.

6. Gib an, ob die folgenden Bewegungen gleichförmig verlaufen!
   Begründe deine Antworten!
   a) Abfahrt mit einem Schlitten vom Berg.
   b) Transport von Gepäck auf einem Förderband.
   c) Bewegung eines Weitspringers.
   d) Abschuss und Bewegung eines Balls.

*7. Bewegt sich die Erde oder befindet sie sich in Ruhe? Begründe!

*8. Bewegungen können gleichförmig oder ungleichförmig verlaufen. Erkunde, wie sich die Erde um die Sonne bewegt!

9. Susann benötigt zum Durchfahren einer Strecke mit dem Fahrrad die doppelte Zeit wie Tina.
Was kannst du über die Geschwindigkeit von Susann im Vergleich zu der von Tina aussagen?
Begründe deine Antwort!

10. Vater und Sohn gehen vom Bahnhof stets zu Fuß nach Hause. Der Vater benötigt für die Strecke 15 Minuten, der Sohn 20 Minuten. Wer geht mit einer größeren Geschwindigkeit?
Begründe!

11. Gib die Geschwindigkeiten 0,5 m/s; 3 m/s; 20 m/s und 100 m/s in km/h an!

12. Gib die Geschwindigkeiten 5 km/h; 36 km/h; 130 km/h und 1000 km/h in m/s an!

13. Ein Betonteil wird vom Kran mit einer Geschwindigkeit von 2 m/s gehoben.
Wie hoch wird das Betonteil gehoben, wenn der Hebevorgang 10 s dauert?

14. In einem Warenhaus ist die Rolltreppe 12 m lang. Die Fahrt eines Kunden dauert 30 s. Mit welcher Geschwindigkeit hat sich der Kunde auf der Rolltreppe bewegt?

15. Susann, Tina und Michael haben verschiedene ferngesteuerte Autos. Sie wollen ermitteln, welches Fahrzeug das schnellste ist. Dazu führen sie zu Hause verschiedene Messungen durch.

Auto von	Weg *s* in m	Zeit *t* in s
Susann	4	2
Tina	10	3
Michael	12	3

Ordne die Autos nach ihrer Geschwindigkeit!

16. Die Magnetschwebebahn Transrapid legt die 31 km lange Strecke vom Flughafen Schanghai (China) bis zum Stadtzentrum in 7 min 40 s zurück. Wie groß ist die Durchschnittsgeschwindigkeit des Zuges?

17. Die Abbildung unten zeigt einen Ausschnitt aus dem Fahrplan der Deutschen Bahn.
a) Was kann man einem solchen Fahrplan entnehmen?
b) Wie groß ist die Durchschnittsgeschwindigkeit des D 350 zwischen Magdeburg und Halle?
c) Vergleiche die durchschnittliche Geschwindigkeit des D 1949 mit der des Personenzuges Nr. 6053 zwischen Magdeburg und Köthen!

340 Magdeburg – Halle – Leipzig

Magdeburg Hbf bis Schönebeck (Elbe) Magdeburger S-Bahn-Tarif

km	Zug	D 350	D 477		6051 2.	SE 4001	6053 2.	D 1949	SE 4003		6055 2.	IR 2441	SE 4005
		85 1)			2			99			17	99	
	Schwerin Hbf 170	**22 17**	***23 12***										
	Magdeburg Hbf 305 O	**0 15**	**1 44**										
	von	50 Binz/Stralsund	Hamburg-Altona					Köln				Stendal	
0	**Magdeburg** Hbf 91	**0 27**	**1 49**				4 46	**5 18**			Ⓐ 5 45	Ⓚ **6 18**	
15	Schönebeck (Elbe) 316, 335 91 O						5 00	**5 27**			6 00	**6 27**	
	Schönebeck (Elbe)						5 01	**5 29**			6 01	**6 29**	
18	Schönebeck-Felgeleben						5 04				6 04		
21	Gnadau						5 08				6 08		
28	Calbe (Saale) Ost 341 3 O	ARKONA					5 15				6 15		
	Calbe (Saale) Ost						5 15				6 15		
34	Sachsendorf (b Calbe)						5 21				6 21		
43	Wulfen (Anh)						5 26				6 26		
50	Köthen 334, 342 O						5 32	**5 51**			6 32	**6 52**	
	Köthen				4 54		5 34	**5 52**			6 34	**6 54**	
55	Arensdorf (b Köthen)				4 58		5 38				6 38		
60	Weißandt-Gölzau				5 02		5 42				6 42		
66	Stumsdorf 252 3				5 07		5 47				6 47		
74	Niemberg				5 13		5 53				6 53		
81	Zöberitz				5 18		5 58				6 58		
86	**Halle** (Saale) Hbf 6 O	**1 18**	**2 40**		5 24		6 04	**6 14**			Ⓐ 7 04	**7 16**	

18. Gute Fußballer können beim Abschuss dem Ball eine Geschwindigkeit von 90 km/h verleihen.

Wie viel Zeit hat ein Torwart, um bei einem 11-m-Schuss auf den Abschuss zu reagieren?

19. Für ein Fahrzeug wurden folgende Messwerte aufgenommen:.

Weg *s* in km	6	12	18	24	30	36
Zeit *t* in min	2	4	6	8	10	12

a) Zeichne das Weg-Zeit-Diagramm!
b) Ermittle die Wege für eine und für sieben Minuten!
c) Ermittle die Zeit für 33 km!
d) Wie bewegt sich dieses Fahrzeug?
e) Berechne die Geschwindigkeit dieses Fahrzeugs!
f) Was für ein Fahrzeug könnte das sein (evtl. Geschwindigkeit in Kilometer je Stunde umrechnen)?

20. Ein Zug der Linie 7 der halleschen Straßenbahn fährt 7.13 Uhr in Kröllwitz ab und kommt 7.33 Uhr im Stadtzentrum an. Er fuhr dabei 7 km weit.
Berechne die Durchschnittsgeschwindigkeit der Straßenbahn!

21. Für einen Radfahrer wurde folgendes Weg-Zeit-Diagramm aufgenommen:

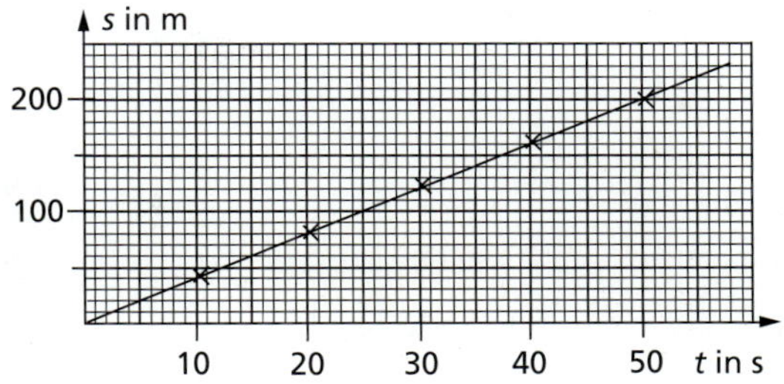

a) Welchen Weg hat er nach 25 s zurückgelegt?
b) Welche Zeit braucht er für 150 m?
c) Wie groß ist seine Geschwindigkeit?

22. Lkw und Busse haben vorschriftsmäßig Fahrtenschreiber, die die Geschwindigkeit zu bestimmten Zeitpunkten aufzeichnen. Die folgende Abbildung zeigt vereinfacht einen Ausschnitt aus der Diagrammscheibe eines Fahrtenschreibers.

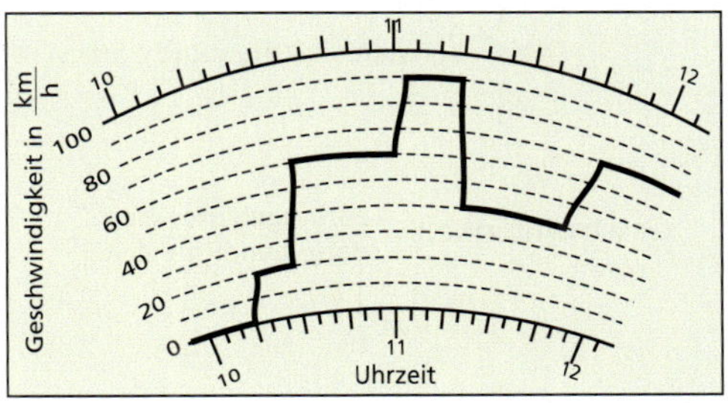

a) Gib an, in welchen Zeitabschnitten das Fahrzeug eine annähernd gleichförmige bzw. ungleichförmige Bewegung ausführt!
b) Ermittle, mit welcher Geschwindigkeit das Fahrzeug um 10.00 Uhr, 10.45 Uhr, 11.10 Uhr, 11.30 Uhr und 12.00 Uhr gefahren ist!

***23.** Hubschrauber und Verkehrsflugzeuge fliegen unterschiedlich schnell. Erkunde, welche Höchstgeschwindigkeit Hubschrauber erreichen und wie groß die Reisegeschwindigkeit von Flugzeugen ist!

Bewegungen in Natur und Technik

Ein Körper ist in Bewegung, wenn er seine Lage gegenüber einem Bezugskörper ändert. Die Wahl des Bezugskörpers ist willkürlich. Häufig wird als Bezugskörper die Erdoberfläche gewählt.

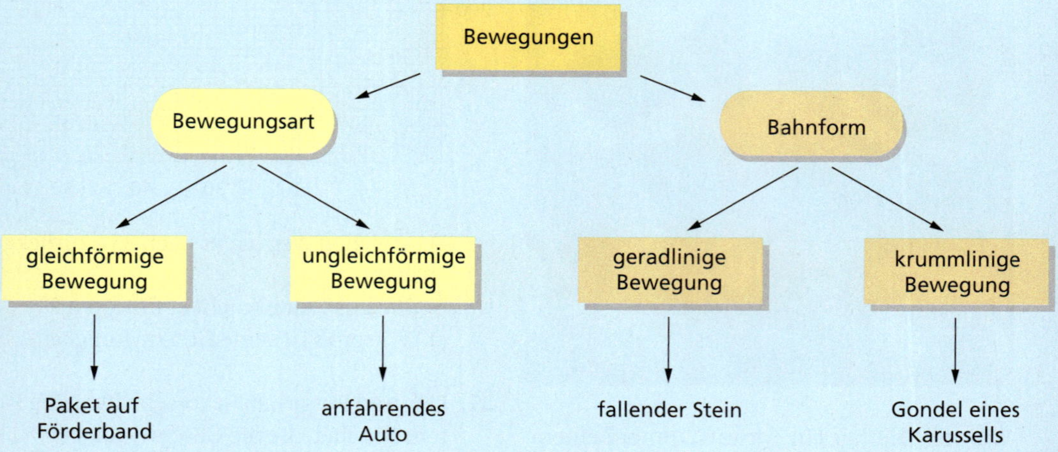

Körper können sich unterschiedlich schnell bewegen. Die Schnelligkeit der Bewegung wird genauer mit der physikalischen Größe **Geschwindigkeit** erfasst.

Die Geschwindigkeit *v* gibt an, wie schnell oder wie langsam sich ein Körper bewegt.

$$\text{Geschwindigkeit} = \frac{\text{zurückgelegter Weg}}{\text{dafür benötigte Zeit}}$$

$$v = \frac{s}{t}$$

Einheiten der Geschwindigkeit:

$1\ \frac{\text{m}}{\text{s}}$, $1\ \frac{\text{km}}{\text{h}}$

$1\ \frac{\text{m}}{\text{s}} = 3{,}6\ \frac{\text{km}}{\text{h}}$ $\qquad$ $1\ \frac{\text{km}}{\text{h}} = \frac{10}{36}\ \frac{\text{m}}{\text{s}}$

Die Geschwindigkeit kann mit einem **Tachometer** gemessen werden.

Ein Körper bewegt sich **gleichförmig,** wenn er in gleichen Zeiten gleiche Wege zurücklegt.

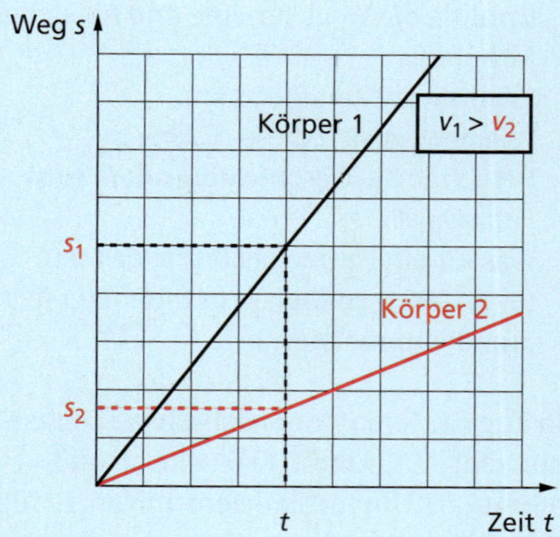

Der Graph im Weg-Zeit-Diagramm ist eine Gerade.

4

Schall – wie er entsteht und wie er sich ausbreitet

4.1 Entstehung und Ausbreitung von Schall

Musikinstrumente erzeugen Schall

Zum Erzeugen von Tönen kann man unterschiedliche Instrumente nutzen, z. B. eine Gitarre, ein Keyboard, ein Schlagzeug oder eine Trompete. In jedem Fall wird Schall erzeugt, den wir hören können. *Wie entsteht Schall bei den verschiedenen Musikinstrumenten?*

Das Ohr des Dionysos

In der Stadt Syrakus auf Sizilien (Italien) existiert eine alte Höhle mit einer besonderen Form. Die Sage berichtet, dass der Herrscher Dionysos, der um 400 v. Chr. lebte, in dieser Höhle Gefangene festhielt. Durch eine kleine Öffnung an der Oberseite der Höhle konnte er auch die leisesten Gespräche der Gefangenen belauschen. *Wie ist es zu erklären, dass Dionysos auch leise Gespräche hören konnte?*

Blitz und Donner

Ein Gewitter ist mit Blitz und Donner verbunden. Dabei sieht man immer zuerst den Blitz und hört dann nach unterschiedlicher Zeit den Donner. *Wie ist es zu erklären, dass man bei einem Gewitter zuerst den Blitz und erst anschließend den Donner wahrnimmt?*

Schallquellen

Mit unseren Ohren nehmen wir verschiedene Geräusche, Sprache, Musik, aber auch unangenehmen Lärm wahr.

Alles, was der Mensch mit den Ohren hören kann, ist Schall.

Schall lässt sich auf unterschiedliche Art und Weise erzeugen:
- Bei Zupf- und Streichinstrumenten wie Gitarre, Klavier oder Violine werden Saiten in Schwingungen versetzt.
- Bei der menschlichen Stimme schwingen die Stimmbänder, wenn Luft aus der Lunge kommt und durch die Stimmritze hindurchtritt.
- Bei Blasinstrumenten wie Trompete, Saxofon, Flöte oder Orgel schwingen Luftsäulen.
- Die typischen Geräusche bei Mücken oder Fliegen kommen durch schnelles Hin- und Herschwingen der Flügel zustande.
- Quelle der Geräusche aus einem Lautsprecher ist die hin- und herschwingende Lautsprechermembran.

Körper, die durch ihre Schwingungen Schall erzeugen, nennt man Schallquellen.

1 Bei Musikinstrumenten werden in unterschiedlicher Weise Schwingungen erzeugt.

Mosaik

Wie erzeugen Tiere Schall?

Jeder kennt das Bellen eines Hundes, das Singen von Vögeln, das Miauen einer Katze oder das Zirpen von Grillen. Auch Wale, Delfine oder Fledermäuse erzeugen Schall. Das geschieht in sehr unterschiedlicher Weise. Bei vielen Säugetieren, z. B. Hunden, Katzen, Kühen oder Bären, wird Luft aus den Lungen gepresst und erzeugt im Rachenraum Schwingungen, die wir als charakteristische Tierlaute hören.
Die Lungen der Vögel sind mit kleinen Luftsäcken verbunden, in die Luft gepresst werden kann. Die Luft strömt über eine gespannte Membran aus und bringt diese zum Schwingen. Je nachdem, wie stark die Membran gespannt ist, entstehen tiefe oder hohe Töne. Grashüpfer erzeugen Geräusche dadurch, dass sie mit den Hinterbeinen über zahlreiche kleine Erhöhungen an den Vorderflügeln streichen.

Ausbreitung von Schall

Schall breitet sich von einer Schallquelle aus, wenn der schwingende Körper Teilchen aus seiner Umgebung anstößt und zum Mitschwingen anregt.
In vielen Fällen sind das die Teilchen der Luft, es können aber auch Teilchen von Flüssigkeiten oder festen Körpern sein.

Schall kann sich in festen, flüssigen und gasförmigen Körpern ausbreiten. Er wird dabei von einem Ort zu einem anderen übertragen.

Ein wichtiger Schallträger ist Luft. Durch Luft gelangen z. B. Sprache, Musik und Geräusche an unsere Ohren.
Durch die Schwingungen der Schallquelle (z. B. Membran) wird die Luft vor der Schallquelle kurzzeitig verdichtet oder verdünnt. Diese Luftverdichtungen und -verdünnungen breiten sich weiter aus (Abb. 1) und gelangen bis zu unseren Ohren.
Durch die Ohrmuschel wird der Schall aufgenommen und durch den Gehörgang an das Trommelfell weitergeleitet (Abb. 2).
Die Ohrmuschel und der Gehörgang wirken wie ein Trichter, an dessen Innenwänden der Schall reflektiert wird.
Durch die Verdichtungen und Verdünnungen der Luft im Gehörgang wird das Trommelfell zum Mitschwingen angeregt. Diese Schwingungen werden durch die Gehörknöchelchen auf die Schnecke mit den Sinneszellen übertragen.

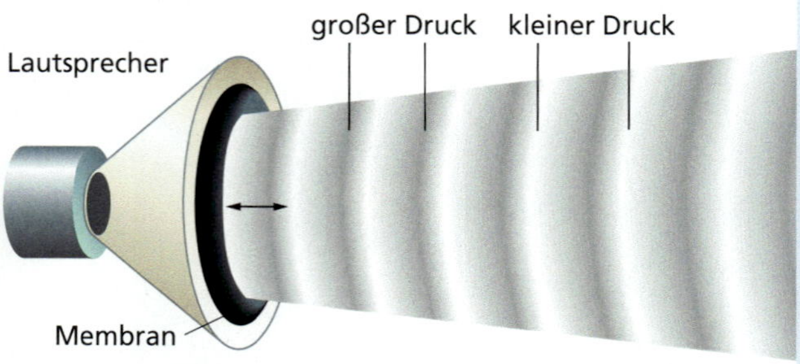

1 Schallausbreitung in Luft: Verdichtungen der Luft breiten sich von der Schallquelle aus und werden vom Ohr aufgenommen.

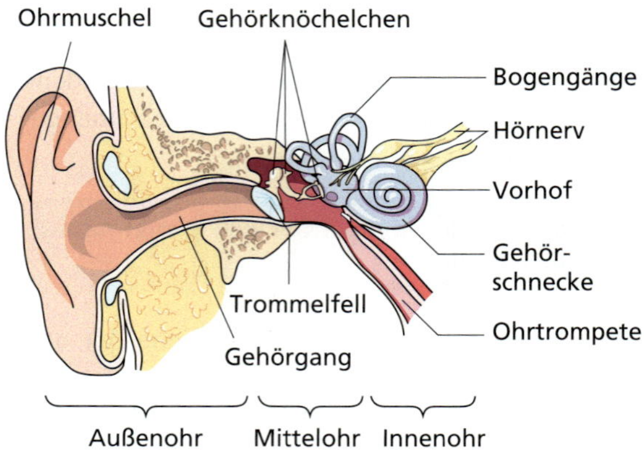

2 Beim Aufbau des menschlichen Ohres unterscheidet man zwischen Außenohr, Mittelohr und Innenohr.

Die Sinneszellen in der Schnecke nehmen die Schwingungen als Reize wahr und leiten diese Reize zum Gehirn weiter. Dort werden die Wahrnehmungen verarbeitet. Dabei spielen auch Erfahrungen und Empfindungen eine Rolle.

Schall wird von einer Schallquelle erzeugt, breitet sich in Stoffen aus und wird von unseren Ohren aufgenommen.

Schall breitet sich in verschiedenen Stoffen unterschiedlich schnell aus. Diese Ausbreitungsgeschwindigkeit nennt der Physiker **Schallgeschwindigkeit**. Beispiele für Schallgeschwindigkeiten sind in der Tabelle angegeben.

Schallgeschwindigkeit in verschiedenen Stoffen	
Luft bei −20 °C	320 m/s
bei 0 °C	332 m/s
bei +20 °C	344 m/s
Wasser	1 450 m/s
Eis	3 250 m/s
Holz (Eiche)	3 400 m/s
Ziegelstein	3 600 m/s
Beton	3 800 m/s
Stahl	5 100 m/s
Glas	5 300 m/s

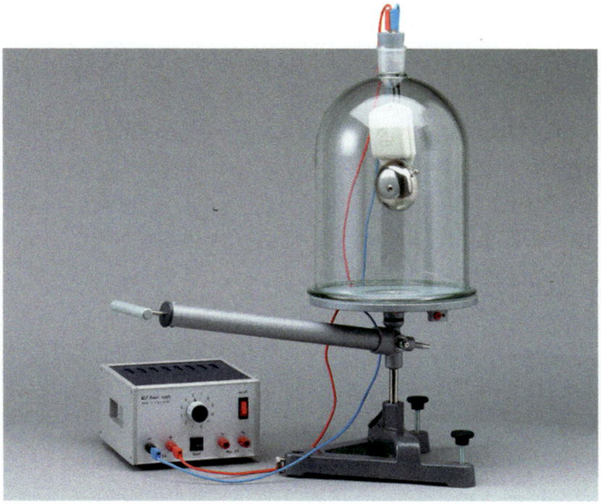

1 Pumpt man die Luft aus dem Gefäß heraus, so ist die Klingel nicht mehr zu hören.

Körper aus festen und harten Stoffen (Metall, Glas, Holz und Steine) leiten den Schall gut. Körper aus weichen und porösen Stoffen (Wolle, Schaumstoff und Styropor) leiten den Schall schlecht. In einem luftleeren Raum (Vakuum) kann sich Schall nicht ausbreiten, da kein Körper als Schallträger vorhanden ist (Abb. 1).
Die Ausbreitungsgeschwindigkeit des Schalls ist auch von der Temperatur des betreffenden Stoffes abhängig. Für Luft gilt:

Je höher die Lufttemperatur ist, umso größer ist auch die Schallgeschwindigkeit in Luft.

Näherungsweise rechnet man bei Luft meist mit einer Geschwindigkeit von $v = 333$ m/s. Das ermöglicht einfache Abschätzungen: Der Schall braucht für eine Entfernung von 1 000 m = 1 km etwa 3 Sekunden. Hört man den von einem Blitz ausgehenden Donner z. B. 12 s nach dem Wahrnehmen des Blitzes, dann war dieser Blitz etwa 4 km entfernt.
Die Schallgeschwindigkeit in Luft kann man folgendermaßen ermitteln: Eine Person in 100 m Entfernung schlägt eine Starterklappe zusammen. Mit Stoppuhren wird mehrfach die Zeit zwischen dem Zusammenschlagen der Klappe und dem Hören des Schalls gemessen. Mit der Gleichung $v = s / t$ kann dann die Schallgeschwindigkeit berechnet werden.

Reflexion von Schall

Wenn Schall auf einen Körper trifft, so wird er zum Teil **hindurchgelassen**, zum Teil **absorbiert** (aufgenommen) und zum Teil **reflektiert** (zurückgeworfen). Für die Reflexion von Schall gilt dabei das aus der Optik bekannte Reflexionsgesetz.

Für die Reflexion von Schall gilt: Einfallswinkel und Reflexionswinkel sind gleich groß.

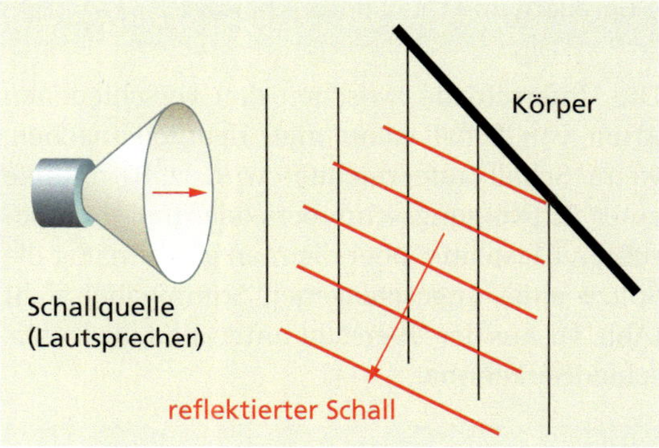

2 Schall wird an Körpern reflektiert.

Mosaik

Beugung von Schall

Die Geräusche eines Autos, eine menschliche Stimme oder das Klingeln eines Fahrrades hören wir auch, wenn wir uns hinter einer Hausecke oder im Eingang eines Hauses befinden. Schall breitet sich nicht nur geradlinig aus, sondern geht auch „um die Ecke". Diese Erscheinung wird als Beugung bezeichnet.

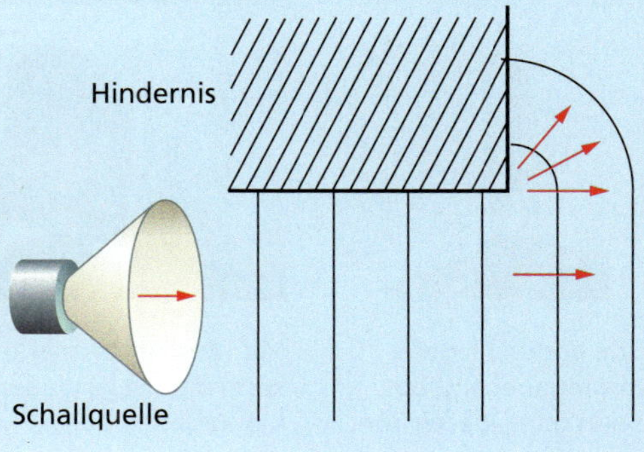

Ton, Klang, Geräusch und Knall

Der Schall, den wir hören, ist sehr unterschiedlich. Beim Anschlagen einer Stimmgabel hören wir einen Ton. Das Anschlagen einer Gitarrensaite liefert einen Klang. Den Schall, den ein fahrendes Auto abgibt, nennt man Geräusch. Bei einer Explosion entsteht ein mehr oder minder lauter Knall.

Bei dem Schall, der von Schallquellen abgegeben wird, kann man zwischen Ton, Klang, Geräusch und Knall unterscheiden.

Die Unterschiede zwischen den verschiedenen Arten von Schall kann man deutlich machen, wenn Schall aufgezeichnet wird, z. B. mithilfe eines Schwingungsschreibers oder mit einer berußten Glasplatte, über die man gleichmäßig die Spitze einer angeschlagenen Stimmgabel zieht (Abb. 1). Aus der Übersicht unten sind die Unterschiede erkennbar.

Ton, Klang, Geräusch und Knall unterscheiden sich in den Schwingungsformen voneinander.

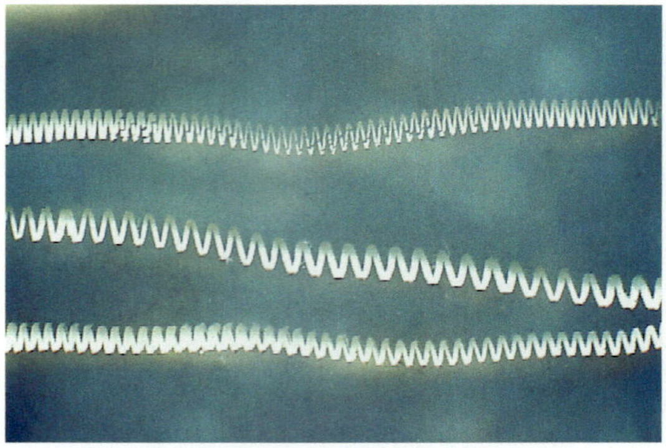

1 Die Spitze einer angeschlagenen Stimmgabel schwingt ganz regelmäßig.

Ob wir Schall mit unseren Ohren überhaupt wahrnehmen, hängt davon ab, wie schnell der schallerzeugende Körper schwingt. Beträgt die Anzahl der Schwingungen je Sekunde weniger als 16 oder mehr als 20 000, so hören wir diese Schwingungen nicht. Wir hören Schall auch nicht, wenn die Lautstärke sehr klein ist.

Schall ist für den Menschen nur hörbar, wenn die Anzahl der Schwingungen je Sekunde zwischen 16 und 20 000 liegt.

Ton	Klang	Geräusch	Knall
Die Schwingung ist ganz regelmäßig.	Die Schwingung ist periodisch, aber nicht regelmäßig.	Die Schwingung ist unregelmäßig.	Die Schwingung hat einen großen Ausschlag und klingt schnell ab.
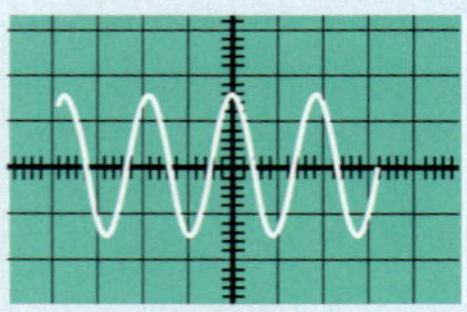	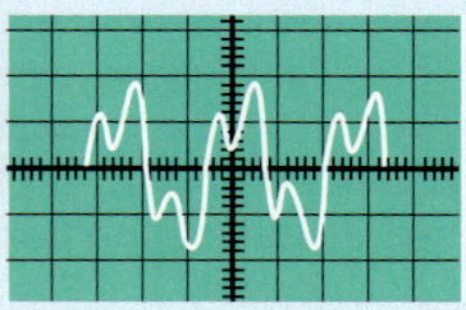	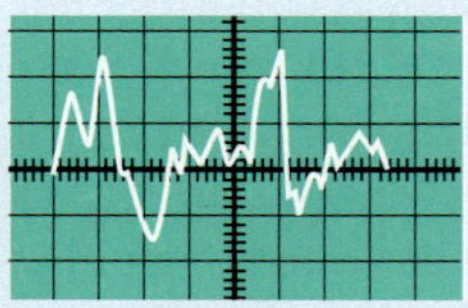	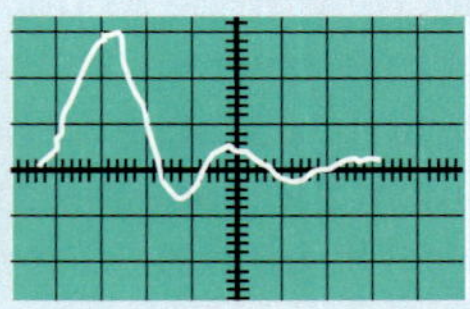

Eine angeschlagene Stimmgabel erzeugt einen ganz klaren Ton.	Mit Musikinstrumenten kann man verschiedene Klänge erzeugen.	Geräusche entstehen z. B. bei Fahrzeugen und Maschinen.	Beim Explodieren eines Feuerwerkskörpers entsteht ein Knall.

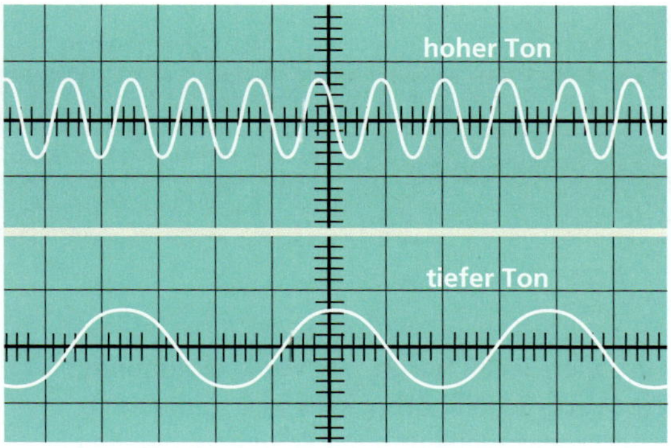

1 Abhängigkeit der Tonhöhe von der Schnelligkeit der Schwingungen

Töne können höher oder tiefer sowie lauter oder leiser sein.
Die **Tonhöhe** ist davon abhängig, wie schnell ein Körper schwingt (Abb. 1).

Je schneller ein Körper schwingt, umso höher ist der entstehende Ton.

Die **Lautstärke** ist davon abhängig, wie stark ein Körper schwingt (Abb. 2). Es gilt:

Je stärker ein Körper schwingt, umso lauter ist der Ton.

Ob man einen Ton hören kann, hängt sowohl von seiner Tonhöhe als auch von der Lautstärke, also von den Druckschwankungen, ab. Wir hören nur Töne in einem Bereich zwischen 16 und 20 000 Schwingungen je Sekunde, wobei der obere Wert mit zunehmendem Alter deutlich abnimmt.

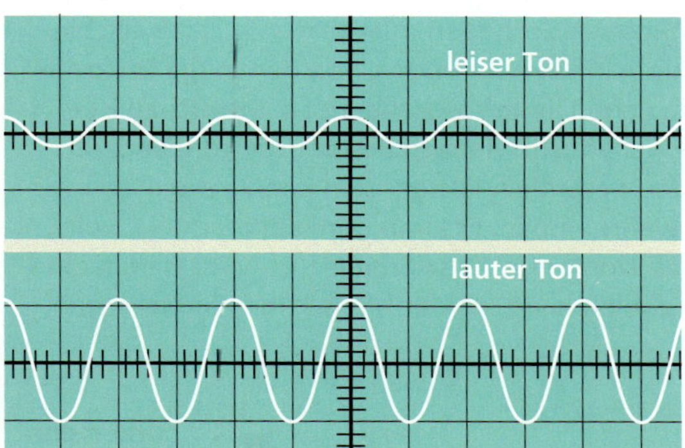

2 Abhängigkeit der Lautstärke von der Auslenkung

Mosaik

Hörbereich und Stimmumfang

Sowohl beim Menschen als auch bei Tieren ist zwischen dem **Hörbereich** und dem **Stimmumfang** zu unterscheiden.
Der **Hörbereich** ist derjenige Bereich, in dem ein Lebewesen Schall wahrnehmen kann. Ein Reihe von Tieren hört nicht nur viel leisere Töne als der Mensch, sondern kann auch Schall in anderen Frequenzbereichen als der Mensch wahrnehmen. So hören z.B. Hunde, Katzen und Fledermäuse auch Töne mit einer Schwingungzahl von über 20 000 je Sekunde, die der Mensch nicht mehr wahrnehmen kann (Abb. 3).
Beachte: Es gibt auch Schall mit sehr kleiner Schwingungszahl, den ein Mensch zwar nicht hören, der aber trotzdem sein Wohlbefinden negativ beeinflussen kann.

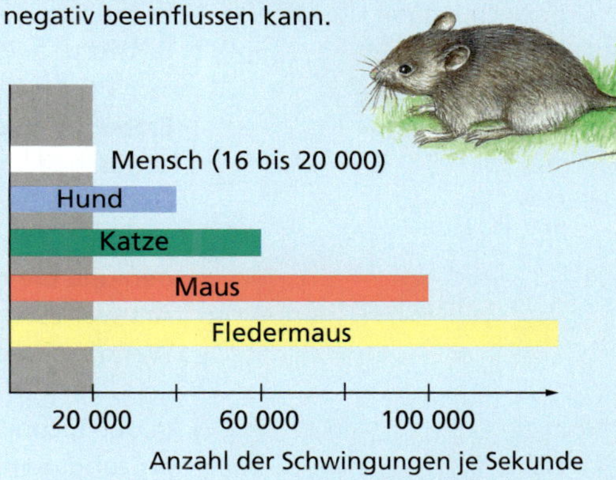

3 Hörbereich von verschiedenen Lebewesen

Ähnlich ist die Situation bei der Schallerzeugung. Der **Stimmumfang** ist derjenige Bereich, in dem ein Lebewesen Schall selbst erzeugt.
Auch hier unterscheiden sich viele Tiere erheblich vom Menschen. Delfine und Fledermäuse nutzen den Schall zur Orientierung und auch zum Beutefang.

Lebewesen	Stimmumfang (Anzahl der Schwingungen je Sekunde)
Mensch	85–1 100
Hund	450–1 000
Katze	500–2 500
Delfin	250–270 000
Fledermaus	10 000–120 000

Ultraschall und Infraschall

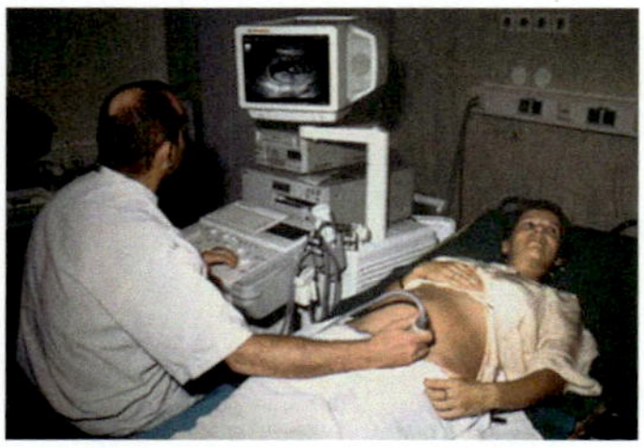

1 Untersuchung mit Ultraschall

Der Mensch kann nicht allen Schall hören, der von schwingenden Körpern erzeugt wird. Wenn Schall hörbar sein soll, so muss die Lautstärke zwischen der Hörschwelle und der Schmerzschwelle liegen und die Frequenz zwischen 16 Hz und 20 000 Hz (20 kHz) betragen. Schall mit einer Frequenz von über 20 kHz bezeichnet man als Ultraschall. Seine Frequenz kann bis zu 1 GHz, das sind eine Milliarde Hertz, betragen.
Ultraschall wird in vielfältiger Weise in Technik und Medizin genutzt. Schall mit Frequenzen von unter 16 Hz nennt man Infraschall. Er tritt u. a. im Zusammenhang mit Erdbeben auf.

Erzeugung von Ultraschall
Ultraschall kann von verschiedenen Tieren (Fledermäuse, Wale, Delfine) oder durch technische Anordnungen erzeugt werden. Dazu gehören im einfachsten Fall spezielle Pfeifen, die Ultraschall abgeben und die man im Handel als Hundepfeifen erwerben kann.
Am weitesten verbreitet sind das Prinzip des piezoelektrischen Wandlers und des magnetostriktiven Wandlers.

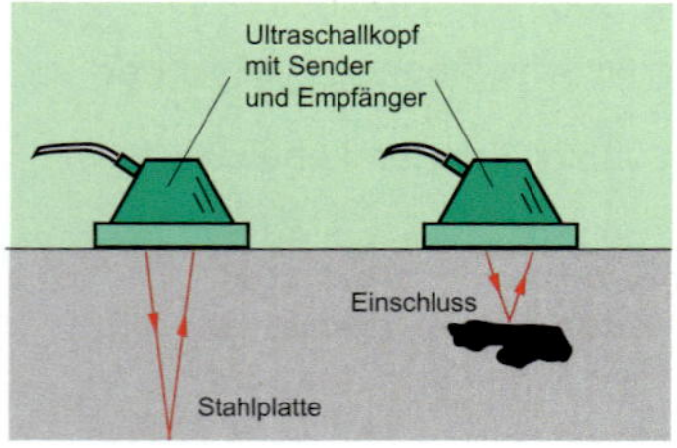

2 Ultraschallkopf mit Sender und Empfänger: Die Skizze zeigt das Prinzip einer Werkstoffprüfung.

In der Technik wird Ultraschall u. a. zur zerstörungsfreien Materialprüfung genutzt. Dabei werden in einem Schallkopf Ultraschallimpulse erzeugt und in ein Werkstück geleitet (Bild 2). Diese Ultraschallimpulse werden reflektiert. Aus den Laufzeiten kann man ermitteln, ob sich im Material Einschlüsse oder Risse befinden.

Infraschall
Infraschall, also Schall mit Frequenzen zwischen 0 Hz und 16 Hz, tritt z. B. im Zusammenhang mit Erdbeben oder tektonischen Verschiebungen auf. Auch die Schiffsbewegungen, von denen die Seekrankheit verursacht wird, liegen im Infraschallbereich. Infraschall ist in der Bau- und Maschinenakustik vielfach Bestandteil von niederfrequentem Lärm, der wesentlich lästiger sein kann als der, den wir mit unseren Ohren wahrnehmen. Es kann durch Infraschall zu einer Beeinträchtigung des Wohlbefindens kommen, ohne dass man eine Quelle dafür wahrnehmen kann, da der Mensch kein Sinnesorgan für Infraschall hat.

... und mehr

Informiere dich auch unter: *Echo und Echolot, Hörbereich und Stimmumfang, Lärm und Lärmbekämpfung, Schallaufzeichnung und Schallwiedergabe, Schalldämpfer, Schallquellen, Schall und Musik, ...*

Schall und Lärm

Schall, der an unsere Ohren gelangt, kann bei uns angenehme Empfindungen auslösen, z. B. die Sprache von vertrauten Menschen, Musik, das knisternde Geräusch eines Lagerfeuers.
Er kann uns aber auch stören, belästigen oder sogar schädigen.

Schall größerer Lautstärke, der uns belästigen oder schädigen kann, nennt man Lärm.

Die wichtigsten Lärmquellen sind der Lärm des Straßenverkehrs und des Schienenverkehrs, Fluglärm sowie der Lärm von Maschinen und Anlagen unterschiedlicher Art (Abb. 1). Auch zu laute Musik kann in Lärm übergehen und zu Schäden führen. Durch Lärm kann es zu einer Erhöhung des Blutdrucks und zu einer Beschleunigung der Atmung kommen. Es können Schlafstörungen sowie Kopf- und Magenschmerzen auftreten.
Wenn man sich längere Zeit stärkerem Lärm aussetzt, kann das auch das Gehör schädigen und bis zur Schwerhörigkeit führen. Deshalb gilt:

Die Vermeidung von Lärm ist der beste Schutz vor gesundheitlichen Schäden. Wo es möglich ist, sollte Lärm gedämmt werden.

1 Ein Presslufthammer macht viel Lärm.

Lautstärken in Natur und Technik

Lautstärke	Beispiele
0	Hörschwelle
20	Flüstern, ruhiger Garten
40	normale Unterhaltung, leise Musik
60	lautere Unterhaltung, Staubsauger, Bürogeräusche
80	üblicher Lärm im Straßenverkehr, laute Musik im Zimmer
100	Presslufthammer, Autohupe, Diskothek
120	Rockkonzert, Donner, Düsentriebwerk eines Flugzeugs
130	Schmerzgrenze, Gehörschädigung schon bei kurzzeitiger Einwirkung

Entscheidend dafür, ob wir etwas als Lärm empfinden, ist die Lautstärke. Sie wird als Zahl angegeben. Die Hörschwelle liegt bei 0, die Schmerzschwelle bei 130.
Liegt die Lautstärke eines Geräusches unter 0, so hören wir es nicht, weil es zu leise ist.
Lautstärken von 85 und darüber können zu Hörschäden führen.
Liegt die Lautstärke über 130, so kann schon eine kurzzeitige Einwirkung von Schall dieser Lautstärke zu Schädigungen des Gehörs führen.

Wichtige technische Maßnahmen zur Lärmbekämpfung sind:
- Schallschutzwände an Straßen,
- Schallschutzfenster in Wohnungen,
- die Kapselung von Fahrzeugmotoren,
- der Bau leiserer Maschinen und Anlagen,
- die Verwendung von „Flüsterasphalt“.

Physik in Natur und Technik

Die menschliche Stimme – eine Schallquelle

Ein wichtiges Mittel der Verständigung ist unsere Sprache. Viele singen auch gern.
Wie erzeugen wir mit unserer Stimme Töne, Klänge oder Geräusche?

Sprechen oder Singen erfolgt mithilfe der Stimmbänder. Das sind zwei elastische Bänder, die sich im Kehlkopf am oberen Ende der Luftröhre befinden. Zwischen diesen beiden Stimmbändern existiert eine Öffnung, die Stimmritze (Abb. 1).

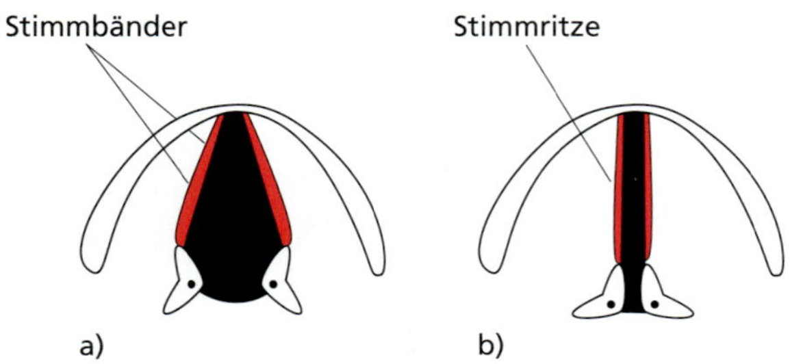

1 Stimmbänder und Stimmritze beim Atmen (a) und beim Sprechen (b)

Wird nun von der Lunge her Luft durch die Stimmritze gepresst, so geraten die Stimmbänder in Schwingungen. Es entstehen Töne, Klänge und Geräusche.
Werden die Stimmbänder straffer gespannt, so schwingen sie schneller. Die Töne werden höher. Wird mehr Luft durch die Stimmritze gepresst, so schwingen die Stimmbänder heftiger. Die entstehenden Töne sind lauter. Die menschliche Stimme übertrifft in der Vielfalt der Töne, Klänge und Geräusche jedes Musikinstrument.

Die individuellen Unterschiede kommen durch den unterschiedlichen Bau der Stimmbänder und der Resonanzräume zustande. Die Stimme ist für einen Menschen ähnlich charakteristisch wie ein Fingerabdruck.

Potz Blitz und Donner

Bei einem Gewitter vergeht meistens etwas Zeit, bis man nach dem Blitz auch den Donner wahrnimmt.
Wie weit ist ein Gewitter entfernt, wenn man den Donner 9 s nach dem Blitz wahrnimmt?

Analyse:
Es wird angenommen, dass der Blitz sofort wahrgenommen wird. Der Schall des Donners breitet sich mit der Schallgeschwindigkeit in Luft (ca. 333 m/s oder ca. 1 km/3 s) aus.

Gesucht: s
Gegeben: $t = 9\ \text{s}$
$v \approx 333\ \text{m/s}$

Lösung:
Eine Schallgeschwindigkeit von 333 m/s bedeutet, dass der Schall in jeder Sekunde einen Weg von 333 m zurücklegt.
Da der Donner erst 9 s nach dem Blitz zu hören ist, legt der Schall in dieser Zeit einen Weg von

$$s = 9 \cdot 333\ \text{m} \approx 3\,000\ \text{m}$$

zurück, denn bei konstanter Geschwindigkeit ist $s \sim t$.

Ergebnis:
Das Gewitter ist ca. 3 km vom Beobachter entfernt, wenn der Donner 9 s nach dem Blitz zu hören ist.

2 Zwischen der Wahrnehmung von Blitz und Donner gibt es eine Zeitdifferenz.

Das Echo und seine Anwendung

Eine Eigenschaft von Schallwellen besteht darin, dass sie an Flächen reflektiert werden.
Die Reflexion von Schall kann man mit folgendem einfachen Versuch nachweisen:
In einem Standzylinder liegt eine tickende Uhr. Aus ca. 1 m Entfernung hört man sie nicht. Hält man aber eine Glasplatte schräg über den Standzylinder, so ist das Ticken der Uhr deutlich zu hören (Abb. 1).
Reflektiert werden sowohl Schallwellen im hörbaren Bereich als auch solche mit Schwingungszahlen über 20 000, also im Ultraschallbereich.
Wie wird diese Eigenschaft des Schalls in Natur und Technik genutzt?

Beispiele für die Nutzung der Reflexion von Schall gibt es in Natur, Technik und Medizin.
So orientieren sich z. B. Fledermäuse mithilfe von Ultraschall (Abb. 2). Während ihres Fluges stoßen sie ständig für uns nicht hörbare Ultraschallschreie aus.
Treffen die Schallwellen auf ein Hindernis, so werden sie reflektiert und die reflektierten Schallwellen von der Fledermaus wieder aufgenommen. Die Fledermaus kann dann dem Hindernis ausweichen oder Beutetiere fangen.
Eine Methode zur Bestimmung der Tiefe von Gewässern, zum Aufspüren von Fischschwärmen oder von U-Booten ist das **Echolotverfahren** (Abb. 3). Dabei werden von einem Sender Ultraschallimpulse gerichtet abgestrahlt. Der Schall wird am Meeresboden oder an Hindernissen (Fischschwarm, U-Boot) reflektiert. Der reflektierte Schall wird von einem Empfänger aufgenommen. Aus der Laufzeit der Schallimpulse kann man die Tiefe des Fischschwarms ermitteln. Der Schall breitet sich im Wasser gleichförmig aus und damit gilt das Weg-Zeit-Gesetz für die gleichförmige Bewegung $s = v \cdot t$.
Die Zeit t ist dabei die Hälfte der Zeit, die der Schall vom Sender bis zum Empfänger benötigt. Es sind auch Aussagen über die Größe und die Bewegungsrichtung des Fischschwarms möglich.
In der Medizin und in der Technik wird das Echolotverfahren bei Ultraschalluntersuchungen genutzt (s. S. 102). Damit erhält man Bilder aus dem Körperinneren.
Mit dem Echolotverfahren kann auch ein Werkstoff auf Einschlüsse oder Risse geprüft werden (s. S. 102)

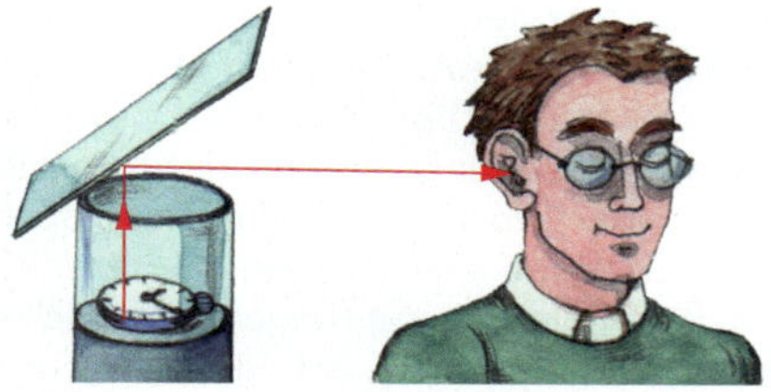

1 Schall wird an Flächen reflektiert. Es gilt das Reflexionsgesetz $\alpha = \alpha'$

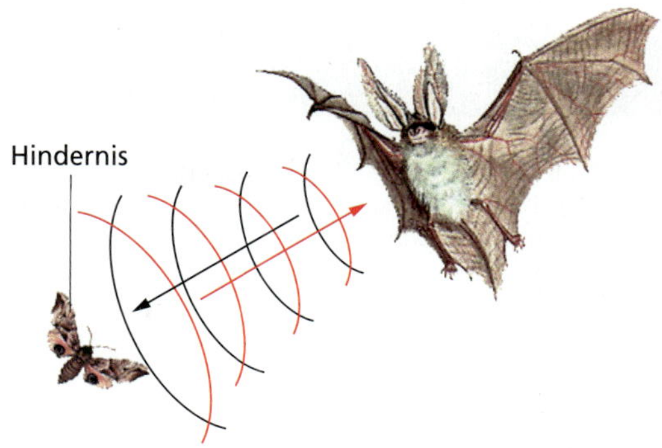

2 Eine Fledermaus orientiert sich mithilfe von Ultraschall. Genutzt wird die Reflexion von Schallwellen.

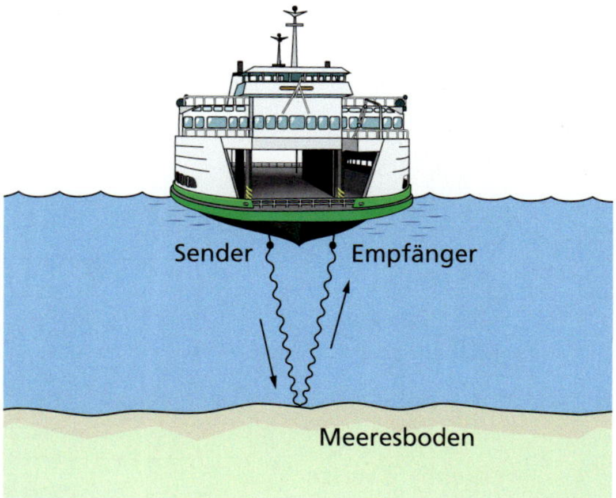

3 Mit dem Echolotverfahren kann man die Meerestiefe bestimmen oder Fischschwärme orten.

Mosaik

Schallaufzeichnung und Schallwiedergabe früher und heute

Der Mensch hatte schon immer das Bedürfnis, Schall (Sprache, Musik) aufzuzeichnen, um ihn zu einem späteren Zeitpunkt wieder hören zu können.
1877 entwickelte der berühmte amerikanische Erfinder THOMAS ALVA EDISON (1847–1931) ein Gerät, mit dem man Schall aufzeichnen konnte, den Phonographen. Er bestand aus einem Schalltrichter und einer drehbaren Walze, auf der sich Stanniolpapier befand (Abb. 1).
Das Prinzip dieser Schallaufzeichnung ist aus der Skizze (Abb. 1) erkennbar:

- Der Schall wird durch den Trichter zu einer Membran geleitet.
  Diese Membran gerät dadurch in Schwingungen.
- An der Membran ist eine Nadel befestigt. Schwingt die Membran stark, entstehen auf dem Stanniolpapier tiefe Dellen. Schwingt sie weniger stark, entstehen flache Dellen.
  Der Schall ist somit in den Vertiefungen des Stanniolpapiers gespeichert.

Will man den Schall wieder hörbar machen, so wird die Nadel an den Anfang der Schreibspur gesetzt und die Walze gedreht. Die Nadel folgt den unterschiedlichen Vertiefungen im Stanniolpapier. Diese Hin- und Herbewegungen werden auf die Membran übertragen. Die Membran schwingt und erzeugt dadurch Schall. Durch den Trichter breitet sich dieser Schall bis zum Ohr eines Zuhörers aus.
Die Qualität der Schallaufzeichnung und Schallwiedergabe mit dem Phonographen war aber nicht gut.

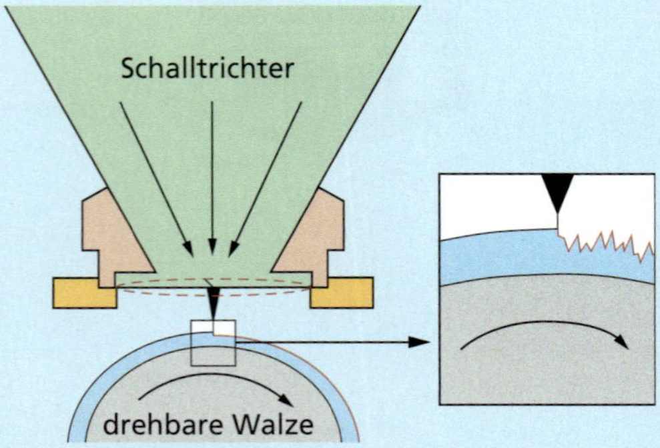

1 Prinzip des Phonographen von EDISON

Einen entscheidenden Fortschritt erzielte der deutsche Elektrotechniker EMIL BERLINER (1851–1929). Er ersetzte die Walze durch eine Platte, in deren Rille der Schall gespeichert wurde (Abb. 2). Die Abtastung erfolgte mit einer dünnen Nadel.

Schallplatte

2 Der Schall ist in der Form der Rille gespeichert.

Noch im 19. Jahrhundert kamen die ersten Platten in den Handel, die auf Grammofonen abgespielt wurden.

CD und DVD

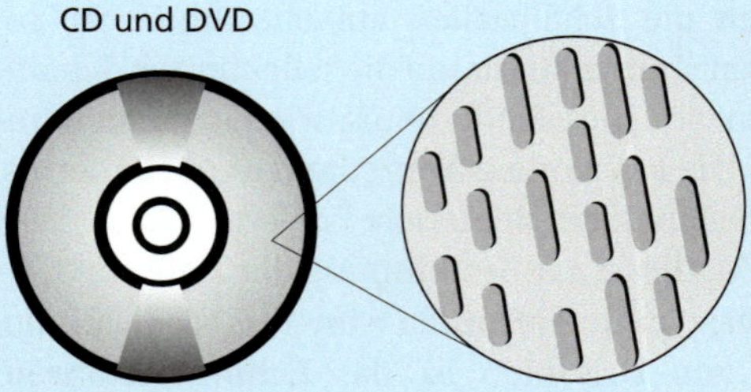

3 Der Schall ist in winzigen Vertiefungen gespeichert, die mit einem Laserstrahl erzeugt wurden.

Ein anderes Verfahren der Schallaufzeichnung und -wiedergabe entstand mit der Entwicklung des Rundfunks. Mitte der dreißiger Jahre wurden die ersten Tonbandgeräte eingesetzt. Die Aufzeichnung von Schall auf Magnetbändern finden wir noch bei Diktiergeräten und Kassettenrecordern.
Weit verbreitet sind heute CDs (englisch: **c**ompact **d**isc) und DVDs. Eine CD ist eine Kunststoffplatte, die mit einer sehr dünnen Metallschicht überzogen ist. Auf ihr befinden sich winzige, mit bloßem Auge nicht sichtbare Vertiefungen, so genannte Pits (Abb. 3). In diesen Vertiefungen ist der Schall gespeichert. Die Abtastung erfolgt nicht durch eine Nadel, sondern mit Laserlicht.

Einfache Musikinstrumente – selbst gebaut

Musik kann man nicht nur mit teuren Musikinstrumenten, sondern auch mit einfachen Anordnungen machen. Dazu muss man Körper zum Schwingen bringen. Die Anzahl der Schwingungen je Sekunde muss so groß sein, dass wir die entstehenden Töne hören. Mit dem Instrument muss es auch möglich sein, unterschiedlich hohe Töne zu erzeugen.
Eine erste Möglichkeit besteht darin, Flaschen unterschiedlich hoch mit Wasser zu füllen. Bläst man kräftig über die Öffnung, so entstehen je nach Füllung der Flaschen unterschiedlich hohe Töne (Abb. 1).

1. *Baue dir aus Flaschen ein Instrument! Versuche damit eine einfache Melodie zu spielen!*

Eine zweite Möglichkeit ist die Verwendung von gleichartigen Gläsern, die unterschiedlich hoch mit Wasser gefüllt sind und vorsichtig, z. B. mit einem Löffel, angeschlagen werden.

2. *Probiere eine solche Anordnung aus!*

Eine dritte Möglichkeit besteht darin, Klangstäbe zu verwenden (Abb. 2). Die Tonhöhe ist bei einem bestimmten Material von der Länge des Stabes abhängig. Durch geschickte Wahl der Länge erhält man alle Töne einer Tonleiter. Die Stäbe werden durch Anschlagen zum Klingen gebracht.

1 Aus Flaschen kann man sich ein „Instrument" bauen.

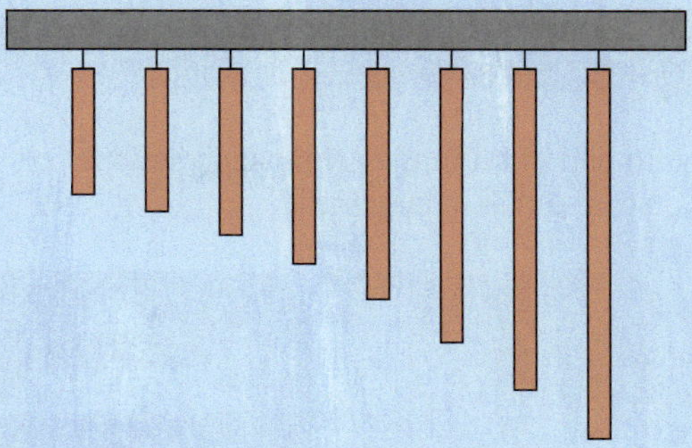

2 Aus verschieden langen Klangstäben kann man sich ein Instrument bauen.

Eine vierte Möglichkeit ist der Selbstbau eines einfachen Saiteninstruments, eines Monochords.
Zum Bau benötigst du eine größere Blechdose von 10–15 cm Durchmesser, einen stabilen Stab (z. B. Teil eines Besenstiels) sowie Holzschrauben, einen Steg aus Holz und dünnen Stahldraht.

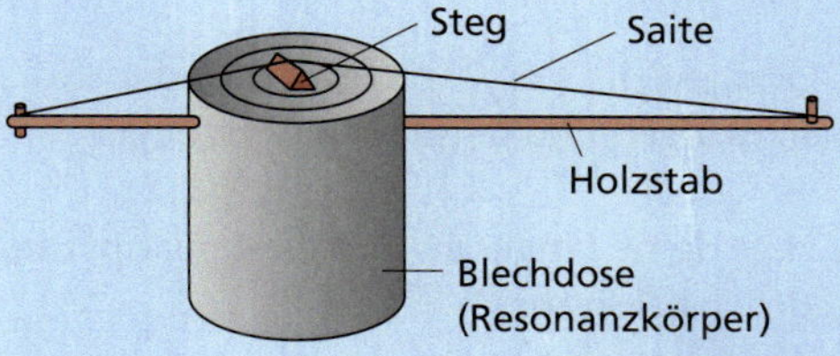

3. *Baue dir ein einfaches Monochord! Probiere es aus!*

4. *Untersuche, wie sich die Tonhöhe mit der Spannung der Saite ändert!*

5. *Untersuche, wovon bei einem Monochord die Lautstärke abhängig ist!*

6. *Erforsche eine einfache Möglichkeit, wie man auf einem Monochord verschieden hohe Töne spielen kann!*

7. *Erkunde, welche Möglichkeiten es noch gibt, sich ein einfaches Instrument selbst zu bauen! Baue dir ein solches Instrument und versuche damit eine einfache Melodie zu spielen!*

gewusst · gekonnt

1. In den Abbildungen sind verschiedene Schallquellen dargestellt.

Gib jeweils an, welche Teile der Körper schwingen und damit Schall erzeugen!

2. Lege deine Finger an deinen Kehlkopf und sprich oder singe!
Was kannst du beobachten?
Wie ist die Beobachtung zu erklären?

3. Gegen eine rotierende Scheibe mit Löchern, eine Lochsirene, wird Luft geblasen. Dadurch entstehen Töne.

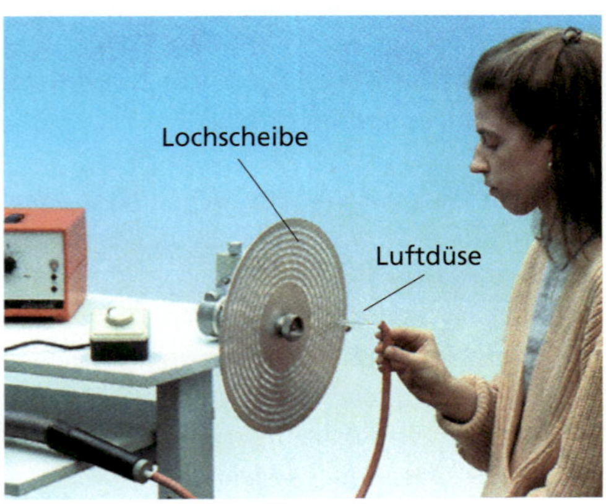

Erläutere das Entstehen von Schall bei einer solchen Lochsirene!

4. Stelle eine Übersicht über Schallquellen in Natur und Technik zusammen!
Gib dabei jeweils an, was schwingt und damit Schall erzeugt!

5. Erkunde, wie verschiedene Tiere Schall erzeugen! Nutze dazu auch das Internet! Fertige dazu Informationsmaterial an! Nutze auch Bilder!

6. Mithilfe zweier Blech- oder Plastikdosen und eines Bindfadens kann man sich ein einfaches Telefon bauen. Mit diesem Fadentelefon kann man sich gut verständigen, wenn der Faden straff gespannt ist.

a) Erkläre, wie mithilfe eines Fadentelefons Sprache übertragen werden kann!
b) Wie wird sich die Verständigung mit einem Fadentelefon verändern, wenn der Faden durch einen Metalldraht ersetzt wird?
c) Baue dir ein Fadentelefon und probiere es aus!

7. Wenn man eine Klingel unter eine Glasglocke stellt, kann man sie trotzdem hören. Pumpt man jedoch die Luft aus dem Raum unter der Glocke heraus, wird die Klingel immer leiser. Erkläre, wie das kommt!

8. Auf der Erde kann man Explosionen im Weltall auch nach längerer Zeit nicht hören. Erkläre, warum das nicht geht!

9. Bestimmt experimentell die Schallgeschwindigkeit in Luft!
Vorbereitung:
Überlegt, welche Größen gemessen und welche berechnet werden müssen!
Durchführung:
Einen Schallimpuls kann man auf einem Sportplatz mit einer Starterklappe erzeugen, dessen Auslösung auch über weite Entfernung sichtbar ist.
Auswertung:
Vergleicht den von euch ermittelten Wert mit einem Tabellenwert!

10. Im Gebirge ist das Echo von der gegenüberliegenden Felswand nach 8 s zu hören. Wie weit ist die Felswand entfernt?

11. Ein Gewitter ist mit Blitz und Donner verbunden.
a) Nimmt man bei einem Gewitter zuerst den Blitz oder den Donner wahr? Begründe!
b) Berechne die Entfernung eines Gewitters, wenn zwischen der Wahrnehmung von Blitz und Donner ein Zeitunterschied von 15 s gemessen wird!
c) Gib eine allgemeine Regel für die Bestimmung der Entfernung eines Blitzes von dir an!

12. Bei Ruderwettkämpfen benutzt der Steuermann manchmal ein Sprachrohr, um den Schlag anzugeben.

Beschreibe den Aufbau und erkläre die Wirkungsweise eines solchen Sprachrohres!

***13.** Mit einem Schlauchstethoskop (s. Abb.) kann ein Arzt die Geräusche von Herz und Lunge wahrnehmen.
Dazu setzt er das Bruststück auf den Körper des Menschen auf. Es besteht aus einer Kapsel mit oder ohne Membran.
Beschreibe den Aufbau und erkläre die Wirkungsweise eines Schlauchstethoskops!

14. In manchen Gewölben, den so genannten „Flüstergewölben", kann man das Flüstern weit entfernter Leute hören.

Erkläre, wie dieser Effekt zustande kommt!

15. In einem leeren Zimmer, z. B. beim Renovieren, hallt die menschliche Stimme deutlich nach. Ist das Zimmer mit Möbeln, Teppich und Gardinen eingerichtet, tritt dieser Effekt nicht mehr auf. Erkläre diesen Unterschied!

16. Von einem Schiff wird unmittelbar unter der Wasseroberfläche mit einem Echolotgerät Schall ausgesendet.
Nach 6 s wird der Schall wieder empfangen.
Wie tief ist an dieser Stelle das Meer?

17. Bei einem Sprintwettkampf steht der Starter mit seiner Klappe direkt hinter den Läufern. Der Sportlehrer steht mit seiner Stoppuhr direkt am Ziel an der 100-m-Marke.
a) Wann muss der Sportlehrer die Stoppuhr starten, wenn er das Zusammenschlagen der Klappe sieht oder wenn er den Knall hört?
Begründe!
b) Welche Zeitdifferenz tritt bei einer Entfernung von 100 m zwischen dem Zuschlagen der Klappe und dem Hören des Knalls auf?

18. Man kann zwischen Saiteninstrumenten, Blasinstrumenten und Schlaginstrumenten unterscheiden.
Fertige zur Schallerzeugung mit Instrumenten im Heft eine tabellarische Übersicht nach dem folgenden Muster an!

Instrumentenart	Beispiele	Was schwingt?	Wie wird die Schwingung erzeugt?
Blasinstrumente	Trompete	Luftsäule	durch Vibration der Lippen

Gib für jede Instrumentenart mindestens zwei Beispiele an!

19. Ein Lineal oder eine Blattfeder wird auf eine Tischkante gelegt. Das Ende wird ausgelenkt und schwingt hin und her.
Wie ändert sich der Ton mit Veränderung der Länge des schwingenden Teils?
Probiere aus!
Begründe!

20. Mithilfe eines Oszillografen wurden die Schwingungsformen einiger Schallquellen untersucht (s. Abb.).

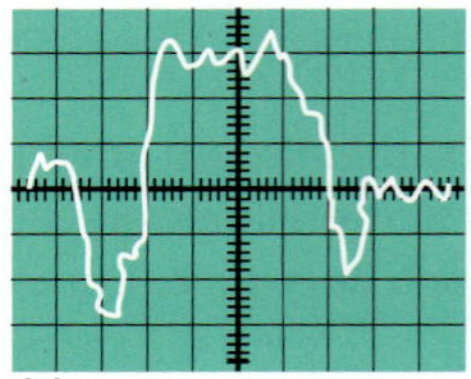
(1)

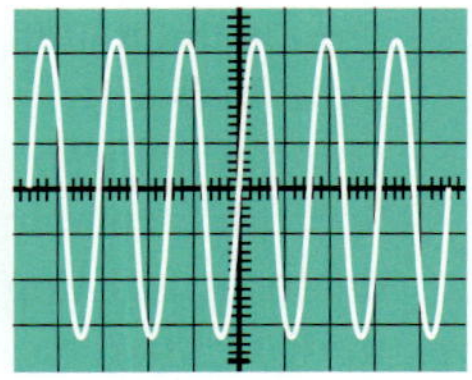
(2)

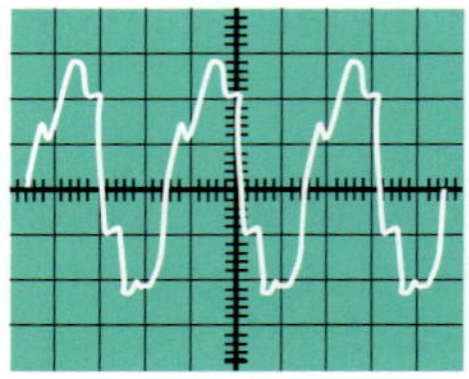
(3)

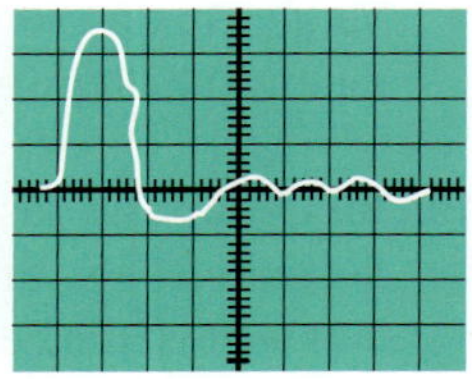
(4)

a) Um welche Art von Schall handelt es sich jeweils?
b) Nenne Beispiele für die verschiedenen Arten von Schall!

21. Vergleiche die beiden Schwingungsbilder!

a)
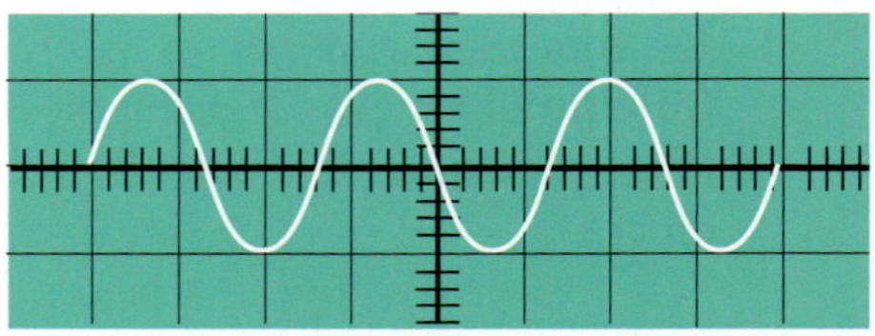

b)
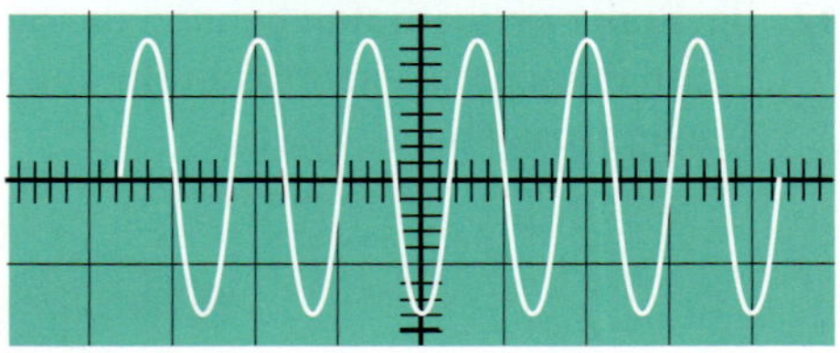

Welcher der beiden Töne ist lauter, welcher höher? Gib jeweils eine Begründung!

22. Untersuche mithilfe eines Mikrofons und eines Oszillografen die Schwingungsformen bei verschiedenen Instrumenten, wenn man jeweils den gleichen Ton auf ihnen spielt! Beschreibe Gemeinsamkeiten und Unterschiede!

23. In einem Lautsprecher wird der Schall durch das Schwingen eines kleinen Elektromagneten erzeugt. Diese geringen Schwingungen wären jedoch kaum zu hören, wenn der Lautsprecher nicht noch eine Membran hätte (s. Abb.).

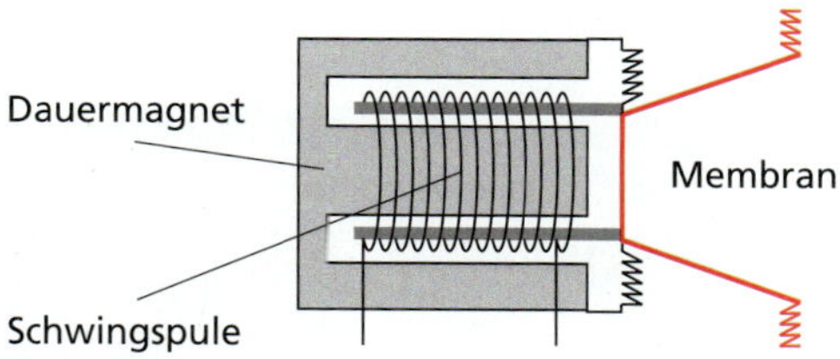

* a) Beschreibe den Aufbau und erkläre die Wirkungsweise eines Lautsprechers!
b) Wie schwingt die Membran bei leisen und bei lauten Tönen?
c) Wie schwingt die Membran bei tiefen und bei hohen Tönen?

24. Untersuche experimentell, wovon die Tonhöhe bei einem schwingenden Draht (Saite) abhängig ist!
a) Welche Größen kann man verändern, welche müssen dann jeweils konstant gehalten werden?
b) Führe die experimentellen Untersuchungen durch und formuliere das Untersuchungsergebnis!

25. Eine fliegende Biene oder Mücke summt, einen fliegenden Schmetterling hört man dagegen nicht. Erkläre!

26. Es gibt Hundepfeifen, auf die Hunde reagieren, deren Töne der Mensch aber nicht hören kann! Wie ist das zu erklären?

27. Ältere Menschen können häufig das Zirpen einer Grille nicht mehr hören.
Auch ein Konzert hören sie anders als junge Leute.
Wie ist das zu erklären?

28. Eine Gitarre hat 6 Saiten, die über einen Holzkörper gespannt sind. Der Holzkörper wird auch als Resonanzkörper bezeichnet.

Welche Funktion hat der Resonanzkörper?

29. Fertige eine Übersicht über Lärmquellen an, die es
a) in deiner Schule und ihrer Umgebung,
b) bei dir zu Hause und in deiner häuslichen Umgebung gibt!
Welche der Lärmquellen sind durch dich beeinflussbar, welche nicht?

30. Häuser sollten nicht nur eine gute Wärmedämmung, sondern auch eine gute Schalldämmung aufweisen.
a) Nenne und erläutere einige Maßnahmen der Schalldämmung bei Häusern!
Welche Eigenschaften von Schall werden dabei genutzt?
b) Erkunde den Aufbau von Schallschutzfenstern! Beschreibe den Aufbau und erkläre die Wirkungsweise!

31. Wenn draußen eine Schneedecke liegt, klingen alle Geräusche gedämpfter.
Wie kommt das?

32. Zu welchen gesundheitlichen Schäden können ständiger Lärm oder zu laute Musik führen?

33. Stelle in einer Übersicht Möglichkeiten zusammen, wie du dich vor Lärm schützen kannst!

Entstehung und Ausbreitung von Schall

Schall ist alles, was man mit den Ohren hören kann. Er entsteht, wenn ein Körper genügend schnell schwingt.
Schwingen können z. B. Saiten, Luftsäulen, Membranen oder die Stimmbänder.

Die **Tonhöhe** ist von der Anzahl der Schwingungen je Sekunde abhängig.

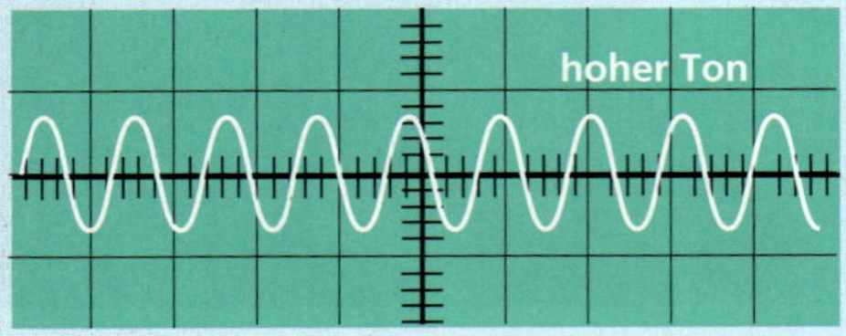

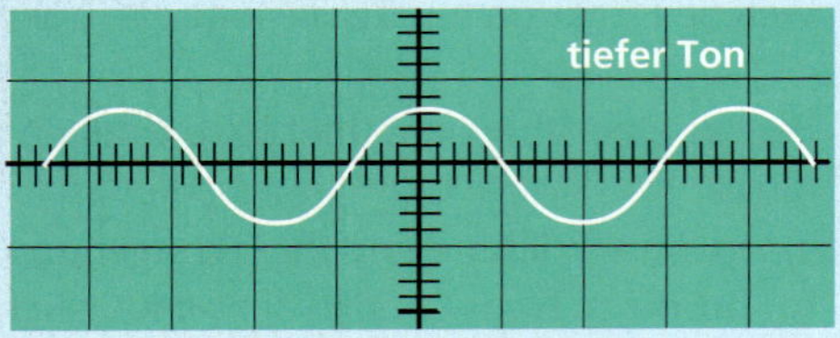

Die **Lautstärke** ist von der Stärke der Schwingungen abhängig.

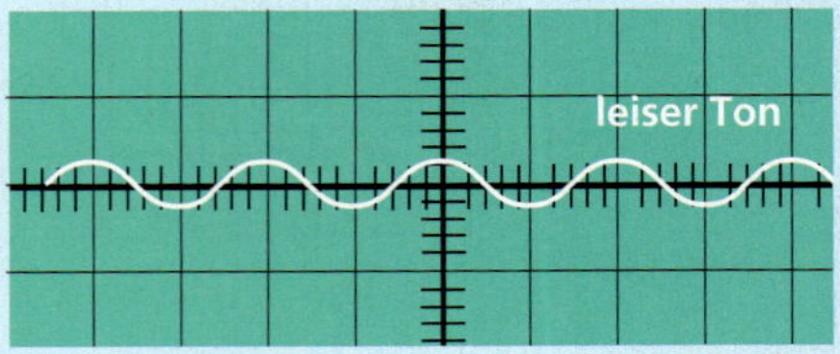

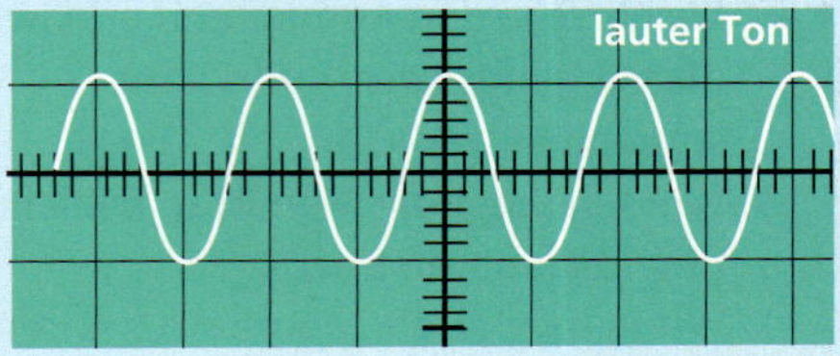

In der Akustik wird zwischen **Ton, Klang, Geräusch** und **Knall** unterschieden. Diese **Arten des Schalls** lassen sich durch Schwingungsformen charakterisieren.

Ton	Klang	Geräusch	Knall
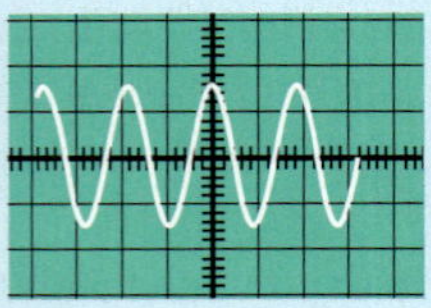	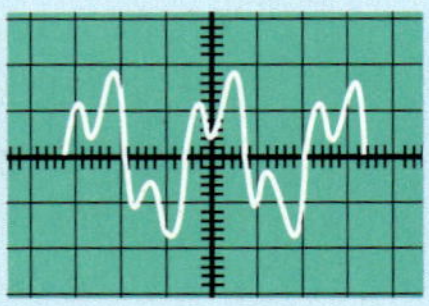	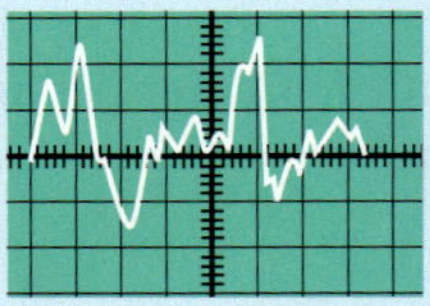	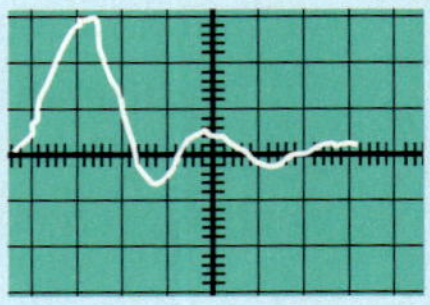

Schall – breitet sich in Stoffen aus, nicht aber im Vakuum,
– breitet sich in Luft mit ca. 333 m/s aus,
– wird an Flächen reflektiert; dabei gilt das Reflexionsgesetz ($\alpha = \alpha'$),
– wird an Ecken und Kanten gebeugt.

Sehr lauter Schall (Lärm) kann zu gesundheitlichen Schäden führen. Deshalb gilt:

Die Vermeidung von Lärm ist der beste Schutz vor gesundheitlichen Schäden. Wo es möglich ist, sollte Lärm gedämmt oder gedämpft werden.

5

Warum wir frieren oder schwitzen – wir erforschen die Wärme

5.1 Es ist kalt, es ist heiß – die Temperatur sagt mehr

Kalt oder warm?

Wenn du an einem heißen Sommertag am Strand liegst, kommst du leicht ins Schwitzen. Nach einem ausführlichen Bad kommt es dir dann aber relativ kühl vor, wenn du aus dem Wasser kommst, obwohl sich die Lufttemperatur nicht verändert hat.

Wie sind diese unterschiedlichen Empfindungen zu erklären?

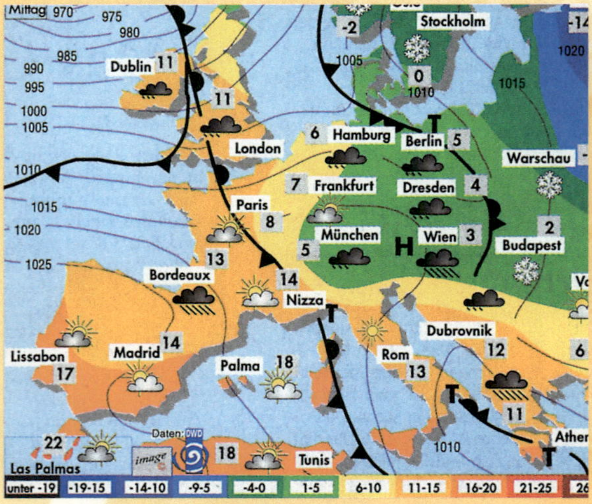

Eine Wetterkarte informiert

Im Wetterbericht wird vorausgesagt, wie das Wetter am nächsten Tag sein wird. Die Wetterkarte zeigt, welche Temperaturen zu erwarten sind und ob es Niederschläge geben wird. Manchmal wird neben der Temperatur auch noch die „gefühlte Temperatur" angegeben.

Was kann man aus einer Wetterkarte über die Temperatur ableiten?

Wie unterscheidet sich die gemessene Temperatur von der gefühlten Temperatur?

Stahl verändert sein Volumen

In Stahlwerken wird flüssiger Stahl in Kokillen gegossen und kühlt dort allmählich ab.

Wie verändert sich das Volumen des Stahls beim Abkühlen?

Was muss man beachten, wenn man ein Werkstück durch Gießen in einer Form herstellt?

Die Temperatur

Mit den wärmeempfindlichen und kälteempfindlichen Punkten in unserer Haut können wir fühlen, ob Luft oder Wasser heiß, warm oder kalt sind. Unser Temperaturempfinden lässt sich aber leicht täuschen: Fassen wir nacheinander Gegenstände aus Metall, Glas und Holz an, so erscheinen sie uns auch dann unterschiedlich warm, wenn sie die gleiche Temperatur haben. Bei sehr heißen (Abb. 1) und sehr kalten Körpern (Abb. 3) versagt unser Temperaturempfinden ebenfalls. Deshalb gilt:

Zur genauen Bestimmung der Temperatur eines Körpers ist es notwendig, diese Temperatur zu messen.

Die Temperatur ist eine physikalische Größe, die das genauer erfasst, was wir als heiß, warm oder kalt empfinden.
Messgeräte für die Temperatur sind **Thermometer,** die es in sehr unterschiedlichen Bauformen gibt (s. S. 117).
Zur Angabe der Temperatur eines Körpers in Grad Celsius (°C) wird die **Celsiusskala** (Abb. 2) genutzt. Diese Temperaturskala ist nach dem schwedischen Naturwissenschaftler ANDERS CELSIUS (1701–1744) benannt. CELSIUS schuf diese heute weltweit genutzte Temperaturskala um 1740. Als Fixpunkte (Bezugspunkte) für seine Skala wählte er die Temperatur von schmelzendem Eis und die Temperatur von siedendem Wasser bei normalem Luftdruck (Abb. 2).

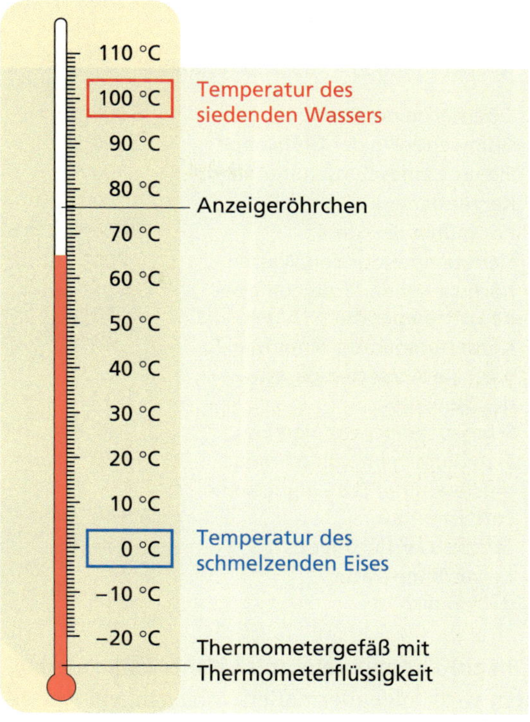

2 Die Celsiusskala mit ihren beiden Fixpunkten 0 °C und 100 °C.

Die Temperatur gibt an, wie heiß oder wie kalt ein Körper ist.

Formelzeichen:	ϑ	**(griechischer Buchstabe, sprich: Theta)**
Einheit:		**1 Grad Celsius (1 °C)**

1 Ein glühender Stahlblock hat eine Temperatur von etwa 800 °C.

3 Ein Eisberg kann in der Antarktis eine Temperatur von – 30 °C haben.

Temperaturen in Natur und Technik

Oberfläche der Sonne	6 000 °C
Glühwendel in der Glühlampe	2 500 °C
Flamme eines Bunsenbrenners	1 700 °C
Kerzenflamme	1 200 °C
Rot glühender Stahl	800 °C
Siedetemperatur von Wasser	100 °C
höchste auf der Erde gemessene Lufttemperatur	58 °C
Körpertemperatur einer Maus	44 °C
normale Körpertemperatur des Menschen	37 °C
Schmelztemperatur von Eis	0 °C
Tiefkühlfach im Kühlschrank	– 20 °C
tiefste auf der Erde gemessene Lufttemperatur	– 88 °C
Temperatur flüssiger Luft	– 193 °C
tiefste Temperatur, die möglich ist	– 273 °C

Um ein Thermometer mit Celsiusskala zu erhalten, wird folgendermaßen vorgegangen: Auf einer Skala (Abb. 2, S. 115) wird die Temperatur von schmelzendem Eis (0 °C) und die Temperatur von siedendem Wasser (100 °C) markiert. Der Abstand zwischen diesen beiden Punkten wird in 100 gleiche Teile geteilt. Jeder Teil entspricht einem Temperaturunterschied von einem Grad Celsius (1 °C). Temperaturen, die größer als 0 °C sind, können ein vorgesetztes Pluszeichen erhalten. Temperaturen, die kleiner als 0 °C sind, müssen durch ein vorgesetztes Minuszeichen gekennzeichnet werden.

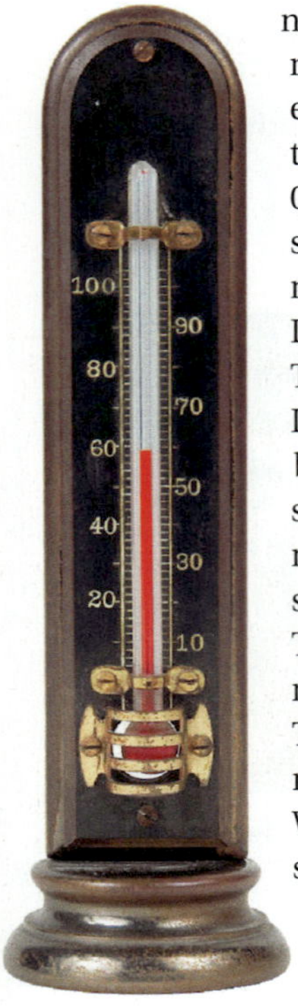

Die ersten wirklich brauchbaren Thermometer wurden um 1720 von DANIEL GABRIEL FAHRENHEIT (1686 bis 1736) entwickelt. Es handelte sich dabei um Flüssigkeitsthermometer. Bei ihnen wird genutzt, dass sich das Volumen der Flüssigkeit im Thermometergefäß mit der Temperatur ändert. Sie bestehen aus einem Thermometergefäß, einem Anzeigeröhrchen und einer Skala (Abb. 1). Während man früher meist Quecksilber als Thermometerflüssigkeit nutzte, wird heute in der Regel gefärbter Alkohol verwendet. Wasser ist als Thermometerflüssigkeit ungeeignet (s. S. 121).

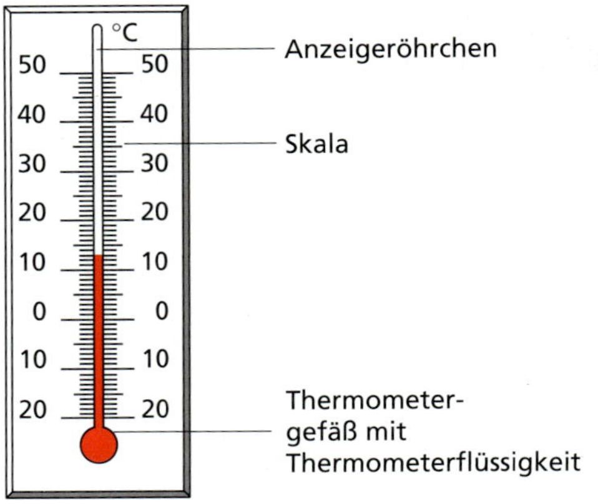

1 Aufbau eines Flüssigkeitsthermometers

Die Wirkungsweise eines Flüssigkeitsthermometers beruht darauf, dass sich eine Flüssigkeit bei Temperaturänderung ausdehnt oder zusammenzieht (s. S. 119). Je höher die Temperatur ist, desto höher steht die Flüssigkeitssäule im Anzeigeröhrchen.

Neben Flüssigkeitsthermometern gibt es noch viele andere Arten von Thermometern mit unterschiedlichem Aufbau und verschiedener Wirkungsweise (s. S. 117).

Jedes Thermometer hat einen bestimmten **Messbereich** und eine vom Aufbau abhängige **Messgenauigkeit.** Das abgebildete Flüssigkeitsthermometer (Abb. 1) hat einen Messbereich von –20 °C bis +50 °C. Man kann auf 1 °C genau ablesen und 0,5 °C schätzen.

Vorgehen beim Messen der Temperatur

1. Schätze die Temperatur des Körpers und wähle ein geeignetes Thermometer aus! Beachte dabei den Messbereich des Thermometers und die notwendige Messgenauigkeit!
2. Bringe den Messfühler (z. B. das Thermometergefäß) in guten Kontakt mit dem Körper, dessen Temperatur gemessen werden soll!
3. Warte ab, bis sich die angezeigte Temperatur nicht mehr ändert!
4. Lies die Temperatur an der Skala ab!

Mosaik

Verschiedene Thermometer für unterschiedliche Anwendungen

Je nach Verwendungszweck und Bauform gibt es unterschiedliche Arten von Thermometern. Die Thermometer unterscheiden sich nicht nur in ihrem Aufbau und ihrer Wirkungsweise, sondern vor allem auch in ihren Messbereichen. Im Haushalt werden vielfach verschiedene Arten von Flüssigkeitsthermometern verwendet (Abb. 1).
Als *Zimmerthermometer* nutzt man meist Thermometer mit einem Messbereich, der zwischen –10 °C und 40 °C liegt (Abb. 1a).
Als *Außenthermometer* haben sie meist einen Messbereich zwischen –30 °C und 50 °C.

Mit *Kühlschrankthermometern* (Abb.1b) will man die Temperatur im Innern eines Kühlschranks messen. Der Messbereich solcher Thermometer geht deshalb meist bis –20 °C oder –30 °C.

Mit einem *Fieberthermometer* soll möglichst genau die Körpertemperatur gemessen werden. Der Messbereich dieser Thermometer liegt deshalb zwischen 35 °C und 42 °C, also im Bereich der normalen Körpertemperatur von 37 °C (Abb. 1c). Da es hier auf sehr genaue Messungen ankommt, besitzen Fieberthermometer eine hohe Messgenauigkeit, mit der man auf 0,1 °C genau ablesen kann.

Mit *Laborthermometern* (Abb. 1d) kann man z. B. auch Temperaturen von über 100 °C messen.

Neben Flüssigkeitsthermometern gibt es auch Thermometer bzw. Temperaturanzeigen, die völlig anders funktionieren.

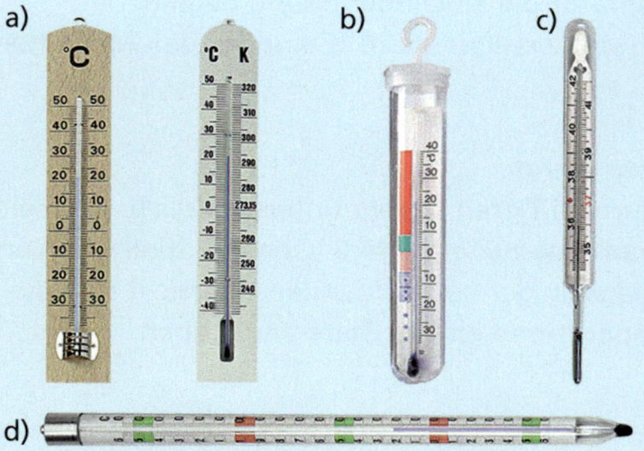

1 Verschiedene Flüssigkeitsthermometer

Weit verbreitet sind *Bimetallthermometer* (Abb. 2). Genutzt wird bei solchen Thermometern die Veränderung der Krümmung eines Bimetallstreifens bei Temperaturänderung.
Zunehmend verwendet werden *elektrische Thermometer* (Abb. 3).
Besonders interessant ist das *galileische Thermometer* (Abb. 4), das GALILEO GALILEI (1564–1642) erfunden hat und dessen Wirkungsweise mit dem Auftrieb in Flüssigkeiten erklärt werden kann.
Es gibt auch Thermometer, bei denen genutzt wird, dass bestimmte Stoffe mit der Temperatur ihre Farbe wechseln. Abb. 5 zeigt ein solches Thermometer.

2 Bimetallthermometer

3 Elektrisches Thermometer

4 Thermometer nach GALILEI

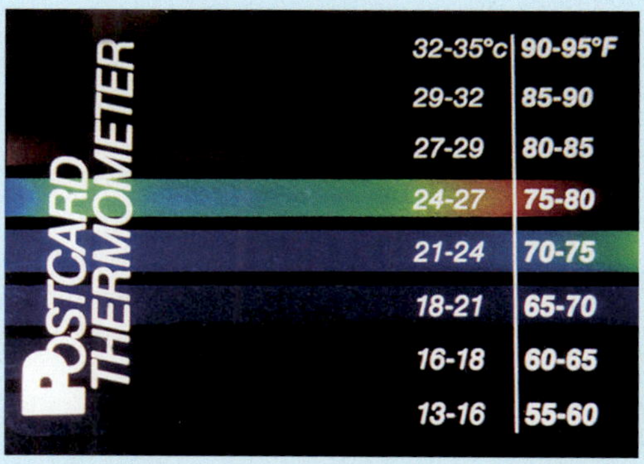

5 Thermometer mit Thermofarben

Körpertemperaturen

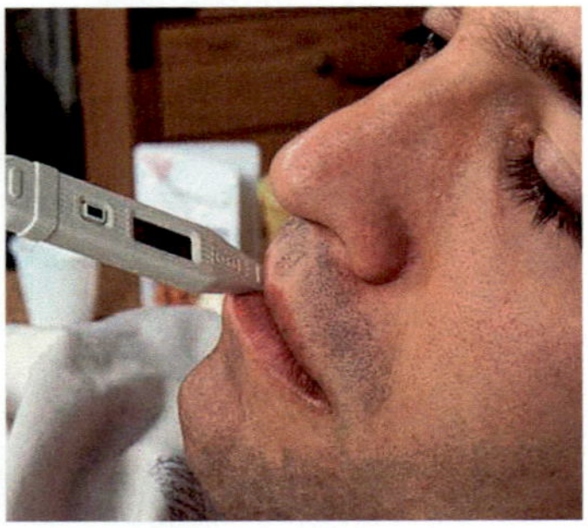

1 Die Körpertemperatur kann an unterschiedlichen Stellen gemessen werden.

Die Temperatur, die der **Mensch** oder ein anderes Lebewesen hat, wird als Körpertemperatur bezeichnet.

Körpertemperatur von Menschen
Beim Menschen – einem „gleichwarmen Säugetier"– beträgt die Körpertemperatur etwa 37 °C. Sie wird mit **Fieberthermometern** (Bild 1) gemessen. Diese Temperatur hat nicht für alle Personen den gleichen Wert und ist auch für eine Person nicht konstant.
So gibt es eine individuelle Spannbreite, also Personen mit einer ständig etwas höheren oder etwas niedrigeren Temperatur.

Darüber hinaus ändert sich die Körpertemperatur beim Menschen im Laufe eines Tages. Früh gegen 6 Uhr ist sie besonders niedrig, am späten Nachmittag gegen 18 Uhr erreicht sie einen Höchstwert. Die **Temperaturschwankung** beträgt bis zu 1 K am Tag (Bild 2). Welche Körpertemperatur gemessen wird, ist auch davon abhängig, ob man die Temperatur auf der Haut (z. B. unter der Achsel) oder in einer Körperhöhle misst. Als **normaler Wert** für die menschliche Körpertemperatur gilt bei Messung in Körperhöhlen:
$\vartheta = (36{,}8\ °C \pm 0{,}5\ °C)$

Bei Messung auf der Haut gilt als Normalwert: $\vartheta = (36{,}3\ °C \pm 0{,}5\ °C)$

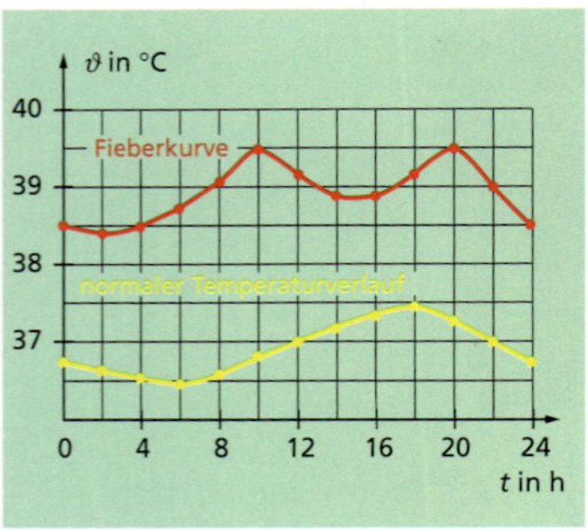

2 Die Körpertemperatur des Menschen ist nicht konstant.

Bei Erkrankungen können höhere Temperaturen auftreten. Man spricht dann von erhöhter Temperatur oder von **Fieber.** Der Grenzwert für den Menschen nach oben ist eine Temperatur von 42,6 °C, weil bei dieser Temperatur die Eiweißgerinnung beginnt. Körpertemperaturen von weniger als 20 °C sind für den Menschen tödlich.

Körpertemperatur von Tieren
Die Körpertemperatur von Tieren ist sehr unterschiedlich. Bei gleich warmen Tieren schwankt sie zwischen 44,6 °C beim Rotkehlchen und 30 °C bei der Haselmaus. In der nachfolgenden Übersicht sind die mittleren Körpertemperaturen einiger Tiere angegeben.

... und mehr

Informiere dich auch unter: *Gefühlte Temperatur, Temperatur von Körpern, Thermometer, Anders Celsius, Lord Kelvin, Fahrenheit, Reaumurtemperatur, ...*

Volumenänderung von Flüssigkeiten und Gasen

In Kaufhäusern, Hotels oder Bürohäusern sind zum Schutz vor Bränden Sprinkleranlagen in den Decken installiert (Abb. 1). Sie sind direkt mit Wasserleitungen verbunden. Bei großer Temperaturerhöhung, wie bei einem Brand, dehnt sich eine Flüssigkeit im Sprühkopf stark aus und „sprengt“ das Röhrchen. Das Löschwasser hat freien Lauf.

Das in Abb. 2 dargestellte Experiment zeigt, wie unterschiedlich sich Flüssigkeiten ausdehnen.

Die meisten Flüssigkeiten dehnen sich bei Erhöhung der Temperatur aus und ziehen sich bei Verringerung der Temperatur zusammen.

1 Im Sprühkopf einer Sprinkleranlage dehnt sich bei Temperaturanstieg eine Flüssigkeit so stark aus, dass ihr Behältnis zerspringt.

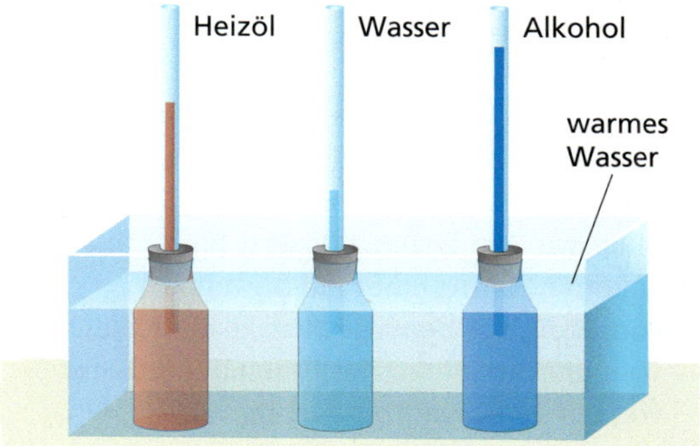

2 Bei Zimmertemperatur standen die Flüssigkeiten in den drei Steigrohren gleich hoch: Ihr Ausgangsvolumen war gleich. Bei gleicher Temperaturerhöhung dehnt sich Alkohol am meisten aus.

Mosaik

Verschiedene Temperaturskalen

Bei der Celsiusskala sind die Temperaturen von schmelzendem Eis (0 °C) und von siedendem Wasser (100 °C) die Bezugspunkte (Fixpunkte). Die Wahl dieser beiden Bezugspunkte und auch die Teilung der Skala in 100 gleiche Teile zwischen diesen beiden Punkten ist willkürlich. In der Geschichte der Physik hat es auch andere Vorschläge gegeben, und auch heute werden verschiedene Temperaturskalen verwendet.

Der Physiker GABRIEL DANIEL FAHRENHEIT (1686 bis 1736), der in den Niederlanden und in England wirkte, entwickelte eine Temperaturskala, die heute noch in den USA verwendet wird. Bezugspunkte der Fahrenheitskala sind die Temperatur eines Gemisches aus Eis, Salmiak und Wasser (0 °F, sprich: null Grad Fahrenheit) sowie unsere normale Körpertemperatur (100 °F).

Eine weitere, heute nicht mehr gebräuchliche Temperaturskala schuf der französische Physiker und Zoologe REAUMUR (1683–1757).

Lord KELVIN (1834–1907), wie sich der berühmte englische Naturwissenschaftler WILLIAM THOMSON seit 1892 nennen durfte, entwickelte die Kelvinskala. Die tiefste mögliche Temperatur ist 0 K (sprich: null Kelvin). 0 °C entspricht 273 K.

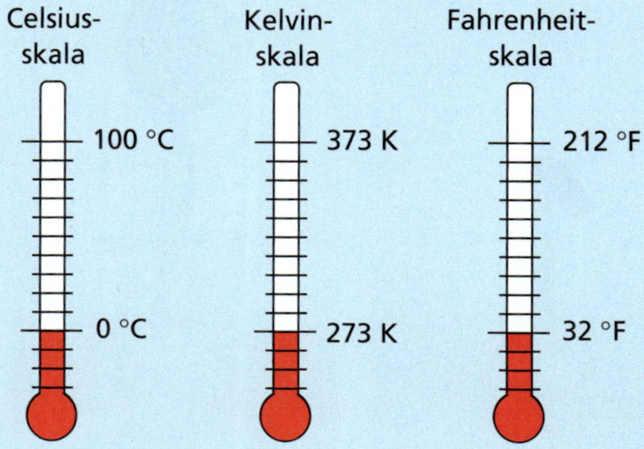

3 Verschiedene Temperaturskalen

Volumenänderung von 10 l Flüssigkeit, wenn sich deren Temperatur um 10 K ändert	
Stoff	**Volumenänderung**
Alkohol	110 ml
Benzin	100 ml
Glycerin	50 ml
Heizöl	90 ml
Quecksilber	18 ml
Wasser	18 ml

Wasser macht bei niedriger Temperatur eine Ausnahme (s. S. 121). Sein nicht normales Verhalten wird als **Anomalie des Wassers** bezeichnet.

Ähnlich wie bei festen Körpern hängt auch die Volumenänderung einer Flüssigkeit ab

- vom Stoff, aus dem die Flüssigkeit besteht,
- vom ursprünglichen Volumen der Flüssigkeit
- von der Temperaturänderung.

So vergrößert sich z. B. das Volumen von 10 l Heizöl um 90 ml, wenn man seine Temperatur um 10 K erhöht, das von Wasser dagegen bei der gleichen Temperaturänderung nur um 18 ml (s. Tabelle oben).

Ebenso wie feste Körper und die meisten Flüssigkeiten dehnen sich auch Gase beim Erwärmen aus und ziehen sich beim Abkühlen zusammen (Abb. 1). Aber bei Gasen hängt die Volumenänderung bei Erwärmung nicht von der Art des Gases ab. Gase wie Luft, Butan oder Helium dehnen sich fast gleich stark aus.

1 Wird die Luft in dem Gefäß erwärmt, so dehnt sie sich aus. Der Luftballon bläst sich auf.

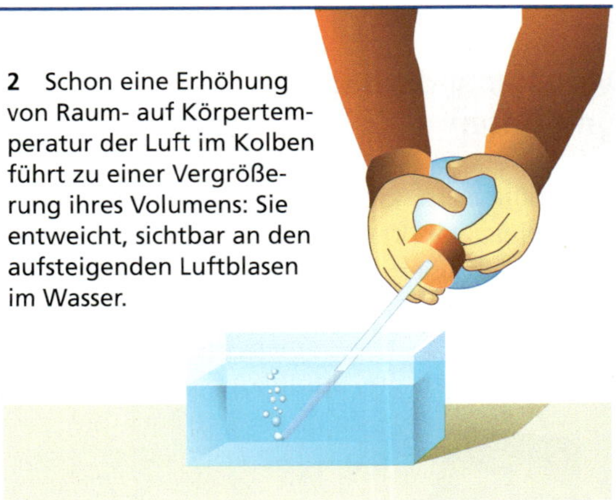

2 Schon eine Erhöhung von Raum- auf Körpertemperatur der Luft im Kolben führt zu einer Vergrößerung ihres Volumens: Sie entweicht, sichtbar an den aufsteigenden Luftblasen im Wasser.

Das Volumen eines Gases von 10 l vergrößert sich bei einer Erwärmung um 10 K um 366 ml. Zum Vergleich: Das Volumen von 10 l Wasser vergrößert sich bei der gleichen Temperaturänderung nur um 18 ml.

Alle Gase dehnen sich gleich aus. Bei gleicher Temperaturänderung und gleichem Ausgangsvolumen dehnen sich Gase stärker aus als Flüssigkeiten.

Gase kennzeichnet noch eine weitere Besonderheit: Wenn sie in einem Gefäß erhitzt werden, das nicht verschlossen ist, dann entweicht ein Teil des Gases. Man kann das leicht in einem Experiment (Abb. 2) erkennen.

Befindet sich das Gas jedoch in einem fest verschlossenen Gefäß, beispielsweise in einem Fahrradschlauch oder einem Autoreifen, und die Temperatur wird erhöht, dann steigt der Druck der eingeschlossenen Luft. An besonders heißen Sommertagen kann das zum Platzen von Fahrradschläuchen führen, wenn das Fahrrad längere Zeit in der prallen Sonne steht.

Autoreifen werden im Sommer aus demselben Grund manchmal mit einem niedrigeren Druck aufgepumpt als im Winter. Besonders Vorsichtige schützen die Autoreifen bei längerem Halt in der Hitze mit Pappkartons oder hellen Tüchern.

Da der Druck im Reifen ebenso wie das Volumen temperaturabhängig ist, empfehlen die Hersteller, den Druck stets nur am kalten Reifen zu messen bzw. einzustellen. Zu niedriger oder zu hoher Druck können zu Schäden führen.

Mosaik

Die Anomalie des Wassers

Bei Temperaturen über 4 °C verhält sich Wasser wie andere Flüssigkeiten. Bei Erhöhung der Temperatur dehnt es sich aus, bei Verringerung der Temperatur wird sein Volumen kleiner.
Kühlt sich Wasser aber unter 4 °C ab, so wird sein Volumen nicht kleiner, sondern bis 0 °C wieder größer. Wasser hat bei 4 °C sein kleinstes Volumen und damit seine größte Dichte, da bei konstanter Masse $\rho \sim 1/V$ gilt. Dieses „nicht normale" Verhalten von Wasser wird in der Physik als **Anomalie des Wassers** bezeichnet (Abb. 1).

Die Anomalie des Wassers ist für das Leben von Tieren und Pflanzen im Wasser sehr wichtig.
Im Sommer wird das Wasser von der Sonne erwärmt. Das leichtere, wärmere Wasser bleibt an der Oberfläche, tiefer liegende Schichten sind kühler. Es bildet sich eine stabile Temperaturschichtung des Wassers aus (Abb. 2). Das kannst du auch beim Baden feststellen.
Im Herbst (Abb. 3) und Winter (Abb. 4) kühlt sich das Wasser an der Oberfläche ab. Das Wasser mit der größeren Dichte sinkt nach unten. Bei Temperaturen um 4 °C bleibt dann das kühlere Wasser an der Oberfläche. Eine weitere Abkühlung führt zur Eisbildung an der Wasseroberfläche. Tiefer liegende Schichten haben eine Temperatur von 4 °C. Das Wasser gefriert in größeren Tiefen also nicht. Dadurch können Tiere und Pflanzen im Wasser überleben.

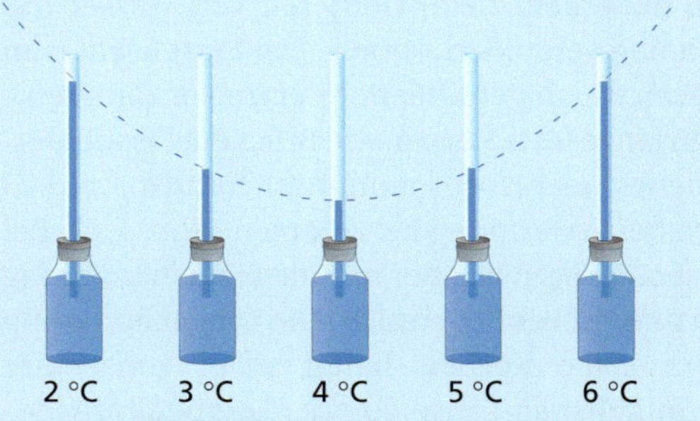

1 Bei 4 °C hat Wasser sein kleinstes Volumen und seine größte Dichte.

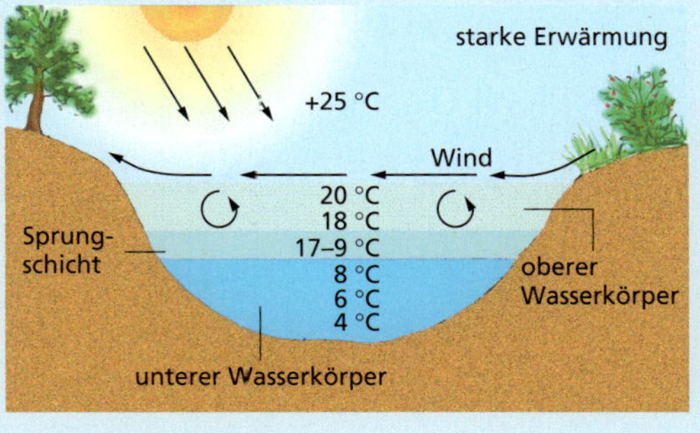

2 Sommerstabilität

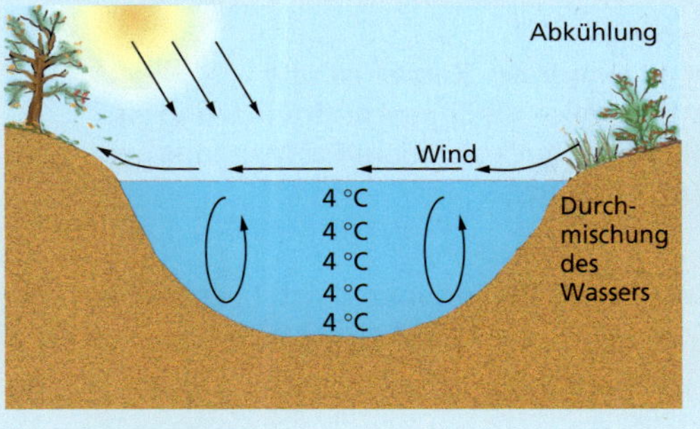

3 Herbstzirkulation

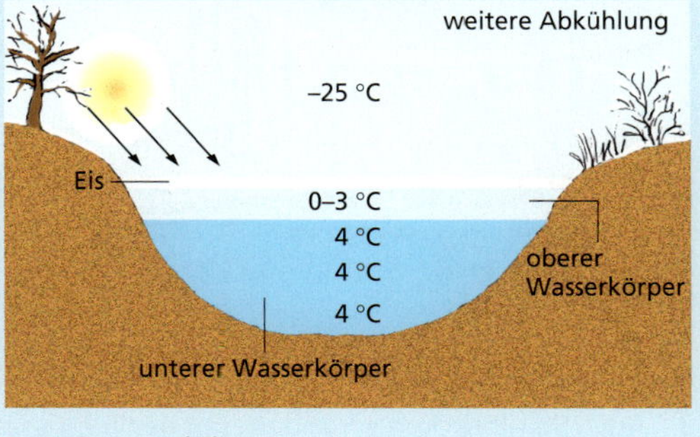

4 Winterstabilität

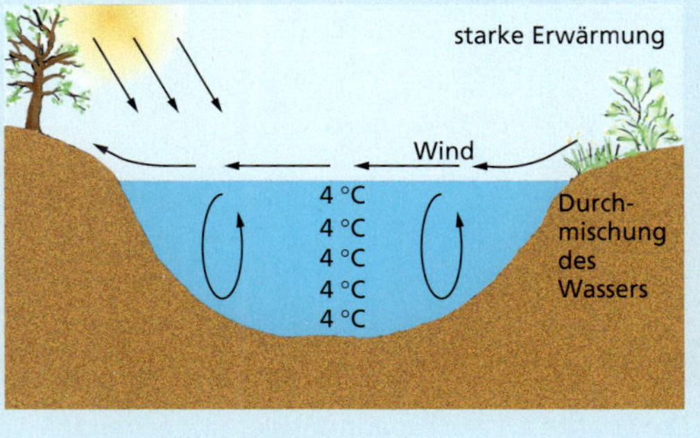

5 Frühjahrszirkulation

Volumen- und Längenänderung von festen Körpern

Schon an einer Eisenkugel lässt sich nachweisen, dass sich ihr Volumen vergrößert, wenn man sie erhitzt (Abb. 2). Für die meisten anderen festen Körper gilt ebenfalls: Bei Erhöhung der Temperatur dehnen sie sich aus, bei Verringerung der Temperatur ziehen sie sich zusammen. Eine Ausnahme ist dabei Eis. Bei ihm vergrößert sich das Volumen mit Verringerung der Temperatur. Da sich außerdem beim Gefrieren von Wasser das Volumen vergrößert, kann es bei Frost leicht zum Platzen wassergefüllter Rohrleitungen kommen. Auch lange feste Körper, wie Brücken, Eisenbahnschienen oder Hochspannungsleitungen, vergrößern bei Erwärmung ihr Volumen (Abb. 1, 3). Bei diesen Körpern ist aber nur die Längenänderung von praktischer Bedeutung. Die Längenänderung eines festen Körpers hängt außer von seiner ursprünglichen Länge von der Temperaturänderung und von dem Stoff ab, aus dem er besteht.

Die Längenänderung fester Körper ist umso größer,
- **je länger der Körper ist und**
- **je größer die Temperaturänderung ist.**

Sie hängt auch von dem Stoff ab, aus dem der Körper besteht.

Ein Kupferdraht verlängert sich bei gleicher Temperaturänderung mehr als ein ursprünglich gleich langer Draht aus Stahl (s. Übersicht). So würde sich ein 20 m langer Kupferdraht bei $\Delta T = 10$ K um 3,2 mm ändern, ein entsprechender Stahldraht dagegen um 2,4 mm.

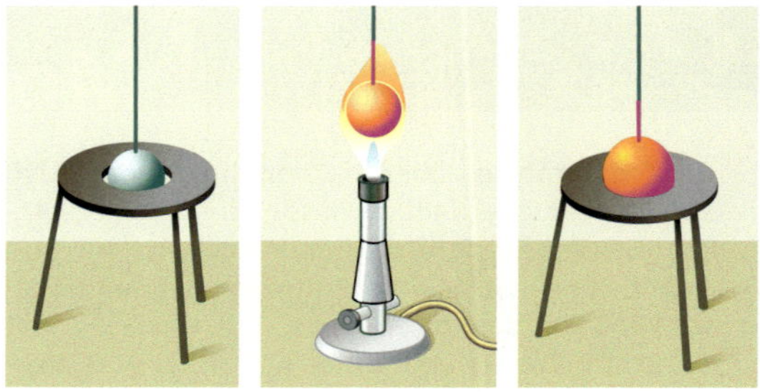

2 Bei Zimmertemperatur passt die Eisenkugel gerade noch durch eine Öffnung. Wird sie erhitzt, dehnt sie sich aus und passt nicht mehr hindurch.

Längenänderung eines Körpers von 10 m Länge bei einer Temperaturänderung von 10 K	
Stoff	**Längenänderung**
Aluminium	2,4 mm
Beton	1,2 mm
Eisen	1,2 mm
Glas	1,0 mm
Gold	1,4 mm
Holz	0,8 mm
Kupfer	1,6 mm
Messing	1,8 mm
Silber	2,0 mm
Stahl	1,2 mm
Zink	3,6 mm
Zinn	2,7 mm

1 Die Drähte an Hochspannungsleitungen verändern mit der Temperatur ihre Länge. Sie hängen dann unterschiedlich weit durch.

3 Auch Stahlbrücken verändern mit der Temperatur ihre Länge. Sie sind deshalb auf einer Seite auf Rollen gelagert.

Physik in Natur und Technik

Ein selbst gebautes Thermometer

Die Fixpunkte der Celsiusskala sind leicht herzustellen. Dies kann man beim Bau eines Thermometers ausnutzen.
Wie kann man ein Flüssigkeitsthermometer mit einer Celsiusskala herstellen?

Die Fixpunkte der Celsiusskala sind 0 °C (Schmelztemperatur von Eis) und 100 °C (Siedetemperatur von Wasser).
Für das Flüssigkeitsthermometer benötigt man ein Thermometergefäß mit Anzeigeröhrchen und Thermometerflüssigkeit (z. B. gefärbten Alkohol). Dieses Thermometer, das noch keine Skala hat, wird zunächst in ein Gemisch aus Wasser und Eis getaucht (Abb. 1). Wenn sich die Flüssigkeitssäule im Anzeigeröhrchen nicht mehr ändert, kann man den Stand der Säule markieren. Damit wäre der erste Fixpunkt 0 °C ermittelt.
Dann wird das Thermometer in siedendes Wasser gehalten. Wenn sich die Höhe der Flüssigkeitssäule nicht mehr ändert, kann der zweite Fixpunkt 100 °C markiert werden. Anschließend wird der Abstand zwischen den beiden Punkten in 10 gleiche Abstände unterteilt. Somit erhält man eine Temperaturskala, die eine Skaleneinteilung von jeweils 10 °C besitzt.

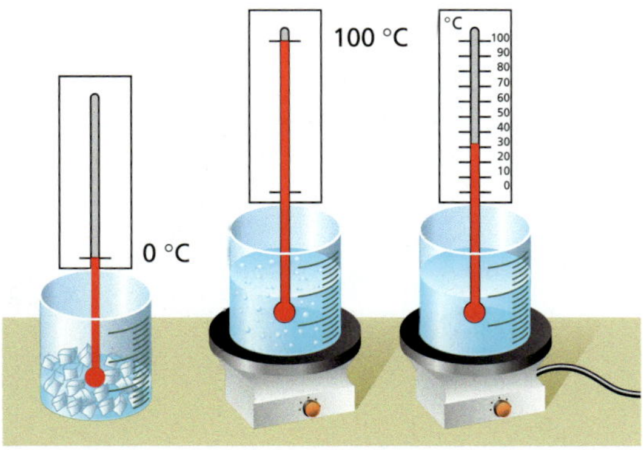

1 Festlegung der Fixpunkte eines Flüssigkeitsthermometers: Ein Eis-Wasser-Gemisch hat eine Temperatur von 0 °C, siedendes Wasser von 100 °C.

Vorsicht beim Tanken im Sommer

In der Regel tankt man sein Auto voll. Im Sommer kann das jedoch gefährlich werden, wenn der Tank randvoll gefüllt wird.
Warum sollte man an heißen Sommertagen den Tank eines Autos nie randvoll füllen?

Wie alle Flüssigkeiten dehnt sich das Benzin aus. Es wird an der Tankstelle aus unterirdischen Vorratsbehältern gepumpt und hat dann eine Temperatur von ca. 10 °C. An Sommertagen von ca. 30 °C bedeutet das eine Temperaturerhöhung um 20 K. Wenn ein Tank z. B. 50 l Benzin fasst, dann vergrößert sich das Volumen folgendermaßen:
Entsprechend der Tabellenwerte auf S. 120 vergrößert sich das Volumen von 10 l Benzin bei einer Temperaturänderung von 10 K um 100 ml.
50 l dehnen sich dann bei gleicher Temperaturänderung um 5 · 100 ml = 500 ml aus. Bei einer doppelt so großen Temperaturänderung hat sich das Tankvolumen dann um das Doppelte vergrößert: Es sind 1 000 ml.
Das Volumen einer Tankfüllung Benzin von 50 l wird also um 1/50 größer. Das ist immerhin 1 l.
Wurde der Tank bei diesen Temperaturen bis zum Rand gefüllt, entweicht das überschüssige Benzin über ein Entlüftungsrohr (Abb. 2). Das verschmutzt nicht nur die Umwelt, sondern kann auch zur Ursache von Bränden werden.
Das Entlüftungsrohr dient ansonsten dazu, dass die Luft beim Tanken entweichen kann.

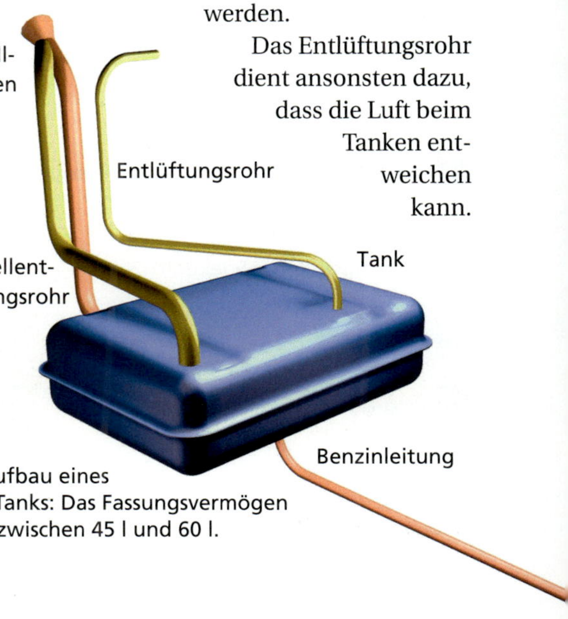

2 Aufbau eines Pkw-Tanks: Das Fassungsvermögen liegt zwischen 45 l und 60 l.

Feuermelder in Aktion

Kinos, Kaufhäuser oder Lagerhäuser sind mit Alarmanlagen für Feuer ausgerüstet. Diese Alarmanlagen dienen dem Schutz von Menschen und Sachwerten vor Feuer und Rauch.
Bei den Feueralarmanlagen gibt es Temperaturwarnanlagen, die das Überschreiten einer bestimmten Temperatur signalisieren, und Rauchmeldeanlagen, die die Lufttrübung bei Rauchentwicklung registrieren.
Wesentlicher Teil einer Temperaturwarnanlage ist ein Bimetallstreifen.
Wie ist ein Bimetallstreifen aufgebaut? Wie funktioniert er?

Ein Bimetallstreifen (bi = zwei) besteht aus zwei Streifen aus verschiedenen Metallen, z. B. aus Zink und Eisen (Abb. 1a) oder aus Messing und Eisen. Die Metallstreifen sind fest miteinander verschweißt, verklebt oder vernietet.
Ändert sich die Temperatur, so dehnen sich beide Metalle aus. Bei gleicher Temperaturänderung dehnt sich jedoch Zink stärker als Eisen aus (s. Tabelle S. 122). Da beide Metalle fest miteinander verbunden sind, biegt sich der Bimetallstreifen bei Temperaturerhöhung zum Eisen hin. Bei Verringerung der Temperatur geht auch die Biegung wieder zurück.
Eine solche Anordnung aus einem Bimetallstreifen und einem Kontakt nennt man **Bimetallschalter.**

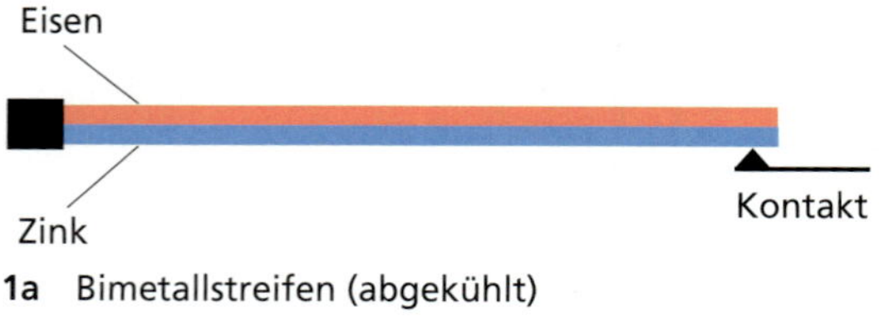

1a Bimetallstreifen (abgekühlt)

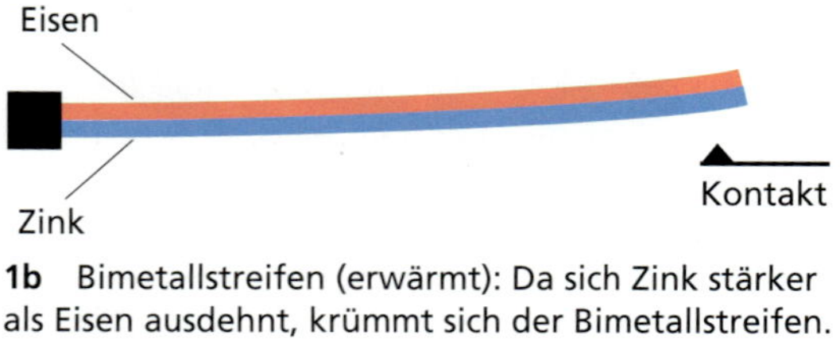

1b Bimetallstreifen (erwärmt): Da sich Zink stärker als Eisen ausdehnt, krümmt sich der Bimetallstreifen.

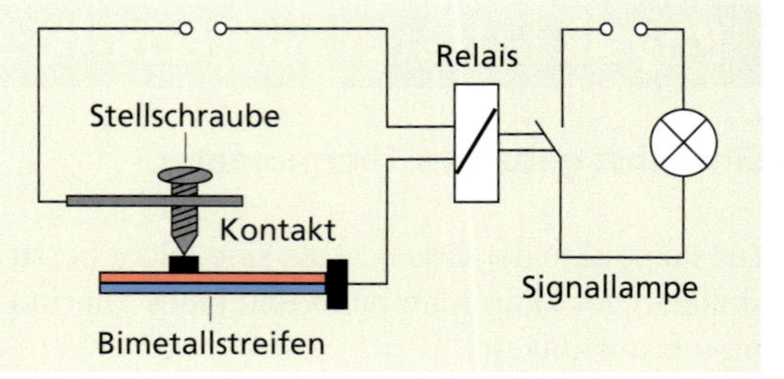

2 Aufbau einer Temperaturwarnanlage

Beschreibe den Aufbau der in Abb. 2 dargestellten Temperaturwarnanlage! Erkläre ihre Wirkungsweise!

Eine Temperaturwarnanlage dient dazu, eine erhöhte Temperatur in einem Raum, z. B. bei Ausbruch eines Feuers, zu signalisieren.
Sie besteht aus einem Bimetallschalter (Bimetallstreifen, Kontakt), einem Relais (elektromagnetischer Schalter) und einer Signallampe.
Bei normaler Raumtemperatur ist der Bimetallschalter geschlossen. Die Signallampe leuchtet nicht. Erhöht sich die Temperatur, so biegt sich der aus zwei verschiedenen Metallen bestehende Bimetallstreifen. Der Kontakt öffnet sich, der Stromfluss wird unterbrochen. Dadurch wird im Relais der Stromkreis, in dem sich die Signallampe befindet, geschlossen. Sie leuchtet auf.
Mithilfe der Stellschraube kann die Temperatur eingestellt werden, bei der der Stromfluss unterbrochen wird. Je nach Raum wählt man dazu Temperaturen zwischen 40 °C und 90 °C.

3 Automatische Rauch- und Feuermelder sind meist an der Decke angebracht.

Suche von Informationen im Internet

Das Internet ist eine wichtige Informationsquelle. Auf vielen Millionen Seiten sind für jeden Nutzer eine Vielzahl von Informationen zugänglich, die man über Internet-Adressen, Links oder Suchmaschinen finden kann. Wenn du einen bestimmten Begriff, ein Gesetz, ein technisches Gerät oder eine Biografie eines Wissenschaftlers finden willst, solltest du beachten:

- Zweckmäßig ist die Suche über eine gute Suchmaschine (z. B. www.google.de oder www.altavista.de) oder über eine Adresse, unter der für Schüler entwickelte Materialien zur Verfügung stehen.
- Nutze die Suche mit **Suchwörtern!** Überlege dir aber vorher genau, welche Suchwörter du eingibst. Bei einem Suchwort wie „Thermometer“ bekommst du viele Beiträge angezeigt. Das Suchwort „Flüssigkeitsthermometer“ oder „Bimetallthermometer“ schränkt die Anzahl der angezeigten Seiten deutlich ein.
- Du kannst die Suche auch durch die Eingabe mehrerer Wörter einschränken. Wie dann die Wörter einzugeben sind, hängt von der jeweiligen Suchmaschine ab. Meist sind dazu Hinweise gegeben. Häufig gilt:
  - Werden zwei durch Leerzeichen getrennte Wörter eingegeben, so werden die Beiträge aufgelistet, die mindestens eines der beiden Wörter enthalten. Die Eingabe von „Thermometer, Skala“ liefert dann alle Beiträge, die die Wörter „Thermometer“ oder „Skala“ enthalten.
  - Werden zwei durch + verbundene Wörter eingegeben, so werden die Beiträge aufgelistet, die beide Wörter enthalten. Eingabe von „“Thermometer+Skala“ liefert die Beiträge, in denen beide Wörter enthalten sind.
  - Prüfe, ob die Informationen, die du gefunden hast, für dich verständlich sind und ob es wirklich die Informationen sind, die du gesucht hast. Dazu musst du versuchen, beim Lesen die wichtigsten Inhalte zu erfassen.

Überlege, wie du weiter mit dem Beitrag arbeiten willst. Möglich ist z. B.:

- das Notieren der Adresse, um später noch mal nachzusehen;
- das Ausdrucken des Beitrages;
- das Kopieren und Speichern des Beitrages.

Unter **www.schuelerlexikon.de** kommst du auf die Homepage dieser für Schüler entwickelten Lexika. Dort kannst du z. B. das Lexikon Physik auswählen.

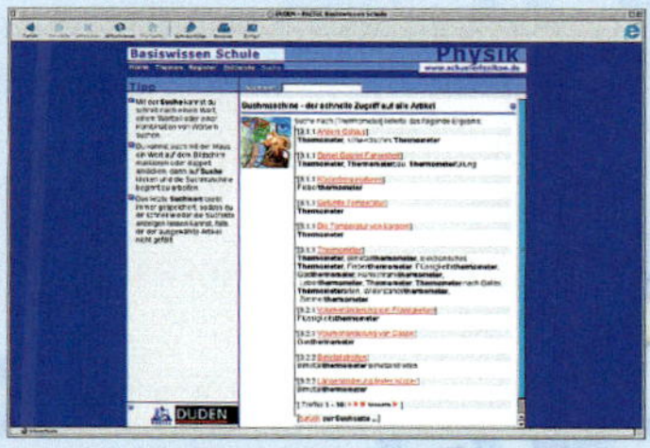

Zum Anfertigen einer Präsentation kann man Bilder und Texte aus dem Schülerlexikon kopieren und nutzen.

gewusst · gekonnt

1. Wenn Kinder in einem See baden, empfinden einige das Wasser als warm, andere dagegen als kalt. Vor allem Kinder, die vorher kalt geduscht haben, empfinden das Seewasser als warm. Kinder, die vorher in der Sonne lagen, empfinden das Seewasser als kalt. Wie kommen diese unterschiedlichen Empfindungen zustande?

2. Führe folgenden Versuch aus!

Was stellst du fest, wenn du deine Hände aus den beiden Schüsseln in die rechte Schüssel tauchst?
Wie kann man diese Empfindungen erklären?

3. Beim Baden von Säuglingen muss man sehr vorsichtig sein. Die Temperatur des Badewassers soll genauso groß sein, wie die normale Körpertemperatur des Menschen. Welche Temperatur muss das Badewasser haben?
Wie kann man diese überprüfen?

4. Erkunde, was für Thermometer es bei euch zu Hause gibt! Fertige nach dem Muster im Heft eine Übersicht an!

Verwendungszweck	Messbereich	Messgenauigkeit

5. In den nachfolgend genannten Situationen soll jeweils die Temperatur gemessen werden. Dafür stehen die in der Abbildung dargestellten Thermometer zur Verfügung.

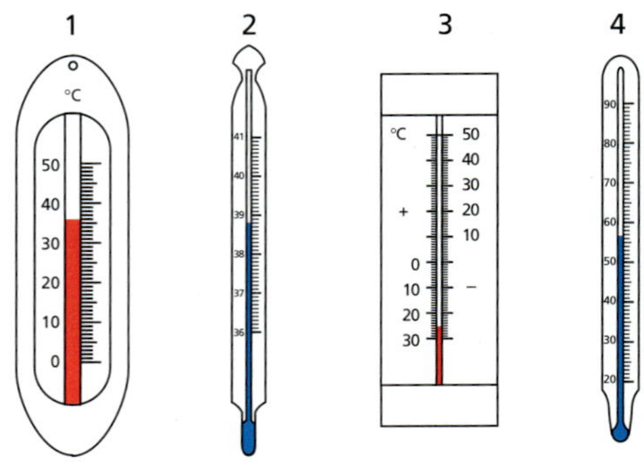

Gib an, welches Thermometer du für die Temperaturmessung in der jeweiligen Situation nutzen würdest!
Begründe deine Wahl!

a) Temperatur in der Sauna
b) Körpertemperatur des Menschen
c) Außentemperatur der Luft
d) Temperatur im Tiefkühlfach des Kühlschranks.

6. Welche Temperaturen zeigen die in der Abb. dargestellten Thermometer an?

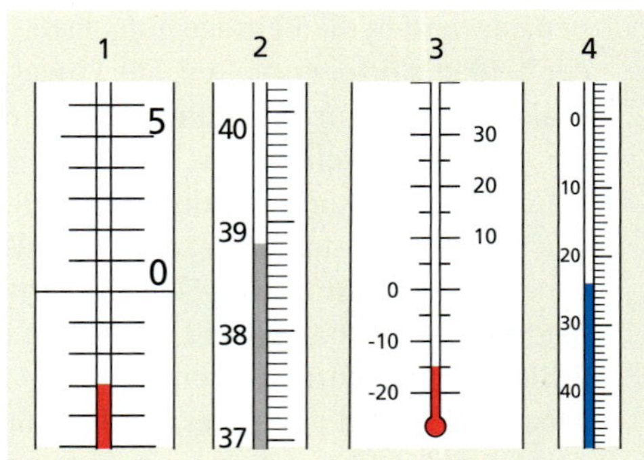

7. Als Thermometerflüssigkeit für Außenthermometer wird Quecksilber oder Alkohol verwendet. Warum ist Wasser als Thermometerflüssigkeit für Außenthermometer nicht geeignet?

***8.** Warum ist es schwierig, die Temperatur eines kompakten Körpers, z. B. eines Stahlblockes, zu messen? Wie könnte man es machen?

9. Fülle Wasser, das eine Temperatur von etwa 50 °C hat, in eine große Tasse! Miss alle 5 Minuten die Temperatur!
Trage die Werte in ein Temperatur-Zeit-Diagramm ein! Zeichne die Kurve und beschreibe den Kurvenverlauf!

10. Miss an einem Tag in der Zeit von 8 Uhr bis 18 Uhr an einem Außenthermometer in Abständen von einer Stunde die Temperatur! Achte darauf, dass das Thermometer im Schatten hängt! Trage die Messwerte in eine Tabelle ein!
Stelle die Messwerte in einem Temperatur-Zeit-Diagramm dar! Interpretiere es!

11. Miss eine Woche lang an jedem Tag um die gleiche Zeit die Außentemperatur! Trage diese in eine Tabelle ein!
Stelle die Messwerte in einem Diagramm dar! Was kann man aus diesem Diagramm erkennen?

12. Zur Regulierung der Raumtemperatur benutzt man Thermostatventile an den Heizkörpern (s. Abb.).

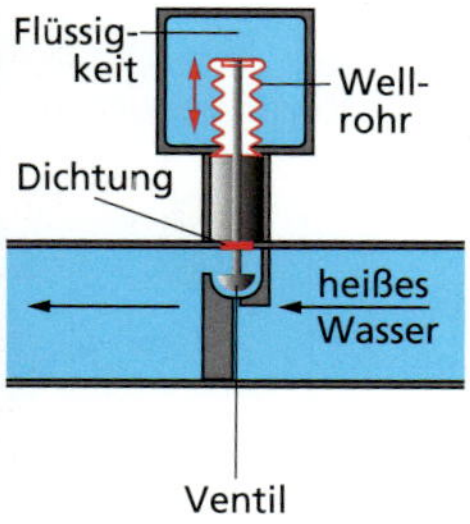

In einem Thermostatventil befindet sich Flüssigkeit, die ein Wellrohr zusammendrücken kann. Das Wellrohr wirkt wie eine starke Feder. Erkläre, wie mithilfe eines solchen Thermostatventils die Raumtemperatur reguliert werden kann!

13. Hohlräume in menschlichen Zähnen kann man nicht mit beliebigen Materialien füllen. Gold ist jedoch ein sehr geeigneter Stoff, nicht nur wegen des Aussehens. Warum ist Gold ein geeignetes Material für Zähne? Welche Anforderungen muss man an andere Stoffe für Zahnfüllungen stellen?

14. Einweckgläser dürfen vor dem Aufkochen nicht voll bis zum Rand mit Flüssigkeit gefüllt werden. Begründe, warum diese Maßnahme sinnvoll ist!

15. Ein Tischtennisball kann leicht eine Delle bekommen.
Was kann man tun, um ihn wieder in Ordnung zu bringen? Begründe!

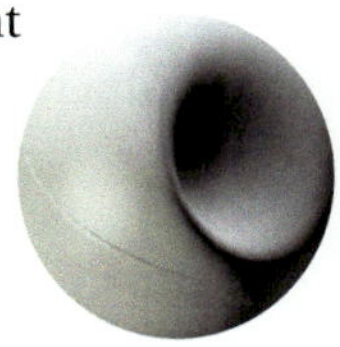

16. Leere Spraydosen soll man nicht ins Feuer werfen.
Erkläre, warum das sehr gefährlich wäre!

17. Der Reifendruck von Autos soll bei kalten Reifen gemessen werden und nicht nach längeren Fahrten.
Begründe, warum das sinnvoll ist!

18. Befestige das eine Ende einer Stricknadel fest auf einem Holzklotz! Das andere Ende der Stricknadel soll beweglich auf einer Stopfnadel mit Zeiger lagern.
Nun erwärme die Stricknadel vorsichtig mit einer Kerzenflamme (s. Abb.)!

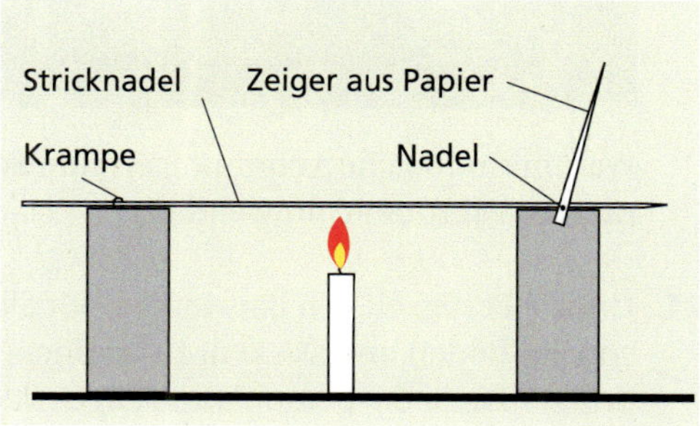

Beschreibe deine Beobachtung!
Erkläre deine Beobachtung!

19. Große Brücken aus Stahl oder Beton sind auf Rollen gelagert (s. Abb. links).
In den Fahrbahnen sind an den Enden Fugen eingelassen (s. Abb. rechts).

Warum müssen Brücken mindestens an einem Ende auf Rollen gelagert werden? Welche Funktion haben die Fugen in den Fahrbahnen?

20. Die Fahrdrähte für Straßenbahnen oder Elektrolokomotiven müssen immer straff gespannt sein. Das erreicht man mit Rollen und angehängten schweren Körpern (s. Abb.).

Warum sind solche Anordnungen zum Spannen der Fahrdrähte notwendig?

21. Um die Festigkeit von Bauwerken, vor allem von Fußböden und Decken, zu erhöhen, bringt man in die Betonplatten ein Geflecht aus Stahl ein. Auch bei größeren Temperaturschwankungen gibt es bei diesem „Stahlbeton“ keine Risse oder andere Schäden.

Warum führt die Kombination von Stahl und Beton zu „Stahlbeton“ bei Temperaturschwankungen zu keinen Schäden an Bauwerken? Nutze für deine Antwort die Angaben in der Tabelle S. 122!

23. Warum darf man keine Geflechte aus Aluminium oder Messing zur Stabilisierung von Betonplatten verwenden?

23. Fensterscheiben werden in Holzrahmen nicht eingeklebt, sondern eingekittet oder in Gummi eingelegt. Begründe!

24. Mithilfe eines Bimetallstreifens kann man auch ein Thermometer konstruieren (s. Abb.).

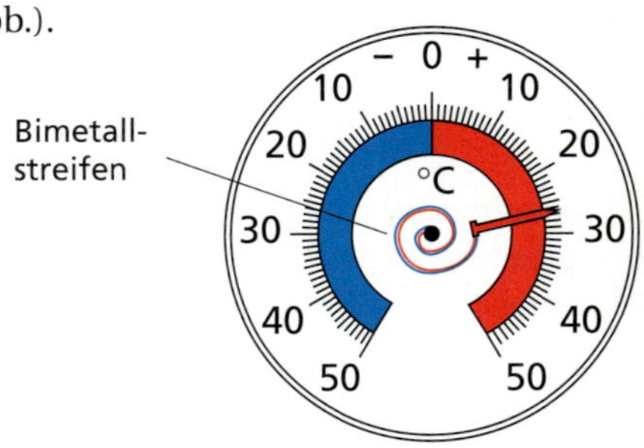

Beschreibe den Aufbau und erkläre die Wirkungsweise eines Bimetallthermometers!

25. Bimetallschalter werden in automatischen Feuermeldern verwendet (s. Abb.).

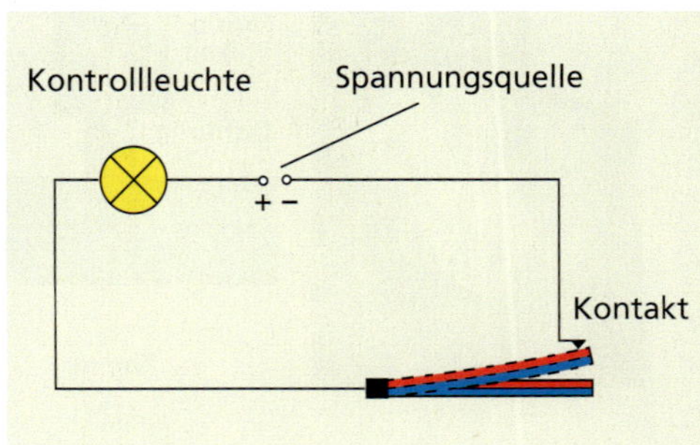

a) Beschreibe den Aufbau und erkläre die Wirkungsweise eines solchen automatischen Feuermelders!

* b) Suche Beispiele, wo man Bimetallschalter noch nutzen könnte!

5.2 Wärme – woher sie kommt und wer sie braucht

Leben in der Kälte?

Eisbären leben in der Arktis, in der monatelang strenger Frost herrscht. Temperaturen von unter –30 °C sind keine Seltenheit. Die Bären fischen im eiskalten Wasser und bringen ihre Jungen im Polarwinter in Schneehöhlen zur Welt.
Wie schützen sich Eisbären und andere Tiere vor tiefen Temperaturen?

Ein Abend am Lagerfeuer

An einem Lagerfeuer kann man sich gut wärmen. Vor allem die Seite des Körpers, die dem Feuer zugewandt ist, wird schön warm. Es wird z. B. das Gesicht warm, wenn man das Feuer anblickt. Am Rücken dagegen friert man.
Warum wärmt ein Lagerfeuer nur von einer Seite? Warum kann man seinen Rücken warm halten, wenn man sich eine Decke überlegt?

Ein gut isoliertes Haus

Bei der Sanierung und beim Neubau von Häusern werden die Außenwände mit Wärmedämmplatten verkleidet. Das sind meist Platten aus Styropor, einem Kunststoff, der sehr leicht ist, weil viel Luft in ihm eingeschlossen ist.
Warum verwendet man zur Wärmedämmung von Häusern solche Platten?
Welche weiteren Möglichkeiten zur Wärmedämmung gibt es?

Wärmequellen

Damit ein Körper seine Temperatur verändert, muss ihm entweder Wärme zugeführt werden oder er muss Wärme abgeben. Wenn z. B. Wasser erhitzt werden soll, wird der Wassertopf auf den Elektroherd oder Gasherd gestellt oder das Wasser wird mit einem Tauchsieder erwärmt. Dabei geht Wärme auf das Wasser über, seine Temperatur erhöht sich.

Körper, die Wärme an ihre Umgebung abgeben, nennt man Wärmequellen.

Einige Wärmequellen sind in Abb. 1 dargestellt. Wärmequellen können aber auch heißes Wasser, eine brennende Kerze, eine leuchtende Glühlampe, eine heiß gelaufene Bremse oder der menschliche Körper sein.
Die höhere Temperatur eines Körpers kann in unterschiedlicher Weise hervorgerufen werden.
Bei einem Gasherd, einer Ölheizung oder einem Kachelofen werden Gas, Öl bzw. Kohle verbrannt.

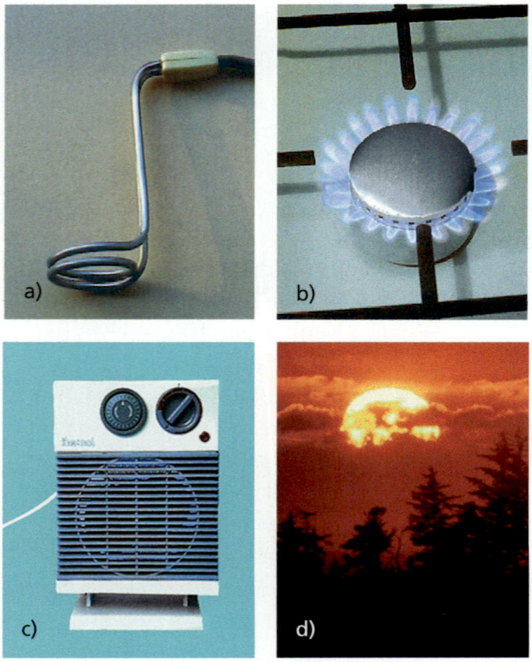

1 Verschiedene Wärmequellen

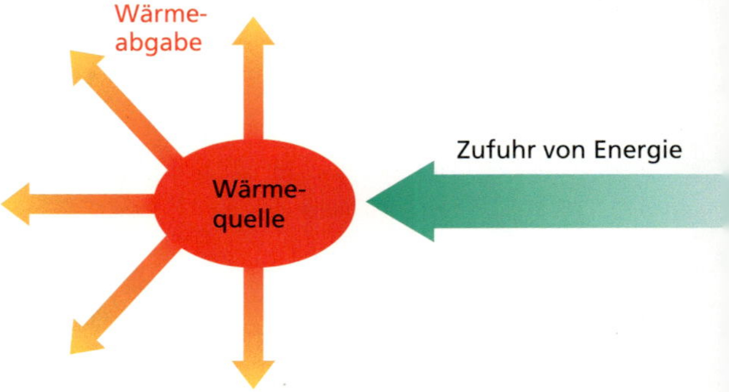

2 Energieumwandlungen bei einer Wärmequelle

Die in ihnen gespeicherte Energie wird in Form von Wärme abgegeben (Abb. 2).
Bei einem Heizlüfter, einer Glühlampe oder einem Föhn wird elektrische Energie zugeführt. Diese elektrische Energie wird teilweise in Wärme umgewandelt.
Bei Lebewesen wird Energie in Form von Nahrung zugeführt. Die durch chemische Vorgänge entstehende Wärme (Körperwärme) wird teilweise an die Umgebung abgegeben. Auch wenn man schnell die Hände aneinander reibt, entsteht Wärme.

Körper können durch mechanische, elektrische und chemische Vorgänge erwärmt werden.

Beim Trocknen von Wäsche, beim Abtrocknen von Straßen nach Regen oder beim Trocknen von Schweiß auf der Haut verdunstet die betreffende Flüssigkeit. Dafür ist Wärme erforderlich, die der umgebenden Luft entzogen wird. Allgemein gilt:

Zum Verdunsten einer Flüssigkeit ist Wärme erforderlich. Diese Wärme wird der Umgebung entzogen.

Das wird vom Arzt genutzt, wenn er eine kleine Stelle auf der Haut schmerzunempfindlich machen will. Er sprüht dazu eine Flüssigkeit, die schnell verdunstet, auf die betreffende Stelle. Diese wird dadurch abgekühlt.

Wärmeübertragung und Wärmedämmung

Die Heizplatte eines Herdes erwärmt einen Kochtopf. Die Heißluft eines Föhns trocknet Haare. Die Sonne erwärmt unsere Erde (Abb. 1). In jedem Fall wird dabei Wärme von einem Körper höherer Temperatur auf einen Körper mit niedriger Temperatur übertragen.
In den Beispielen 1b und 1c ist die Wärmeübertragung erwünscht. Nicht erwünscht ist sie z. B., wenn aus geheizten Räumen Wärme durch Mauern, Fenster oder Türen nach außen dringt. Diese Art von Wärmeübertragung kann durch Maßnahmen der **Wärmedämmung** möglichst gering gehalten werden. Ein gut isoliertes Haus verhindert die schnelle Wärmeübertragung an die Umgebung. Die dadurch eingesparten Brennstoffe verringern die Belastung der Umwelt.

Wärmeleitung

Moderne Kochtöpfe leiten über einen besonderen Boden die Wärme der Heizplatte rasch weiter. Die Griffe bleiben jedoch kalt. Ein metallischer Löffel in einer heißen Suppe oder in Tee hat sich dagegen bereits nach kurzer Zeit erwärmt.
Die Wärme wird durch den Körper von einem Ort höherer Temperatur zu einem Ort niedrigerer Temperatur geleitet. Das geschieht solange, bis überall die gleiche Temperatur herrscht. Diese Art der Wärmeübertragung heißt **Wärmeleitung.** Auch Heizkörper, Lötkolben und Bügeleisen leiten die Wärme.

2 Wasser ist ein schlechter Wärmeleiter. Während das Wasser in dem oberem Bereich siedet, merkt man an der Hand kaum eine Erwärmung.

Wie viel Wärme übertragen wird, hängt u. a. von dem Temperaturunterschied innerhalb des Körpers und von dem Stoff ab, aus dem er besteht.

Innerhalb eines Körpers kann Wärme durch Wärmeleitung von einer Stelle höherer Temperatur zu einer Stelle niedrigerer Temperatur übertragen werden.

Dass Körper die Wärme unterschiedlich gut leiten, bemerkt man beim Zubereiten einer Suppe, wenn man mit Löffeln aus unterschiedlichen Materialien umrührt. Ein Löffel aus Aluminium erweist sich dabei als ungeeignet, weil er sehr schnell heiß wird. Am Stiel eines Holzlöffels ist dagegen keine Erhöhung der Temperatur zu bemerken.
Gase wie die Luft leiten die Wärme ebenfalls schlecht. Deshalb zieht man im Winter mehrere Kleidungsstücke übereinander. Die Luft zwischen den „Lagen“ bewirkt, dass die Wärme des Körpers nur langsam nach außen gelangt.

1a Wärme gelangt durch Wärmeleitung vom heißen Tee bis zum Ende des metallischen Löffels.

1b Wärme wird durch die strömende Luft vom Föhn zu den Haaren transportiert.

1c Wärme gelangt durch Strahlung ohne Stoff von der Sonne zur Erde.

Gute Wärmeleiter sind Körper aus Metallen, vor allem aus Kupfer, Aluminium, Gold und Silber (s. Übersicht unten).
Da ruhende Luft am schlechtesten die Wärme leitet, nutzt man sie in der **Wärmedämmung.** Dämmstoffe wie Glaswolle oder Styropor enthalten in Poren und Zwischenräumen viel Luft. Sie sind geeignet, die Wärmeleitung durch Häuserwände, Dächer und Heizungsrohre, aber auch durch Kühlschränke zu dämmen.
Auch Fenster mit Doppel- oder Dreifachverglasung nutzen die eingeschlossene Luft, damit möglichst wenig Wärme nach außen gelangt.
Viele alltägliche Erfahrungen lassen sich ebenfalls mit der unterschiedlichen Wärmeleitung der Stoffe erklären. Ein Messingleuchter, der aus einer Verpackung aus Styropor ausgepackt wird, erscheint kälter als die Verpackung, obwohl beide die Raumtemperatur angenommen haben. Barfuß laufen auf Badfliesen erscheint kälter als auf der Duschvorlage. Messing und Fliesen leiten die Körperwärme schneller ab als Styropor und Textilien. Unser Körper kann nicht schnell genug Wärme nachliefern. Wir spüren die Verringerung der Hauttemperatur.

Wärmeleitfähigkeit von Stoffen im Vergleich zur Wärmeleitfähigkeit von Luft
Eine Wärmeleitfähigkeit von 5 (Papier) bedeutet: Papier leitet die Wärme fünfmal besser als Luft.

Stoff	Wärmeleitfähigkeit
Luft	1
Glaswolle	1,2
Styropor	1,8
Papier	5
Holz (Eiche)	8
Wasser	24
Ziegelstein	24
Glas	32
Porzellan	40
Beton	44
Stahl	2 000
Zinn	2 500
Messing	4 000
Aluminium	9 400
Gold	12 000
Kupfer	16 000
Silber	18 000

Wärmeströmung

In Warmwasserheizungen strömt erhitztes Wasser durch Rohre bis in die einzelnen Heizkörper (Abb. 1). Durch das strömende Wasser wird Wärme übertragen. Die Heizkörper geben die Wärme an die Raumluft ab. Die erwärmte Luft beginnt ebenfalls zu strömen und überträgt die Wärme an den gesamten Raum (Abb. 2b).
Diese Art der Wärmeübertragung wird **Wärmeströmung** genannt. Im Unterschied zur Wärmeleitung wird die Wärme zusammen mit dem Wasser bzw. der Luft transportiert. Bei der Wärmeleitung dagegen wird die Wärme nur innerhalb eines Körpers transportiert, der Körper selber bewegt sich nicht.
Im Experiment kann man zeigen, dass Wasser aufwärts zu strömen beginnt, wenn man es an einer Stelle erwärmt. Kaltes Wasser strömt nach, wird erwärmt usw. (Abb. 2a). Dieser Kreislauf ist vergleichbar mit dem der strömenden Luft in einem Zimmer (Abb. 2b).

1 Erhitztes Wasser wird in Fernheizungen durch Rohrleitungen gepumpt.

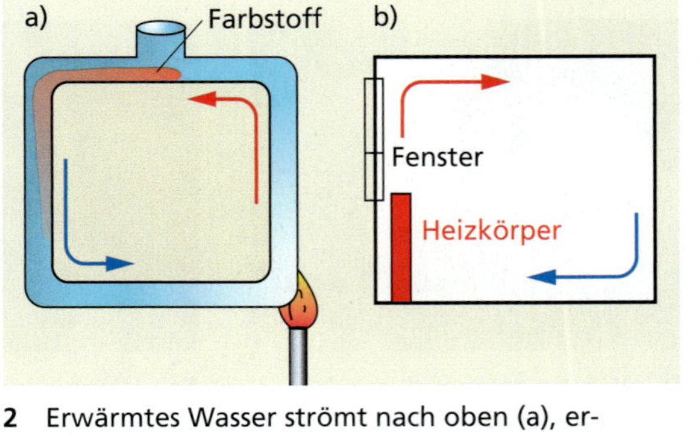

2 Erwärmtes Wasser strömt nach oben (a), erwärmte Luft ebenfalls (b). Es entsteht ein Kreislauf.

Mosaik

Reflexion und Absorption von Wärmestrahlung

Wenn Wärmestrahlung auf einen Körper trifft, so wird sie zum Teil hindurchgelassen, zum Teil absorbiert (verschluckt) und zum Teil reflektiert (zurückgeworfen). Die absorbierte Wärmestrahlung führt zu einer Erwärmung des Körpers.
Wie viel Wärmestrahlung von einem Körper hindurchgelassen, absorbiert oder reflektiert wird, hängt ab von

- dem Stoff, aus dem der Körper besteht,
- der Schichtdicke des Körpers und
- der Oberfläche des Körpers.

Körper mit dunklen, rauen oder matten Oberflächen absorbieren viel, reflektieren aber wenig Wärmestrahlung (Abb. 1). Dieser Effekt wird auch in Sonnenkollektoren genutzt, bei denen Wasser in Heizschlangen erwärmt wird.
Körper mit hellen, glatten oder glänzenden Oberflächen nehmen wenig Wärmestrahlung auf. Den größten Teil reflektieren sie. Aus diesem Grund bevorzugt man auch in warmen Regionen möglichst helle Kleidung. Kühlwagen und Tanklaster haben eine helle, glatte Lackierung (Abb. 2).

1 Ein dunkler Mantel absorbiert viel Wärmestrahlung, reflektiert aber wenig.

2 Durch die weiße Lackierung des Tankwagens wird viel Wärmestrahlung reflektiert.

Wärmestrahlung

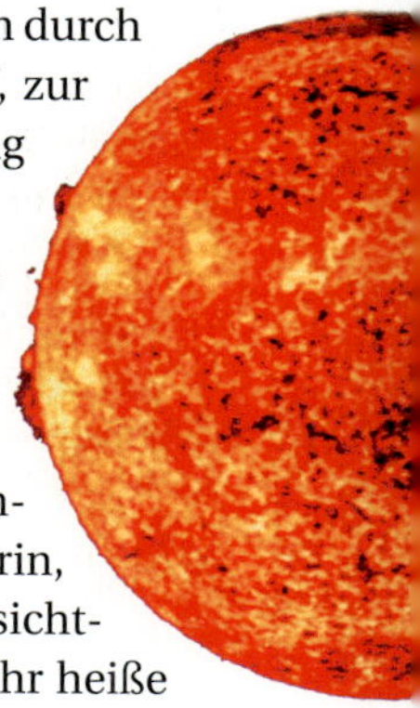

Jeder von uns kennt die angenehme Wärme der Sonnenstrahlung. Sie gelangt praktisch durch den leeren Weltraum, also ohne Stoff, zur Erde. Diese Art der Wärmeübertragung wird **Wärmestrahlung** genannt.
Die Oberfläche der Sonne ist etwa 6000 °C heiß. Die Temperatur der Sohle eines Bügeleisens z. B. ist dagegen etwa zwanzig Mal kleiner. Trotzdem strahlt auch sie Wärme ab. Der Unterschied zwischen beiden besteht darin, dass im Falle der Sonne die Strahlung sichtbar ist, beim Bügeleisen nicht. Nur sehr heiße Körper wie die Sonne oder ein glühender Metalldraht senden auch sichtbares Licht aus.

Heiße Körper senden Wärmestrahlung aus. Das geschieht ohne Mitwirkung eines Stoffes.

Auch Rotlichtlampen (Abb. 3), Öfen, Lebewesen oder heiße Speisen strahlen Wärme ab.
Jeder Körper sendet aber nicht nur Wärmestrahlung aus, sondern er nimmt sie auch auf.
Das Wasser in einem zusammengerollten Gartenschlauch erwärmt sich an einem sonnenreichen Tag. Brötchen, frisch aus dem Backofen, nehmen von den Gegenständen ringsum weniger Strahlung auf als sie abgeben; sie kühlen ab. Umgekehrt nimmt ein gut gekühltes Getränk an einem heißen Sommertag mehr Wärmestrahlung auf, als es aussendet; es erwärmt sich.

3 Die Wärmestrahlung einer Rotlichtlampe wird bei der Aufzucht von Ferkeln genutzt.

Mosaik

Lebewesen geben Körperwärme ab

Lebewesen benötigen zur Aufrechterhaltung aller Lebensfunktionen eine bestimmte Körpertemperatur. Beim Menschen beträgt sie 37 °C, bei den meisten Vögeln 40 °C–42 °C, bei Säugetieren zwischen 30 °C und 42 °C.
Die zur Aufrechterhaltung der Körpertemperatur notwendige Körperwärme wird durch chemische Prozesse im Körper erzeugt. Dabei wird die zugeführte Nahrung z. T. in Wärme umgewandelt.

Durch die „Verbrennungsvorgänge" im Körperinneren wird ständig Wärme produziert, die zu einem Aufheizen des Körpers führen würde, wenn über die Körperoberfläche keine Wärmeabgabe an die Umgebung erfolgt. Das geschieht vorrangig in Form von Wärmestrahlung, aber auch Wärmeströmung spielt eine Rolle, vor allem bei Wind.

Der Mensch schützt sich bei niedrigen Temperaturen und Wind durch eine dem Wetter angemessene Bekleidung: Besonders warm ist Kleidung, die viel Luft enthält, z. B. Thermobekleidung (Abb. 1). Ein guter Wärmeschutz wird auch erreicht, wenn man mehrere Kleidungsstücke übereinander zieht. Die eingeschlossene Luft sorgt dann für eine gute Wärmedämmung.

Bei hoher Temperatur wird leichte und luftige Kleidung gewählt. Trotzdem kommt es dann leicht zur Bildung von Schweiß. Das ist eine natürliche Reaktion des Körpers, die ihn vor einer Überhitzung schützt. Durch das Verdunsten des Schweißes wird dem Körper zusätzlich Wärme entzogen, er wird gekühlt.

1 Die Auswahl der Kleidung ist von den äußeren Bedingungen abhängig.

Eine Kühlung erfolgt auch bei Wind. Dann wird Körperwärme schneller abgeführt und es kann leicht passieren, dass wir frieren. Das ist besonders deutlich zu spüren, wenn man sich nach dem Baden nicht abtrocknet.

Kann vom Körper nicht genügend Wärme abgegeben werden, so kommt es zu einem Wärmestau, der bis zu einem lebensgefährlichen Hitzschlag führen kann. Dann muss schnell die Körpertemperatur gesenkt und der Kreislauf angeregt werden.

Auch Tiere geben Körperwärme in Form von Wärmestrahlung und Wärmeleitung ab. Vor Hitze und Kälte schützen sie sich in unterschiedlicher Weise. Eine Reihe von Tieren hat als Schutz eine dicke Speckschicht (Abb. 2). Viele Tiere verfügen über ein dichtes Fell (Abb. 3). Vögel schützen sich mit ihrem Gefieder und der dort eingelagerten Luft.

2 Wale, Robben und andere Wassertiere schützen sich mit einer dicken Speckschicht vor Wärmeabgabe.

3 Das Fell von Tieren ist ein guter Schutz vor Wärme und auch vor Kälte.

Physik in Natur und Technik

Eine Thermoskanne hält heiß oder kalt

Eine Thermoskanne dient dazu, Getränke längere Zeit warm oder kalt zu halten. Das gelingt nur, wenn der Wärmeaustausch mit der Umgebung sehr klein ist.
Wie ist eine solche Thermoskanne aufgebaut?
Weshalb ist der Wärmeaustausch mit der Umgebung gering?

Besonders wichtig für einen geringen Wärmeaustausch ist das doppelwandige, innen und außen verspiegelte Thermosgefäß, aus dem fast alle Luft herausgepumpt wurde.
Wärmeströmung tritt zwar innerhalb der Flüssigkeit auf, spielt aber für den Wärmeaustausch mit der Umgebung keine Rolle.
Wärmeleitung wird durch zwei Maßnahmen gering gehalten: Die wenige Luft im doppelwandigen Gefäß ist ein schlechter Wärmeleiter. Auch der Dämmstoff verkleinert die Wärmeleitung.
Wärmestrahlung wird gering gehalten, weil diese Strahlung an der verspiegelten Fläche des Thermosgefäßes reflektiert wird.
Erfinder der Thermoskanne ist REINHOLD BURGER (1866–1954). Er meldete seine Erfindung am 1. 10. 1903 zum Patent an.

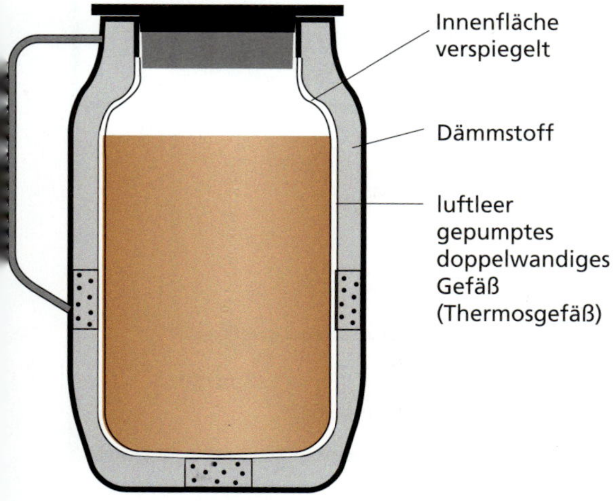

1 Aufbau einer Thermoskanne

2 In der aufsteigenden warmen Luft dreht sich die Weihnachtspyramide.

Warme Luft steigt nach oben

Warme Luft steigt nach oben (Abb. 2). Das kann man z. B. mit einer Papierspirale nachweisen, wenn man sie über eine Heizung hält. In Räumen wird Luft durch einen Heizkörper oder durch einen Ofen erwärmt.
Welche Luftströmung kommt dadurch in einem Zimmer zustande?
Wo sollte ein Heizkörper angebracht werden?

Wir betrachten als Beispiel zwei Räume, in denen sich die Heizkörper an unterschiedlichen Stellen befinden (Abb. 3). In beiden Fällen kommt eine Wärmeströmung der Luft zustande. Da die warme Luft über dem Heizkörper nach oben

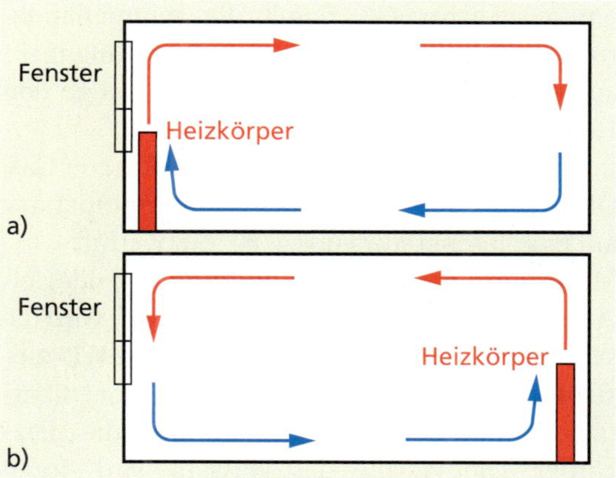

3 Luftströmungen in einem Zimmer

steigt, hängt die Richtung der Luftströmung von der Lage des Heizkörpers ab.
Günstiger für das Anbringen des Heizkörpers ist der in Abb. 3a, S. 135, dargestellte Fall. Dort wird die am Fenster vorhandene kühle Luft mit erwärmt. Die zum Heizkörper zurückströmende Luft ist wärmer als im Fall b. Bei gut wärmegedämmten Wohnungen sind die Unterschiede aber gering.

Eine Warmwasserheizung für das ganze Haus

Moderne Ein- und Mehrfamilienhäuser werden durch zentrale Warmwasserheizungen mit Wärme versorgt. Dabei gibt es nur an einer einzigen Stelle, meistens im Keller, einen Heizkessel, der mit Gas, Öl oder Kohle arbeitet. Trotzdem werden alle Zimmer im Haus erwärmt. Die Wärme muss also vom Heizkessel in alle Zimmer übertragen und innerhalb der Zimmer gut verteilt werden.
Beschreibe anhand der Abb. 1 den Aufbau und erkläre die Wirkungsweise einer Warmwasserheizung!

Eine zentrale Warmwasserheizung dient der Versorgung aller Zimmer eines Hauses mit Wärme von einer Stelle aus.
Die wesentlichen Teile der Heizung sind der Heizkessel, die Heizkörper, die Rohrleitungen und die Pumpe. In der Heizungsanlage befindet sich Wasser. Außerdem hat die Heizungsanlage ein Ausgleichsgefäß, damit die Volumenänderung des Wassers bei Temperaturänderung nicht zu Schäden am Rohrleitungssystem und an den Heizkörpern führt.
Im Heizkessel wird durch Verbrennung von Gas, Öl oder Kohle das Wasser von Zimmertemperatur auf eine Temperatur von ca. 80 °C erwärmt.
Mithilfe einer Pumpe wird das Wasser in der Heizungsanlage in Bewegung gesetzt. Dabei wird die Wärme aus dem Heizungskessel durch **Wärmeströmung** des Wassers in die Heizkörper übertragen. Warmes Wasser gelangt so in die Heizkörper. Die Wärme des Wassers wird durch **Wärmeleitung** der Metallwände der Heizkörper auf deren Oberfläche übertragen. Von dort wird die Wärme durch **Wärmestrahlung** an die Umgebung abgegeben. Vor allem die Luft in der Nähe des Heizkörpers wird erwärmt. Warme Luft steigt über den Heizkörpern nach oben. Es entsteht eine **Wärmeströmung** der Luft im Zimmer. Diese sorgt neben der Wärmestrahlung für eine Verteilung der Wärme im Zimmer.
Durch die Abgabe von Wärme durch die Heizkörper kühlt sich das Wasser in den Heizkörpern ab. Das kühlere Wasser strömt durch die Rohrleitungen zurück zum Heizkessel, in dem es erneut erwärmt wird. Der Kreislauf beginnt von neuem.

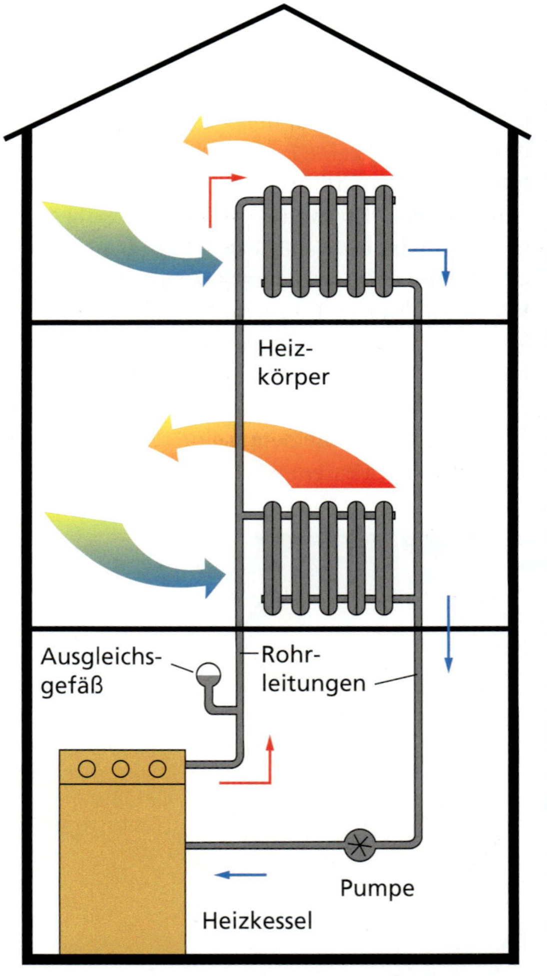

1 Die Wärmeübertragung erfolgt durch Wärmeleitung, Wärmeströmung und Wärmestrahlung

Wärmeübertragung bei Häusern

Die Heizungsanlage eines Hauses muss so konstruiert sein, dass die Wärme gut in alle Räume übertragen wird. Die Wärmeübertragung aus dem Inneren des Hauses an die Umgebung soll jedoch möglichst gering sein. Das ist aus ökonomischer Sicht sinnvoll, denn man spart dadurch Heizkosten. Es ist auch aus ökologischer Sicht zweckmäßig, denn bei geringer Wärmeübertragung vom Haus nach außen wird Brennstoff gespart. Damit werden Ressourcen geschont und es entstehen weniger Schadstoffe.

Die Übertragung von Wärme aus dem Inneren des Hauses nach außen erfolgt vor allem durch die Wände und Fenster sowie durch das Dach (Abb. 1). Genauer zeigt eine spezielle Fotoaufnahme, an welchen Stellen Wärme aus dem Inneren eines Hauses nach außen gelangt (Abb. 2). Durch Maßnahmen der Wärmedämmung kann die Wärmeübertragung aus geheizten Räumen an die Umwelt verringert werden. Dazu ist es notwendig, Wärmeleitung, Wärmeströmung und Wärmestrahlung zwischen dem Inneren des Hauses und der Umwelt zu verringern.

1. *Erkunde, welchen Anteil die Heizkosten an den Betriebskosten eines Hauses haben!*

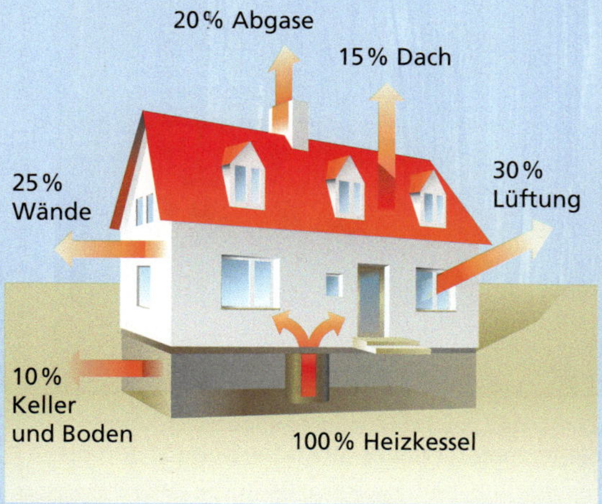

1 Wärmeverluste bei einem Haus: Angegeben sind Durchschnittswerte.

2 Die Wärmeabgabe ist an den roten Stellen besonders groß, an den blauen Stellen gering.

2. *Welche Temperaturen werden für die unterschiedlichen Räume in einem Haus empfohlen und warum? Wie groß ist die Temperatur, bei der du dich wohl fühlst?*

3. *Wie kann man die Wärmeleitung nach außen verringern? Welche Stoffe eignen sich als Dämmstoffe, welche nicht? Diese Frage kann auch experimentell untersucht werden.*

4. *Wie kann man die Wärmeströmung bzw. die Wärmestrahlung nach außen verhindern?*

5. *Warum ist es günstiger, kurz und intensiv zu lüften, als den ganzen Tag das Fenster einen Spalt weit offen zu lassen?*

3 Bei Niedrigenergiehäusern ist die Wärmeübertragung nach außen gering.

Mosaik

Die Thermografie – ein Hilfsmittel in Medizin und Technik

Viele Körper geben Wärme an ihre Umgebung ab. Das ist z. T. erwünscht, z. T. aber auch unerwünscht. Die von Körpern abgegebene Wärmestrahlung kann mithilfe von speziellen Kameras registriert werden. Aus den Aufnahmen (Abb. 1, 2) kann man erkennen, welche Stellen viel und welche wenig Wärme abgeben. Da Stellen, die mehr Wärme abgeben, auch eine höhere Temperatur haben, kann man aus solchen speziellen Aufnahmen auch die Temperaturverteilung auf einem Körper erkennen und mithilfe einer Temperaturskala die Temperatur ermitteln. Das beschriebene Verfahren wird als **Thermografie** bezeichnet.

Die Thermografie wird heute in vielfältiger Weise in der Technik, aber auch in der Medizin genutzt. So kann man z. B. in der Medizin durch eine thermografische Aufnahme die Hauttemperatur ermitteln und aus der Temperaturverteilung auf Erkrankungen schließen. So haben z. B. entzündete Stellen eine höhere Temperatur. Dabei ist zu beachten, dass auch normalerweise die Hauttemperatur des Menschen nicht überall gleich groß ist (Abb. 1).

In der Technik kann man die Thermografie z. B. nutzen, um bei Häusern die Stellen zu finden, von denen besonders viel Wärme abgegeben wird (s. Abb. 2, S. 137). Es lässt sich viel Energie sparen, wenn genau an diesen Stellen die Wärmedämmung verbessert wird.
Bei Rohrleitungen (Abb. 2) kann man Mängel in der Isolierung oder schadhafte Stellen feststellen. Bei komplizierten elektronischen Schaltungen und Bauelementen lassen sich die Stellen herausfinden, die sich stärker erwärmen und an denen dadurch eventuell Fehler auftreten können.

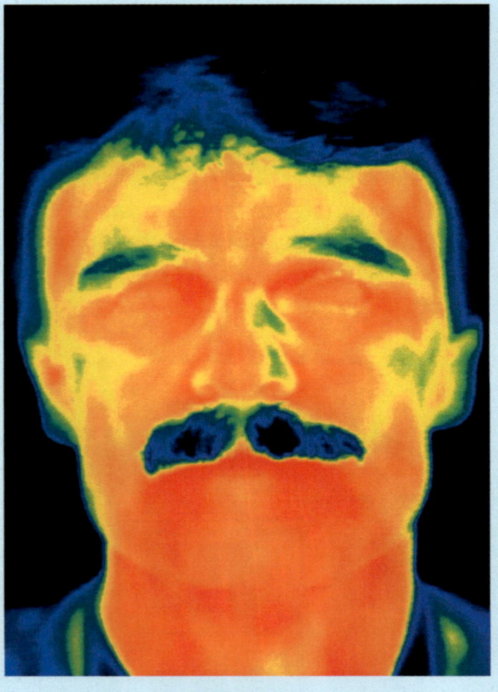

1 Thermografische Aufnahme eines Kopfes: Unterschiedliche Farbe bedeutet verschiedene Hauttemperatur. Rechts ist eine Farbskala mit Temperaturen angegeben.

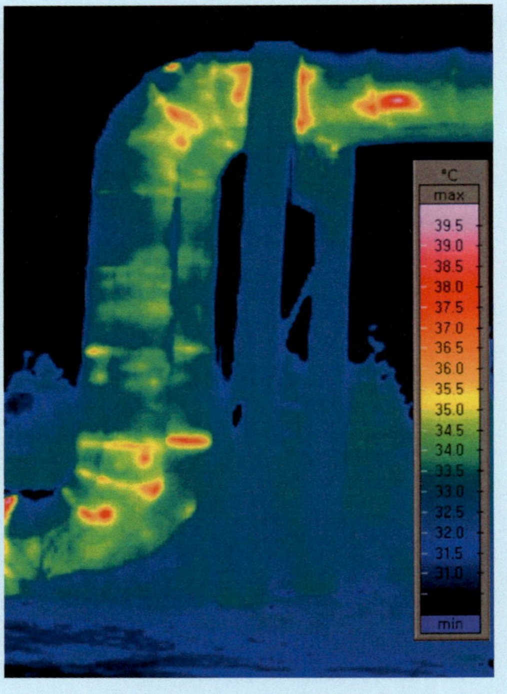

2 An den roten Stellen ist bei der Rohrleitung die Temperatur höher. Möglicherweise ist dort die Isolierung schadhaft. Die Temperaturskala gilt auch für den links abgebildeten Kopf.

gewusst · gekonnt

1. Nenne Beispiele für Wärmequellen aus Natur, Technik und Haushalt! Gib jeweils an, wie die Wärme erzeugt wird!

2. Nenne und erläutere Beispiele dafür, dass Wärme
   a) durch mechanische Vorgänge,
   b) durch chemische Vorgänge,
   c) durch elektrische Vorgänge
   erzeugt wird!

3. Führe folgende Versuche durch:
   a) Miss mit einem Thermometer die Temperatur in einem Raum!
   b) Umhülle das Thermometergefäß mit Löschpapier oder Watte! Miss wieder die Temperatur!
   c) Feuchte das Löschpapier oder die Watte mit Wasser oder Spiritus an! Beobachte die Thermometeranzeige!
   Nenne und erkläre deine Beobachtungen!

4. Bei sehr warmem Wetter oder starker Anstrengung schützt sich der menschliche Körper vor Überhitzen durch die Absonderung von Schweiß.
   Erläutere, wie durch Schweißabsonderung die menschliche Haut gekühlt wird!

5. Die Henkel von Töpfen und Pfannen bestehen meist aus Holz oder Kunststoff. Begründe, warum dies sinnvoll ist!

6. Der Golfstrom ist eine Meeresströmung, die erheblichen Einfluss auf das Klima in einigen europäischen Ländern hat.
   a) Informiere dich anhand von Lehrbüchern, Nachschlagewerken oder elektronischen Medien über den Golfstrom!
   b) Wie wird Wärme mit dem Golfstrom übertragen?
   c) Welche Auswirkungen hat der Golfstrom auf das Klima in einigen europäischen Ländern?

7. Nenne mindestens drei gute und schlechte Wärmeleiter! Wo werden sie genutzt?

8. Warum verhindert ein Drahtnetz unter dem Gefäß (s. Abb.), dass das Glas zerspringt?

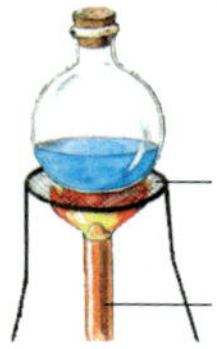

9. Den Inhalt von Flaschen oder Gläsern erwärmt man im Wasserbad und nicht über einer offenen Flamme. Warum?

10. Wie kannst du verhindern, dass dicke Gläser beim Eingießen heißer Getränke zerplatzen?

11. Begründe, warum die Spitze eines Lötkolbens zweckmäßigerweise aus Kupfer besteht!

12. Warum besitzen gute Kochtöpfe eine Kupferschicht an der Unterseite?

13. Warum sind Kochtöpfe mit gerillten Böden für Elektroherde wenig geeignet, jedoch für Gasherde gut zu verwenden?

14. Warum kann man in so genannten Isoliertaschen Tiefkühlkost problemlos vom Einkauf nach Hause transportieren?

15. Tiere sind gut an ihre Lebensbedingungen angepasst.

Wie schützen sich Tiere vor Hitze und Kälte?

16. Wie gelangt von einem Föhn die warme Luft zu den Haaren?

17. Was bevorzugst du bei kaltem Wetter: Mehrere dünne Kleidungsstücke, die du übereinander ziehst, oder nur einen dicken Pullover? Prüfe deine Entscheidungen aus physikalischer Sicht!

18. Erkläre die Wirkungsweise eines luftgekühlten Motors bei einem Moped oder bei einem Motorrad!
Welche Funktion haben die Kühlrippen aus einer Aluminiumlegierung (s. Abb.)?

19. Die Rohrleitungen von Fernheizungen sind mit einer Schicht aus Glaswolle und einem Aluminiummantel umwickelt.
Erläutere den Sinn dieser Maßnahmen!

20. Warum soll man in besonders kalten Nächten die Rollos herunterlassen und die Vorhänge vor die Fenster ziehen?

21. Eine lockere Schneedecke schützt im Winter Pflanzen vor starkem Frost. Wie kommt das?

22. Schnee schmilzt im Frühjahr um dunkle Stellen, z. B. um Laub, Steine oder Schmutz, besonders schnell.
Erkläre das physikalisch?

23. Begründe, warum man Doppelfenster verwendet!

24. Heizkörper sind häufig unter dem Fenster angebracht. Erkläre, warum das sinnvoll ist!

25. Wie kommt es, dass eine Kerzenflamme immer nach oben gerichtet ist?

26. Wie funktioniert die Wasserkühlung eines Motors (s. Abb.) in einem Pkw?

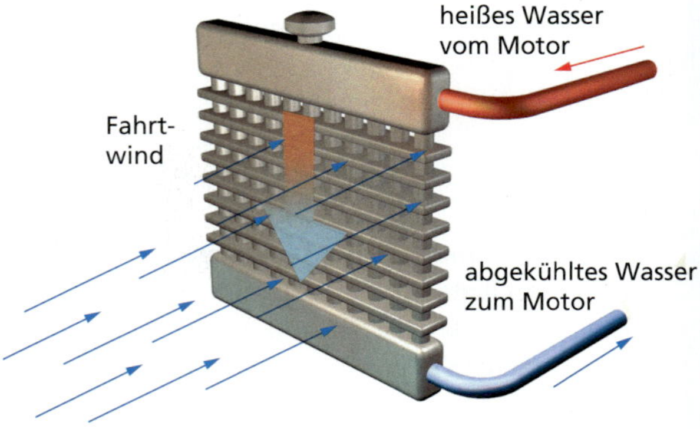

27. Die Abbildung zeigt in der Natur auftretende Luftströmungen.
Besonders über trockenen Getreidefeldern und Sand gibt es starke Luftströmungen nach oben. Diese werden von Segelfliegern, aber auch von Vögeln genutzt.

a) Erkläre, wie diese Luftströmungen in der Natur entstehen!
b) An warmen Sommertagen weht am Meer der Wind häufig aus Richtung Meer, nach Sonnenuntergang in umgekehrter Richtung. Begründe!

28. Die Wärmestrahlung der Sonne kann genutzt werden, um Wasser zu erwärmen.
a) Warum sollten Sonnenkollektoren auf der Südseite eines Daches und geneigt befestigt werden?
b) Baue dir selbst mit einfachen Mitteln einen Sonnenkollektor!

Temperatur und Wärmeübertragung

Unser Wärmeempfinden ist nicht zuverlässig. Die Temperatur von Körpern muss deshalb gemessen werden.

Die Temperatur ϑ gibt an, wie heiß oder wie kalt ein Körper ist.
Einheit: 1 °C (ein Grad Celsius)
Messgerät: Thermometer

Volumenänderung
Bei Vergrößerung der Temperatur wird das Volumen fester, flüssiger und gasförmiger Körper größer. Wasser ist eine Ausnahme.

Längenänderung
Bei Vergrößerung der Temperatur werden Rohre, Gleise oder Drähte länger.

Volumen- bzw. Längenänderungen sind teilweise **erwünscht** und werden genutzt (Bimetallstreifen, Flüssigkeitsthermometer). Sie sind teilweise auch **unerwünscht** und müssen berücksichtigt werden (Brücken auf Rollen, Dehnungsfugen, Ausgleichsbehälter).

Wärme kann durch mechanische, chemische oder elektrische Vorgänge erzeugt werden.

Wärmequellen sind Körper, die Wärme an die Umgebung abgeben.

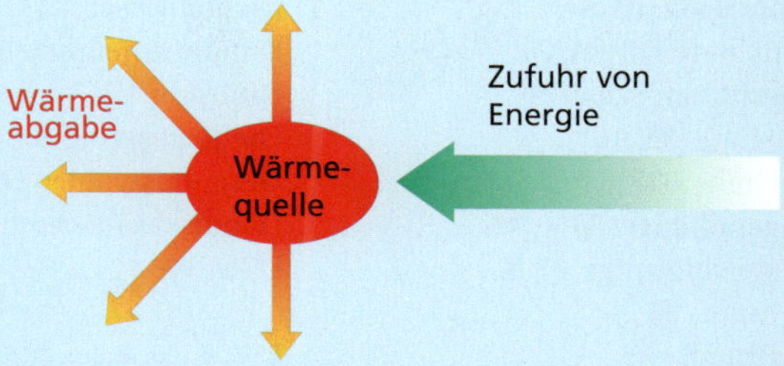

Wärme kann übertragen werden durch

Wärmeleitung | **Wärmestrahlung** | **Wärmeströmung**

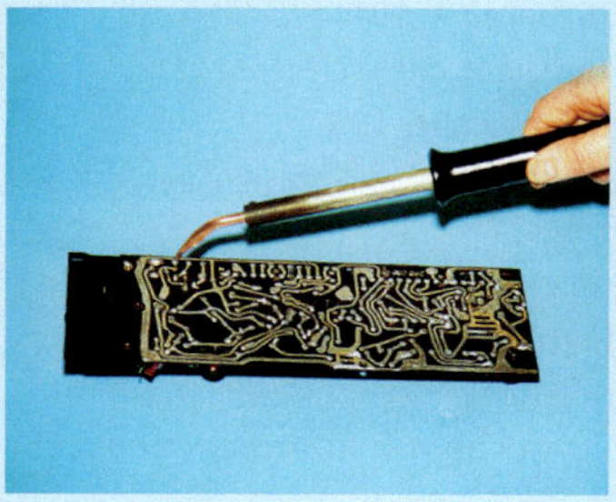

Metalle sind gute, Wasser und Gase (Luft) schlechte Wärmeleiter.

Wärmestrahlung breitet sich in der Luft, aber auch ohne Stoff aus.

Durch strömende Flüssigkeiten und Gase wird Wärme übertragen.

Maßnahmen zur Verringerung der Wärmeübertragung bezeichnet man als **Wärmedämmung.** Wärmedämmung bedeutet die Verhinderung oder Verminderung von Wärmeleitung, Wärmeströmung und Wärmestrahlung.

Register

A

Abbe, Ernst 54, 57
Abbildungsgleichung 45
Abbildungsmaßstab 31, 62
Absorption von Wärme-
strahlung 133
Aggregatzustand 66, 67
Akustik 12
Altersweitsichtigkeit 56
Anomalie des Wassers 120, 121
Aräometer 72, 80
Atom- und Kernphysik 12
Atome 73, 74
Auge 50 f., 62
Augenlinse 50
Autoscheinwerfer 27

B

Bahnformen 83, 94
beleuchtete Körper 21
Beugung von Schall 99
Bewegung 82, 94
- Dreh- 83
- geradlinige 83
- gleichförmige 83 ff.
- Kreis- 83
- Pendel- 83
- ungleichförmige 83, 85
Bewegungsarten 83, 94
Bezugskörper 82
Bilder 47, 62
- an ebenen Spiegeln 25 f.
- an Hohlspiegeln 26
- durch Sammellinsen 30 ff.
- reelle 31
- scheinbare 26
- wirkliche 31
- virtuelle 26
Bildgröße 31, 47
Bildkonstruktion 31 f.
Bildpunkt 30
Bildweite 31, 47
Bildweite 47
Bimetallstreifen 124
Bimetallthermometer 117
blinder Fleck 50
Brechung 38
- an planparallelen Platten 28
- an Prismen 28
- von Licht 27
Brechungsgesetz 28, 45
Brechungswinkel 27
Brennpunkt 26, 29
Brennpunktstrahlen 26, 30
Brennweite 29
Brillen 55 f.
Brown, Robert 74
brownsche Bewegung 74
Burger, Reinhold 135

C

Camera obscura 47
CD 106
Celsius, Anders 115
Celsiusskala 115, 119
CompactDisc 106

D

Dichte 71 f., 80
Dichtemesser 72
Differenzmethode 69
Diffusion 73
Drehbewegung 83
Durchflusszähler 68
Durchschnittsgeschwindigkeit 85
DVD 106

E

ebener Spiegel 25 f., 45
Echolot 105
Echolotverfahren 105
Edison, Thomas Alva 106
einfallender Strahl 25, 27
Einfallslot 25
Einfallswinkel 25, 27
Einheiten physikalischer
Größen 17
elektrisches Thermometer 117
Elektrizitätslehre 13
Energiesparlampen 22
Erklären physikalischer
Erscheinungen 36
Experiment 9, 14

F

Fahrenheit, Gabriel Daniel 119
Fahrenheitskala 119
Fahrplan, grafischer 90
Fahrradcomputer 89
Farben 21, 23
Fernrohr 54
feste Körper 67
Feuermelder 124
Fixpunkte 115, 123
Flüssigkeiten 67
Flüssigkeitsthermometer 116, 117
Fotoapparat 50, 58, 62

G

Galilei, Galileo 8
Gase 67
gebrochener Strahl 27
Gegenstandsgröße 31, 47
Gegenstandspunkt 30
Gegenstandsweite 31, 47
geradlinige Bewegung 83
Geräusch 100, 112
Geschwindigkeit 84 ff., 94
Geschwindigkeitsmesser 85
gleichförmige Bewegung 83 ff.
Graph 86
Größe, physikalische 16
- Einheiten 17
Guericke, Otto von 9

H

Halbschatten 24, 34
Halogenlampe 22
Härte 66
Härteskala, mohssche 66
Höchstgeschwindigkeit 86
Hohlspiegel 26 f., 45
Hooke, Robert 54
Hörbereich 101
Hornhaut 50
Hörschwelle 103

I

Infraschall 102
Instrumente 97
Internet
- Suche von Informationen 125

K

Kapillarität 74
Kelvin, Lord 119
Kelvinskala 119
Kepler, Johannes 8, 54
Kernschatten 24, 34
Klang 100, 112
Knall 100, 112

Konkavlinse 29
Konvexlinse 29
Körper 65, 67
- beleuchtete 21
Körperfarben 23
Körpertemperatur 118
Körperwärme 134
Kreisbewegung 83
Kurzsichtigkeit 55

L

Längenänderung von festen Körpern 122, 141
Lärm 103, 112
Lärmbekämpfung 103
Lautstärke 101, 103, 112
LEEUWENHOEK, ANTONI VAN 54
Leuchtdioden 22
Leuchtstofflampen 22
Licht 21
- farbiges 21
- infrarotes 21
- sichtbares 21
- ultraviolettes 21
Lichtbündel 24
Lichtquellen 21, 22
Lichtstrahl 24, 45
Linsen 29 ff.
Lochkamera 47 f.
Lösen physikalisch-mathematischer Aufgaben 88
Lösen von Aufgaben durch inhaltlich-logisches Schließen 76
Lot 25, 27
Luftströmung 135
Lupe 52

M

Magdeburger Halbkugeln 9
Masse 69 f., 80
Mechanik 13
Messbecher 68
Messbereich 16
Messen 16
Messfehler 69
Messgenauigkeit 16
Messzylinder 68, 80
Mikroskop 52 f., 62
- Regeln für die Handhabung 53
- zur Geschichte 54
Mittelpunktstrahlen 30
Modell 24, 74
MOHS, CHRISTIAN 66
mohssche Härteskala 66
Moleküle 73
Mondfinsternis 33 f.
Monochord 107
Musikinstrumente, einfache 107

N

Nahpunkt 51
Naturwissenschaft 9 f.
Netzhaut 50
NEWTON, ISAAC 8
Niedrigenergiehaus 137

O

Objektiv 52 f.,
Ohr, menschliches 98
Ohrmuschel 98
Okular 52 f.
Optik 12

P

Parallelstrahlen 26, 30
Pendelbewegung 83
Periskop 39
Phonograph 106
Physik 9, 11
- Teilgebiete 12 f.
physikalische Größe 16
- Einheiten 17
Prisma 21, 45
PTOLEMÄUS 8
Pupille 50

R

reflektierter Strahl 25, 27
Reflexion 25, 37
- diffuse 25
- von Licht 25
- reguläre 25
- von Schall 99
- von Wärmestrahlung 133
Reflexionsgesetz 25, 45
Reflexionswinkel 25, 27
Reinstoffe 65
Ruhe 82

S

Sammellinse 29, 45
Schallaufzeichnung 106
Schall 97, 112
- Aufzeichnung 106
- Ausbreitung 98
- Beugung 99
- Entstehung 97
- Reflexion 99
- Wiedergabe 106
Schallausbreitung 98
Schallgeschwindigkeit 98
Schallplatte 106
Schallquellen 97, 104
Schallwiedergabe 106
Schatten 24
Schattenbild 33
Schattenstab 35
Schmerzschwelle 103
Schwingung 83, 97
Sehrohr 39
Sehschärfe 56
Sehtafeln 56
Silhouette 33
Sonnenfinsternis 33 f.
Sonnenofen 36 f.
Sonnenuhr 35
Spektralfarben 21
Spektrum 21
Stäbchen 51
s-t-Diagramm 85, 88, 94
Stimmbänder 104
Stimme, menschliche 104
Stimmritze 104
Stimmumfang 101
Stoffe 65
- Aufbau aus Teilchen 73 f.
- Eigenschaften 66
Stoffgemische 65
Strahlengang
- an ebenen Spiegeln 25
- an Hohlspiegeln 26
- an planparallelen Platten 28
- an Prismen 28
- durch Sammellinsen 29 ff.
- durch Zerstreuungslinsen 29
Suche von Informationen im Internet 125

T

Tachometer 85, 89
Thermodynamik 13
Teilchenmodell 74
Temperatur 115 f., 141

Temperaturskalen 119
Thermofarben 117
Thermografie 138
Thermometer 115, 117, 123
Thermoskanne 135
THOMSON, WILLIAM 119
Ton 100, 112
Tonhöhe 101, 112
Trägheit 69

U
Überlaufmethode 69
Ultraschall 102
ungleichförmige Bewegung 83, 85

V
Verdunsten 130
Vergrößerung 53
Volumen 68 f., 80
Volumenänderung
– von Flüssigkeiten 119 f.
– von Gasen 119 f.
– von festen Körpern 122
Volumenänderung 141

W
Waage 70, 80
Wärme 130, 141
Wärmedämmung 131, 132, 141
Wärmelehre 13
Wärmeleiter 132
Wärmeleitfähigkeit 132
Wärmeleitung 131, 136, 141
Wärmequellen 130, 141
Wärmestrahlung 133, 136, 141
Wärmeströmung 132, 136, 141
Wärmeübertragung 131 ff.
– bei Häusern 137
Warmwasserheizung 136
Wasseruhr 68
Weg-Zeit-Diagramm 85
Weitsichtigkeit 56
Wölbspiegel 26

Z
Zäpfchen 51
ZEISS, CARL 54, 57
Zerlegung von Licht 21
Zerstreuungslinse 29

Bildquellenverzeichnis

ARAL: 133/3; BEWAG Berlin: 7/3; Aus: Bergmann-Schaefer: Lehrbuch der Experimentalphysik, Bd. III, Optik, Walter de Gruyter & Co., 1987: 73/2; Andreas Biedermann, Berlin: 102/1; Bizerba GmbH & Co. KG: 70/2b, 80/1; Hubert Bossek: 34/1; Canon Deutschland GmbH: 58/1; Corel Photos: 5/1, 6/3, 12/3, 65/1, 67/1, 81/3, 82/1, 82/2, 91/3d, 93/1, 97/2, 97/3, 113/1, 115/2, 118/1, 129/2, 129/3, 130/1d, 131/1c, 134/1a, 134/2, 134/3, 139/1 ; Cornelsen Experimenta GmbH & Co. KG: 14/2, 15/1, 16/2a-c, 28/1, 44/1, 46/1, 52/3, 59/1, 99/1, 117/3; DESY Hamburg: 7/1; Deutsch, A., Berlin: 139/2; Deutsche Bahn AG: 82/3, 90/1, 91/3c; Deutsches Zentrum für Luft- und Raumfahrt e. V., Köln: 37/2; DPA: 133/1; Uwe Freitag: 34/2; Hebel Haus GmbH & Co, Alzenau: 137/3; Hemera Photo Objects: 12/4, 15/2, 23/2, 51/0, 52/1, 54/3, 55/1, 66/2, 68/0, 70/3, 76/0, 78/1a, 80/2, 90/0, 94/0, 96/2, 109/1, 116/0, 117/1, 123/0; Helsinki City Tourist Office, Helsinki: 97/1; Howaldtswerke Deutsche Werft AG, Kiel: 39/1; Informationsstelle für Elektrizitätsanwendung, Zürich: 12/1; InfraTec GmbH, Dresden: 137/2, 138/1, 138/2; Klaus Jupe, Erfurt: 33/2; Stefan Karsch: 34/3; Claudia Kilian, Berlin: 64/2, 134/1b; Günter Liesenberg, Berlin: 20/3, 21/1c, 40/2a, 40/2d-e, 66/1, 141/3; LEYBOLD-DIDACTIC GMBH: 16/1, 27/1, 72/1a-b, 108/2; Mahler, H., Berlin: 18/1, 24/2, 36/1, 38/1, 68/1, 73/3a-b, 120/1a-b, 131/1b, 131/2; Lothar Meyer, Potsdam: 13/2, 22/2, 23/3a-b, 24/1, 25/1, 25/2, 25/3, 28/2, 29/1b, 29/2b, 30/1, 30/2, 35/2, 37/3a-b, 40/2b, 40/2f, 42/1, 42/3a-b, 43/1a-b, 43/2, 43/3a-b, 46/3, 61/1, 61/2, 62/1, 62/2, 64/3, 67/3, 67/4, 68/2, 70/2a, 73/1, 77/1a-d, 78/1b, 78/2, 78/3a-d, 81/1, 83/1, 83/2, 83/3, 88/1, 88/2, 89/1, 91/1, 91/2, 91/3a, 96/1, 100/1, 100/2a, 103/1, 108/1a-b, 114/3, 115/1, 117/2, 117/4, 117/5, 119/1, 122/3, 127/1a, 128/1a-b, 128/2, 130/1a-c, 131/1a, 132/1, 133/2, 141/1; NASA: 10/3, 11/2, 63/1, 64/1, 133/0; ÖAMTC: 20/1, 81/2; Adam Opel AG: 85/1; Osram GmbH: 13/1, 22/3; Archiv PAETEC Verlag für Bildungsmedien: 8/1, 9/1, 9/2, 36/3, 40/2c, 51/2, 52/4, 54/2, 71/2, 96/3, 114/2, 124/3, 140/1, 141/2; Philipps AG: 22/1; PhotoDisc, Inc.: 6/1, 6/2, 10/1, 10/2, 21/1a-b, 40/1a-b, 42/2, 52/2, 56/2, 67/2, 83/4, 95/1, 100/2b-d, 104/2, 108/1c-d, 111/1, 114/1, 122/1, 129/1; Physikalisch-Technische Bundesanstalt Braunschweig und Berlin: 17/1; PHYWE SYSTEME GMBH & Co KG: 71/3, 91/3b; rebelpeddler Chocolate Cards: 8/2, 57/1; Optische Werke G. Rodenstock: 46/2; Siemens AG: 7/2, 11/1, 14/1, 19/1, 21/1d, 27/0, 87/1; Sternwarte Harpoint: 20/2; Patrik Vogt, Landau: 74/1; S. Wenning, Essen: 135/2; Carl Zeiß Jena und Oberkochen: 12/2, 54/1, 54/4, 57/2, 57/3.